VoLTE
端到端业务详解

艾怀丽 ◎ 编著

人民邮电出版社

北京

图书在版编目（CIP）数据

VoLTE端到端业务详解 / 艾怀丽编著. -- 北京：人民邮电出版社，2019.10（2023.1重印）
ISBN 978-7-115-50870-6

Ⅰ. ①V… Ⅱ. ①艾… Ⅲ. ①码分多址移动通信-通信技术 Ⅳ. ①TN929.533

中国版本图书馆CIP数据核字(2019)第035291号

内 容 提 要

本书内容主要围绕 VoLTE 业务流程展开，由浅入深、由理论到实践，详细、全面地阐述了 VoLTE 业务的端到端信令流程和网络问题分析方法。全书共 10 章，可分为两个部分：第一部分为第 1~5 章，主要内容是 VoLTE 业务的基本原理、无线网络接口协议、核心网络接口协议和 VoLTE 业务流程分析；第二部分为第 6~10 章，主要内容是与 VoLTE 业务打得通、接得快、听得清、不掉话相关的问题分析以及现网实战应用。

◆ 编　著　艾怀丽
责任编辑　李　强
责任印制　彭志环

◆ 人民邮电出版社出版发行　北京市丰台区成寿寺路11号
邮编 100164　电子邮件 315@ptpress.com.cn
网址 http://www.ptpress.com.cn
固安县铭成印刷有限公司印刷

◆ 开本：787×1092　1/16
印张：23
字数：350千字

2019年10月第1版
2023年1月河北第2次印刷

定价：149.00元

读者服务热线：(010)81055493　印装质量热线：(010)81055316
反盗版热线：(010)81055315

序

随着科学技术的进步，移动通信技术也在发生着质的飞跃。从模拟到数字，从2G到5G，从低速到高速，从语音到数据，如今已经发展为以高速、高宽带、短时延、全IP为特点的LTE第四代移动通信技术，5G技术也将在不远的将来投入商用。

随着LTE网络的建设，阿里巴巴、腾讯等OTT服务商也逐渐将发展目标瞄准了LTE网络，试图利用LTE网络高带宽、快接入的优点，大力开发基于LTE网络的语音业务和一些数据增值业务，不断蚕食电信运营商的基本通信业务，电信运营商面临着巨大压力。

面对如此巨大的竞争压力，电信运营商必须抓住LTE发展的难得机遇，VoLTE业务以及基于VoLTE而开发的各项新兴业务将是电信运营商实现健康发展、摆脱管道商地位的一个很好的突破口。

对于电信运营商而言，部署VoLTE意味着开启了向移动宽带语音演进之路，将给运营商带来两方面的价值。一方面，提升无线频谱利用率，降低网络成本。对于语音业务，LTE的频谱利用效率要远远优于传统制式，将达到GSM的4倍以上。另一方面，提升用户体验，VoLTE体验明显优于传统CS语音。首先，高清语音和电信级QoS的引入显著提高了通信质量，VoLTE业务的通话质量能达到调频收音机级的语音效果；其次，VoLTE的呼叫接续时长大幅缩短，比CS呼叫缩短一半以上；最后，与RCS的无缝集成可以带来丰富的业务体验。

VoLTE业务的网络优化是一项复杂、艰巨的系统工程，涉及IMS核心网、EPC核心网、CS核心网、用户数据、信令网、无线网、承载网支撑系统等10个领域的相关问题，是电信领域空前复杂的一次网络演进，是对运营商网络与通信业务变革的一次重大挑战，需要通过不断实践来积累经验。

作者在本书中系统而全面地介绍了VoLTE业务的系统架构以及以信令为主线的各接口协议及信令流程。结合电信运营商VoLTE业务现网，通过大量的实际网络案例介绍了VoLTE业务无线网络及核心网络信令知识，为对VoLTE业务网络技术感兴趣的读者提供了理论联系实际的案例，便于读者深入理解VoLTE业务网络的相关信令；同时也使得读者能够更好地了解电信运营商的VoLTE业务网络的组网结构，并掌握VoLTE业务运营维护的相关技能。

本书可作为从事VoLTE业务网络相关工作的技术人员的进阶读物，帮助读者通过实例掌握更全面、更细致的VoLTE业务信令，为从事VoLTE业务维护和优化工作积累更多的宝贵经验。而且，鉴于5G网络的高清语音VoNR技术，同样是基于IMS网络基础，在技术上与VoLTE有很多共通处，因此，阅读本书，读者也可为学习5G网络VoNR技术奠定基础。本书还适合通信、网络及计算机等相关专业的研究人员、工程技术人员和高等院校师生参考。

王鹰

曾就职于中国移动通信集团江苏有限公司

现就职于江苏省通信学会

前　言

当前正处在移动互联网迅猛发展的时代，跨代创新和跨界融合的业务层出不穷。VoLTE是一项颠覆性的技术，VoLTE业务是对移动通信基础语音业务的一次全面升级，是无线网、核心网、信令网、承载网、支撑系统的一次系统性变革，翻开了运营商真正走向全IP运营、开创移动互联网新业务模式的新篇章。VoLTE业务涉及20多个网元、50多个接口，语音连续性还涉及多个制式网络的配合，维护和优化工作将是一项复杂的系统工程。

5G核心网架构主要包含三大技术：基于服务的架构、控制与用户面分离和网络切片。其中基于服务的架构、基于云原生构架的设计，借鉴了IT领域的"微服务"理念，传统网元先是转换为网络功能（NF），然后NF再被分解为多个"网络功能服务"。这需要首先掌握网元是如何转换为网络功能的，类似IMS网络的承载层、控制层及业务层是如何配合实现业务的。

基于这样的背景，作者希望出版一本全面、详尽介绍VoLTE网络端到端业务流程的书，以协议和信令流程为主线介绍VoLTE业务网络，帮助读者更好地了解VoLTE业务的技术原理，为今后在本专业领域更上一层楼打下坚实的基础，为今后学习5G网络打下根基。

本书的特点是以实例介绍为主，希望为读者搭建一座理论联系实际的桥梁，结合国内实际网络案例，用通俗易懂的语言介绍了VoLTE业务相关的信令。为了满足读者学习VoLTE端到端信令原理的需求，本书在第3章和第4章中介绍了VoLTE业务无线侧和核心侧的相关协议栈及信令流程，在第5章中介绍了VoLTE业务的呼叫信令流程。

本书内容主要围绕VoLTE业务流程展开，从传统移动通信网、IMS网络到VoLTE业务网络，从无线网、核心网的业务流程到VoLTE业务的全流程，由浅入深，由理论到实践，详细、全面地阐述了VoLTE业务的端到端信令流程和网络问题分析方法。全书共10章，可分为两个部分：第一部分为第1~5章，主要内容是VoLTE业务的基本原理、无线网络接口协议、核心网络接口协议和VoLTE业务流程分析；第二部分为第6~10章，主要内容是与VoLTE业务打得通、接得快、听得清、不掉话相关的问题分析以及现网实战应用。

第一部分包括如下内容。

第1章主要介绍了传统移动通信网络、IMS网络和VoLTE业务网络的结构及功能，可以帮助读者了解移动通信网络VoLTE业务的技术原理；

第2章主要介绍了VoLTE业务无线网、核心网相关信息元素的定义、作用以及和信令流程的对应关系，为后续学习信令流程及协议做了很好的铺垫；

第3章主要介绍了VoLTE业务无线网络的协议及主要信令流程，包括空中接口（空口）的控制面、用户面和X2接口的协议栈，小区搜索、随机接入和专载建立等主要信令过程，以及半持续调度、TTI绑定等主要特性，可以帮助读者对VoLTE业务无线网络的信令和特性功能有比较细致的了解；

第4章主要介绍了VoLTE业务核心网络各接口所使用的关键信令协议及功能，包括S1-MME接口的S1AP协议和IMS网络的SIP及SDP协议的详细介绍，并通过现网实例进行协议的解读，为后续VoLTE业务信令流程的学习打下坚实的基础；

第5章主要介绍了VoLTE业务的域选、锚定、SRVCC和CS Retry的特性流程，VoLTE用户的注册和呼叫流程，可以帮助读者对VoLTE业务的端到端信令流程有清晰的理解。

第二部分包括如下内容。

第6章主要介绍了VoLTE业务实际商用的话务网络和业务流程，并借助于现网实例明确与VoLTE业务"打得通"相关问题的分析思路，结合VoLTE业务的端到端流程帮助读者对接通中的问题进行分析和排查；

第7章主要介绍了语音业务时延的基本原理，VoLTE业务区别于传统语音业务的时延特性，以及实际商用网络中各个话务模型的时延计算原理，并借助于现网实例明确与VoLTE"接得快"相关问题的分析思路，结合VoLTE业务的话务模型帮助读者对时延问题进行分析和排查；

第8章主要介绍了VoLTE高清语音业务的特性，着重讲解影响语音业务质量的因素之一，编解码的基本概念和协商流程，并借助于现网实例明确与VoLTE"听得清"相关问题的分析思路，结合VoLTE业务的技术原理帮助读者对语音质量问题进行分析和排查；

第9章主要介绍了VoLTE业务区别于传统语音业务掉话的特性和场景，包含无线侧和核心侧导致的掉话信令流程，并借助于现网实例明确与VoLTE"不掉话"相关问题的分析思路，结合VoLTE业务的特性帮助读者对掉话问题进行分析和排查；

第10章主要介绍了VoLTE业务实际商用中信令监测系统在日常故障处理和业务优化中的必要性，以及现网如何利用信令监测系统进行VoLTE业务问题的定界和分析，包含接通、掉话、SRVCC和语音质量4个专题的具体分析思路，可以帮助读者了解VoLTE业务商用网络中遇到的实际生产问题和优化经验，进一步掌握VoLTE业务的端到端流程。

本书作者是长期工作在第一线从事移动通信网络维护和优化的专业技术人员，从固定网到移动网、从电路域到分组域、从传统组网到MSCpool组网，历经多代电信业务网络的变迁和演进，具有丰富的网络优化经验。本书在编写过程中融入了作者在长期从事核心网网络维护和优化工作中积累的信令分析经验和心得，使读者更好地理解VoLTE业务端到端信令流程、话务模型等内容。

本书在编写过程中得到了李斌杰、元杰、单洁、郑荣光、王振世、顾燕娟、龙杰、李明鑫、雷丹丹等同志的大力协助，在此表示深深的感谢。由于时间仓促，再加上作者本身知识面所限，书中难免存在不妥和错误之处，恳请广大读者批评指正。

作者
2019年2月于南京

目 录

第1章 VoLTE网络基本原理 ... 1

1.1 传统移动通信网络 ... 1
- 1.1.1 发展历程 ... 1
- 1.1.2 总体架构 ... 2
- 1.1.3 逻辑功能 ... 3
- 1.1.4 接口功能 ... 4
- 1.1.5 信令协议 ... 5

1.2 传统IMS网络 ... 9
- 1.2.1 总体架构 ... 9
- 1.2.2 逻辑功能 ... 10
- 1.2.3 接口功能 ... 12
- 1.2.4 信令协议 ... 14

1.3 VoLTE网络 ... 24
- 1.3.1 背景知识 ... 24
- 1.3.2 总体架构 ... 25
- 1.3.3 逻辑功能 ... 26
- 1.3.4 接口功能 ... 27
- 1.3.5 信令协议 ... 29

第2章 VoLTE网络信息元素 ... 33

2.1 用户标识类 ... 33
- 2.1.1 IMSI ... 33
- 2.1.2 MSISDN ... 34
- 2.1.3 GUTI ... 34
- 2.1.4 S-TMSI ... 35
- 2.1.5 M-TMSI ... 35
- 2.1.6 GUMMEI ... 35
- 2.1.7 MMEI ... 35
- 2.1.8 MMEGI ... 35
- 2.1.9 MMEC ... 35
- 2.1.10 RNTI ... 36
- 2.1.11 IMPI ... 36
- 2.1.12 IMPU ... 36
- 2.1.13 IMEI ... 36

2.2 网元标识类 … 37
2.2.1 Diameter协议 … 37
2.2.2 SIP协议 … 37
2.3 移动性管理类 … 37
2.3.1 S1AP协议 … 37
2.3.2 GTP-C协议 … 38
2.3.3 Diameter协议 … 39
2.3.4 SIP协议 … 39
2.4 消息标示类 … 40
2.4.1 S1AP … 40
2.4.2 GTP协议 … 40
2.4.3 Diameter协议 … 40
2.4.4 SIP … 40
2.5 会话管理类 … 41
2.5.1 S1AP协议 … 41
2.5.2 SIP协议 … 42
2.6 终端能力类 … 42
2.6.1 S1AP协议 … 42
2.6.2 SIP协议 … 44

第3章 VoLTE无线网络接口协议及特性 … 45
3.1 无线侧接口及协议 … 45
3.2 空口主要信令过程 … 47
3.2.1 小区搜索 … 47
3.2.2 随机接入 … 47
3.2.3 开机附着 … 48
3.2.4 UE发起的Service Request … 54
3.2.5 网络发起的Paging … 57
3.2.6 TAU … 58
3.2.7 去附着 … 60
3.2.8 切换 … 62
3.2.9 专用承载建立 … 65
3.2.10 专用承载修改 … 69
3.2.11 专用承载释放 … 72
3.3 空口主要特性功能 … 74
3.3.1 无线承载的概念 … 74
3.3.2 无线承载的能力要求 … 74
3.3.3 RoHC功能 … 75
3.3.4 C-DRX功能 … 76

目录

  3.3.5 SPS功能 …………………………………………………………… 78
  3.3.6 TTI Bundling ………………………………………………………… 79

第4章 VoLTE核心网网络接口协议及特性 ……………………………… 80

 4.1 S1AP协议 …………………………………………………………………… 80
  4.1.1 移动性管理 ………………………………………………………… 82
  4.1.2 安全管理 …………………………………………………………… 97
  4.1.3 承载管理 …………………………………………………………… 101
  4.1.4 上下文管理 ………………………………………………………… 103
  4.1.5 NAS消息管理 ……………………………………………………… 105
  4.1.6 应用实例一 ………………………………………………………… 107
  4.1.7 应用实例二 ………………………………………………………… 113
 4.2 SDP协议 …………………………………………………………………… 116
  4.2.1 基础知识 …………………………………………………………… 116
  4.2.2 SIP电话中的应用 ………………………………………………… 117
  4.2.3 VoLTE实例 ………………………………………………………… 118
  4.2.4 现网案例 …………………………………………………………… 132
 4.3 SIP协议 …………………………………………………………………… 134
  4.3.1 基础知识 …………………………………………………………… 134
  4.3.2 典型应用 …………………………………………………………… 138
  4.3.3 基本流程 …………………………………………………………… 138
  4.3.4 关键特性 …………………………………………………………… 146

第5章 VoLTE业务流程 ………………………………………………… 151

 5.1 VoLTE基本概念 …………………………………………………………… 151
  5.1.1 域选 ………………………………………………………………… 151
  5.1.2 锚定 ………………………………………………………………… 158
  5.1.3 SRVCC ……………………………………………………………… 161
  5.1.4 CS Retry …………………………………………………………… 167
 5.2 VoLTE用户注册流程 ……………………………………………………… 177
  5.2.1 EPC附着 …………………………………………………………… 178
  5.2.2 IMS注册 …………………………………………………………… 181
  5.2.3 第三方注册 ………………………………………………………… 182
  5.2.4 IP Sec流程 ………………………………………………………… 184
 5.3 VoLTE用户呼叫流程 ……………………………………………………… 192
  5.3.1 主叫流程 …………………………………………………………… 192
  5.3.2 被叫流程 …………………………………………………………… 193
  5.3.3 专载建立流程 ……………………………………………………… 200
  5.3.4 资源预留过程 ……………………………………………………… 200

5.3.5　挂机流程 …………………………………………………………… 206

第6章　VoLTE打得通　……………………………………………… 208

6.1　典型话务模型 …………………………………………………… 208
　　　6.1.1　V2V模型 ……………………………………………………… 208
　　　6.1.2　V2C模型 ……………………………………………………… 212
　　　6.1.3　C2V模型 ……………………………………………………… 215
6.2　典型互通流程 …………………………………………………… 218
　　　6.2.1　互通模型 ……………………………………………………… 218
　　　6.2.2　消息互通 ……………………………………………………… 220
6.3　应用实例一 ……………………………………………………… 223
　　　6.3.1　问题现象 ……………………………………………………… 223
　　　6.3.2　问题分析 ……………………………………………………… 224
　　　6.3.3　问题原因 ……………………………………………………… 228
　　　6.3.4　解决方案 ……………………………………………………… 228
　　　6.3.5　问题延伸 ……………………………………………………… 229
6.4　应用实例二 ……………………………………………………… 229
　　　6.4.1　问题现象 ……………………………………………………… 229
　　　6.4.2　问题分析 ……………………………………………………… 229
　　　6.4.3　根本原因 ……………………………………………………… 231
　　　6.4.4　解决方案 ……………………………………………………… 231
　　　6.4.5　问题延伸 ……………………………………………………… 231

第7章　VoLTE接得快　……………………………………………… 232

7.1　基本概念 ………………………………………………………… 232
7.2　基本原理 ………………………………………………………… 234
　　　7.2.1　V2V模型 ……………………………………………………… 234
　　　7.2.2　V2C模型 ……………………………………………………… 237
　　　7.2.3　C2V模型 ……………………………………………………… 240
7.3　应用实例一 ……………………………………………………… 243
　　　7.3.1　问题现象 ……………………………………………………… 243
　　　7.3.2　问题分析 ……………………………………………………… 243
　　　7.3.3　问题原因 ……………………………………………………… 244
　　　7.3.4　问题处理 ……………………………………………………… 244
　　　7.3.5　问题延伸 ……………………………………………………… 244
7.4　应用实例二 ……………………………………………………… 244
　　　7.4.1　问题现象 ……………………………………………………… 244
　　　7.4.2　问题分析 ……………………………………………………… 245
　　　7.4.3　问题原因 ……………………………………………………… 246

	7.4.4 问题处理	246

    7.4.4 问题处理 …………………………………………………………… 246

    7.4.5 问题延伸 …………………………………………………………… 247

  7.5 应用实例三 ……………………………………………………………… 247

    7.5.1 问题现象 …………………………………………………………… 247

    7.5.2 问题分析 …………………………………………………………… 248

    7.5.3 问题原因 …………………………………………………………… 248

    7.5.4 问题处理 …………………………………………………………… 248

    7.5.5 问题延伸 …………………………………………………………… 249

第8章　VoLTE听得清 … 250

  8.1 高清语音的概念 ………………………………………………………… 250

  8.2 编解码基础知识 ………………………………………………………… 252

    8.2.1 编解码参数 …………………………………………………………… 252

    8.2.2 AMR编解码分类和应用 …………………………………………… 253

    8.2.3 编解码器（TC） …………………………………………………… 253

  8.3 编解码协商流程 ………………………………………………………… 254

    8.3.1 VoLTE用户之间的编解码协商 ……………………………………… 255

    8.3.2 VoLTE用户与CS域用户之间的编解码协商 ………………………… 257

    8.3.3 SRVCC场景的编解码协商 ………………………………………… 262

  8.4 应用实例一 ……………………………………………………………… 267

    8.4.1 问题现象 …………………………………………………………… 267

    8.4.2 问题分析 …………………………………………………………… 267

    8.4.3 问题原因 …………………………………………………………… 268

    8.4.4 问题处理 …………………………………………………………… 269

    8.4.5 问题延伸 …………………………………………………………… 269

  8.5 应用实例二 ……………………………………………………………… 270

    8.5.1 问题现象 …………………………………………………………… 270

    8.5.2 问题分析 …………………………………………………………… 270

    8.5.3 问题原因 …………………………………………………………… 272

    8.5.4 问题处理 …………………………………………………………… 272

    8.5.5 问题延伸 …………………………………………………………… 272

第9章　VoLTE不掉话 … 273

  9.1 基本概念 ………………………………………………………………… 273

    9.1.1 无线掉线率大于VoLTE业务掉话率的场景 ………………………… 273

    9.1.2 无线掉线率小于VoLTE业务掉话率的场景 ………………………… 274

  9.2 掉话场景 ………………………………………………………………… 276

    9.2.1 无线侧空口导致的掉话 …………………………………………… 276

    9.2.2 核心侧EPC域导致的掉话 ………………………………………… 276

    9.2.3 核心侧IMS域导致的掉话 ………………………………………… 277

9.3 应用实例一 ·· 277
9.3.1 问题现象 ·· 277
9.3.2 问题分析 ·· 277
9.3.3 问题原因 ·· 278
9.3.4 问题处理 ·· 278
9.3.5 问题延伸 ·· 279

9.4 应用实例二 ·· 279
9.4.1 问题现象 ·· 279
9.4.2 问题分析 ·· 279
9.4.3 问题原因 ·· 281
9.4.4 问题处理 ·· 281
9.4.5 问题延伸 ·· 281

第10章 VoLTE实战图 ·· 282

10.1 接通问题 ··· 283
10.1.1 基本流程 ··· 283
10.1.2 关键信息 ··· 285
10.1.3 定界思路 ··· 286
10.1.4 分析示例 ··· 287
10.1.5 典型事件 ··· 288
10.1.6 解决方案 ··· 300

10.2 掉话问题 ··· 301
10.2.1 基本流程 ··· 301
10.2.2 关键信息 ··· 301
10.2.3 分析思路 ··· 302
10.2.4 典型事件 ··· 304

10.3 SRVCC专题 ·· 313
10.3.1 基本流程 ··· 313
10.3.2 关键信息 ··· 314
10.3.3 分析思路 ··· 314
10.3.4 典型事件 ··· 319
10.3.5 解决方案 ··· 325
10.3.6 典型特性 ··· 327

10.4 语音质量问题 ·· 331
10.4.1 基本知识 ··· 331
10.4.2 关键信息 ··· 334
10.4.3 定界思路 ··· 337
10.4.4 分析示例 ··· 341

缩略语 ··· 347

第1章
VoLTE网络基本原理

> 信号好好的怎么就回落了？被叫第一次不通、第二次才通？类似于这样的问题可能还会有很多，从事通信专业年限比较短的读者可能会有点懵，没有关系，慢慢往后看。
> 　　这个问题乍一听感觉是无线的问题，当你阅读完本书之后你会发现无线和核心网都有可能导致VoLTE业务回落问题的产生。
> 　　VoLTE业务网络是随着网络技术发展而衍生的，然而一切新技术都是从老技术发展而来的，我们要学会VoLTE业务的话，首先得很熟悉移动通信语音网络和语音业务建立的过程。

1.1 传统移动通信网络

　　20世纪80年代末，我们经常从影片里看到一款拿在手里随处都可以接打的电话，那就是第一代移动通信的终端"大哥大"，只不过不像现在人手至少一部手机这样普及，因为那个时代的移动通信还是模拟技术，一个基站的容量是有限的，终端和通话费用都是昂贵的，而随着网络数字化和芯片技术的发展以及资费的降低，才有了我们今天这样随处可见的无线通信网。

1.1.1 发展历程

　　第一代移动通信是在20世纪70年代中期至80年代中期，以模拟技术为主，只提供语音业务，没有国际性标准。
　　第二代移动通信是从80年代中期开始，已经全数字化，除语音业务外，可传输低速的数据业务，可以漫游，主要有两大国际标准（GSM和CDMA）；第二代移动通信以传输语音和低速数据业务为目的，从1996年开始，为了解决中速数据传输问题，又出现了2.5代的移动通信系统，如GPRS和IS-95B。

第三代移动通信将无线通信与多媒体技术结合到一起，能比较快速地处理声音、图像、视频流等多种形式的数据，并提供与互联网连接的多种信息服务，主要有WCDMA、cdma2000和TD-SCDMA三大主流国际标准。

第四代移动通信能满足移动用户数据通信与多媒体业务的需求，能够快速传输数据、音频、视频和图像等，能够以100Mbit/s以上的速度下载，能够满足几乎所有用户对于无线服务的要求，包括TD-LTE和LTE-FDD两种制式。

1.1.2 总体架构

数字公用陆地移动通信网（PLMN）的网络结构如图1-1所示。从物理实体来看，数字PLMN网包括移动终端、BSS子系统和MSS子系统等部分。移动终端与BSS子系统通过标准的Um无线接口通信，BSS子系统与MSS子系统通过标准的A接口通信。

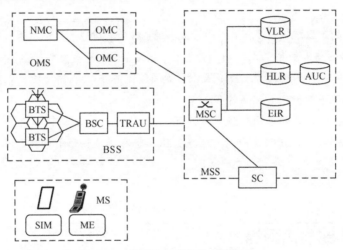

图1-1 数字公用陆地移动通信网

1. 移动交换子系统（MSS）

MSS完成信息交换、用户信息管理、呼叫接续、号码管理等功能。

2. 基站子系统（BSS）

BSS是在一定的无线覆盖区中由MSC控制，与MS进行通信的系统设备，完成信道的分配、用户的接入和寻呼、信息的传送等功能。

3. 移动台（MS）

MS是GSM系统的移动用户设备，它由两部分组成，移动终端和客户识别卡（SIM卡）。移动终端就是"机"，它可完成语音编码、信道编码、信息加密、信息的调制和解调、信息的发射和接收。SIM卡就是"人"，它类似于我们现在所用的IC卡，因此也称作智能卡，存有认证客户身份所需的所有信息，并能执行一些与安全保密有关的重要信息，以防止非法客户进入网络。SIM卡还存储与网络和客户有关的管理数据，只有插入SIM卡后移动终端才能接入网络。

4. 操作维护子系统(OMS)

GSM子系统还包括操作维护子系统(OMS),对整个GSM网络进行管理和监控,通过它实现对GSM网内各种部件功能的监视、状态报告、故障诊断等功能。

1.1.3 逻辑功能

1.1.3.1 基站子系统

1. 基站收发信台(BTS)

BTS实现移动通信系统与MS之间的无线通信。

2. 基站控制器(BSC)

BSC实现无线系统到交换系统的集线功能、无线资源管理功能以及其他与无线相关的控制功能。

1.1.3.2 移动交换子系统

1. 移动交换中心(MSC)

MSC是PLMN的核心,实现移动业务交换功能。

2. 拜访位置寄存器(VLR)

VLR实际上是一个数据库,存储用户信息,主要包括以下几部分。

(1) MSRN (Mobile Station Roaming Number):移动台漫游号码。

(2) TMSI (Temporary Mobile Subscriber Identification):临时移动用户身份。

(3) 移动台登记的位置区(LAC)。

(4) 与补充业务有关的数据。

3. 归属位置寄存器(HLR)

HLR实际上是一个数据库,主要存储两类数据。

(1) 用户数据,主要包括:

- 用户的身份IMSI(International Mobile Subscriber Identification);
- 用户ISDN号码;
- VLR地址。

(2) 用户的位置信息。

4. 鉴权中心(AUC)

AUC属于HLR的一个功能单元部分,专门用于GSM系统的安全性管理,用于对用户身份的鉴别。

5. 设备识别寄存器(EIR)

EIR存储有关移动台设备参数,用于存储及鉴别移动台的设备身份。

注:当前国内各运营商均未使用。

6. 短消息中心(SC)

SC提供短消息业务功能。

1.1.3.3 操作维护子系统（OMS）

OMS包含两个部分，一个是OMC，即操作维护中心，提供人机界面实现对系统设备的监测和控制功能；另一个是NMC，即网络管理中心，提供全局性网络管理功能。

1.1.4 接口功能

PLMN网络的各个接口如图1-2所示，了解一个网络的前提就是对网络中各个接口的功能做全面的了解。

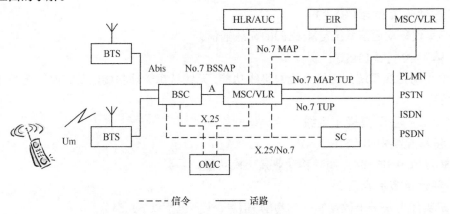

────信令　────话路

图1-2　PLMN网络接口

其中：

BSC	Base Station Controller	基站控制器
BTS	Base Transceiver Station	基站收发信机
MSC	Mobile Switching Center	移动交换中心
OMC	Operation and Maintenance Center	操作维护中心
AUC	Authentication Center	鉴权中心
EIR	Equipment Identification Register	设备识别登记器
HLR	Home Location Register	归属位置登记器
VLR	Visitor Location Register	拜访位置登记器
MS	Mobile Station	移动台
ISDN	Integrated Service Digital Network	综合业务数字网
PSTN	Public Switched Telephone Network	公用交换电话网
PSDN	Public Switched Data Network	公用交换数据网
PLMN	Public Land Mobile Network	公用陆地移动网

接口主要包括以下几种。

1. A接口：MSC与BSC间的接口

A接口用于BSC和MSC之间的报文和进/出移动台的报文。

2. Abis接口：BSC与BTS间的接口

在Abis接口上BSC提供BTS配置、BTS监测、BTS测试及业务控制等信令控制信息。

3. Um接口：BTS与MS间的接口

Um接口被定义为MS与BTS之间的通信接口，我们也可称它为空中接口，在所有GSM系统接口中，Um接口是最重要的。

4. C接口：MSC与HLR间的接口

（1）GMSC经C接口从HLR获得被叫MS的路由信息MSRN。

（2）向MS前转短消息时，C接口用于SMS-GMSC从HLR获得MS目前所在MSC号码。

5. D接口：HLR与VLR间的接口

（1）VLR与HLR之间交换MS相关的位置信息。

如VLR需要向MS的归属HLR报告MS当前的位置信息，HLR则需要把与MS有关的签约数据发送给VLR；如果MS所在的VLR区域发生了改变，HLR还需要到PVLR删除移动用户的相关数据。

（2）用户对所使用业务的修改请求（如补充业务操作）。

（3）运营者对用户签约数据的修改信息传送与交换。

6. E接口：MSC与MSC间的接口

（1）控制相邻区域不同的MSC之间进行切换的接口。

MSC间切换时，MSC之间通过E接口交换数据以实现启动和切换操作。

（2）E接口也用于前转短消息。

7. G接口：VLR与VLR间的接口

当MS漫游到新的VLR控制区域并且采用TMSI发起位置更新时，当前VLR通过G接口从邻近的PVLR取得MS的IMSI及鉴权集。

1.1.5 信令协议

了解了通信网络的各个接口之后就要对这个接口的协议进行说明，以便大家知道各个接口是如何完成那些功能的，GSM系统的各个接口协议如图1-3所示。

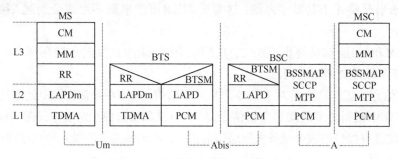

图1-3　GSM系统主要接口的协议分层

其中，

TDMA	Time Division Multiple Access	时分多址
LAPDm	Link Access Protocol for Dm Channel	Dm信道链路接入协议
RR	Radio Resource	无线资源

MM	Mobility Management	移动性管理
CM	Connection Management	连接管理
PCM	Pulse Code Modulation	脉冲编码调制
LAPD	Link Access Protocol for D channel	D信道接入协议
BTSM	Base Transceiver Station Management	基站收发站管理
MTP	Message Transfer Part	消息传递部分
SCCP	Signaling Connection & Control Part	信令连接控制部分
BSSMAP	Base Station System Mobile Application Part	基站系统移动应用部分
L1	Layer 1	层1
L2	Layer 2	层2
L3	Layer 3	层3

1. L1（也称物理层）

L1层是无线接口的最底层，提供传送比特流所需的物理链路，为高层提供各种不同功能的逻辑信道，包括业务信道和逻辑信道。

2. L2

L2层主要目的是在移动台和基站之间建立可靠的专用数据链路，基于ISDN的D信道链路接入协议（LAPD），但做了改动，在Um接口的L2协议称为LAPDm。

3. L3

L3层实际负责控制和管理的协议层，包括三个基本子层：RR（无线资源）、MM（移动性管理）和CM（接续管理），其中一个接续管理层中包含多个呼叫控制（CC）单元，提供并行呼叫处理，支持补充业务和短消息业务，在CM子层中还包括补充业务管理（SS）单元和短消息业务管理（SMS）单元。

对于移动通信网的维护优化人员来说，更多的是要去关注L3层的协议。

比如：

（1）RR层是终止于基站子系统，这意味着RR层的消息不可能会通过A接口发送到MSC去处理；

（2）MM和CM层都是终止于MSC，在A接口中是采用直接转移应用部分（DTAP）传递，BSS则是不处理MM和CM消息。

从事通信专业工作的人员对于信令消息并不陌生，因为在日常工作中处理用户投诉和网络优化工作中做得最多的就是分析信令。信令协议和接口像一对孪生兄弟一样经常在一起出现，协议是有接口的两个设备之间通信的语言，就比如两个中国人对话用汉语、两个美国人对话用英语。

RR、MM、CM消息都是什么样子呢，我们下面以GSM用户做主叫的部分流程（见图1-4）为示例进行解读，以便读者对信令协议分层有感性的认识，后续有很多地方都会有对信令的解读，还需要读者慢慢消化。

流程1：当一个空闲态用户想打电话的时候，发出的第一条消息是信道请求，要求网络提供一条SDCCH，有两个参数：建立原因和RAND。这里的原因是MS发起呼叫，其他原因有紧急呼叫、呼叫重建和呼叫响应等。

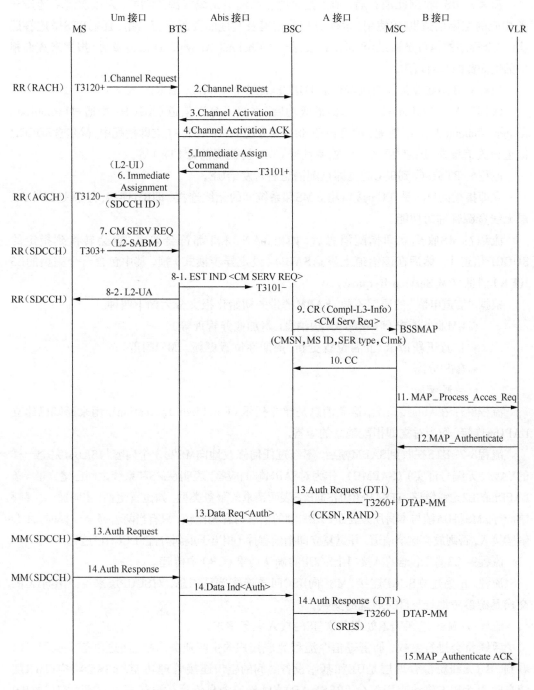

图1-4　GSM用户主叫流程

流程2：BTS收到用户的信道请求，由于无线资源管理职责在BSC上，所以BTS会将Channel Request（信道请求）发给BSC进行处理。

流程3：BSC收到此消息后，则根据对现有系统中无线资源的判断，为该次请求选择一条相应的空闲信道供MS使用，但所分配的信道及其地面资源是否可用，还需BTS做应答证实，这个程序的执行是通过BSC向BTS发送一条Channel Activation（信道激活）报文来查询相应的地面资源是否可用。

流程4：BTS在准备好相应资源后回送Channel Activation ACK。

流程5：BSC为其分配相应的信道成功后，在接入允许信道（AGCH）中通过Immediate Assign Command（立即指配）消息通知MS为其分配的SDCCH。在立即指配中，除包含SDCCH信道相关信息外，还包括RAND、缩减帧号（T）、时间提前量（TA）等。

流程6：BTS在收到BSC的立即指配消息后转发给UE。

立即指配的目的是在Um接口建立MS和系统间的无线连接，即RR连接，这就是L3中RR层无线资源管理的功能。

流程7：MS收到立即指配消息后，如果RAND和T都符合要求，就会转换到指定的SDCCH信道上，然后在该信道上发送SABM（设定异步模式）帧，其中包含一个完整的L3（RR）消息（CM Service Request）。

根据"信道申请"的原因不同，SABM携带的初始化报文分为如下四种。

- CM业务请求（呼叫建立、短消息、附加业务管理等）；
- 位置更新请求（正常位置更新、周期性位置更新、IMSI附着）；
- IMSI分离；
- 寻呼响应。

流程8-1：在Abis接口上，这条消息是建立指示（Establish Indication），用来通知已建立LAPDm连接，作为对立即指配消息的应答。

流程8-2：BTS在收到SABM帧后，不经过任何修改地向MS发一个内容与SABM完全一样的UA帧（无编号证实）(SABME)，作为对SABM帧的应答，表明在MS和系统之间已建立了一条LAPDm的L2无线链路，在SABM中MS向BSS表明请求的服务类型，如位置更新、主叫通话、寻呼响应等。MS将UA帧与本身所发送的SABM帧的信息内容相比较，只有当两者完全一样时，才会继续接入，否则放弃这个信道，并重复立即指配程序（相当于重新分配SDCCH信道）。

流程9：L3消息包含在A接口上SCCP的确认请求（CR）中传递。

流程10：为建立SCCP连接，MSC向BSC回送连接确认消息，对SCCP层来说，CR与CC的交换是源参考地址与目的地址的交换。

流程11：MSC通知VLR处理此次MS的接入业务请求。

后续将会进行鉴权、加密等信令流程完成用户的主叫业务，从上面这段信令流程可以看到，RR无线资源管理层是UE和基站设备之间的空口连接管理功能，BSS会将空口RR层消息映射为BSS移动应用部分（BSSMAP）的A接口消息传递给MSC进行处理。空口的RR层消息是承载在GSM空口信道上，主要包含RACH（随机接入信道）、AGCH（准许接入信道）、SDCCH（独立专用控制信道）。

流程12：VLR接收到MSC本次呼叫接入请求之后，首先对移动用户身份进行鉴定，VLR首先查看在数据库中是否有该MSC的鉴权三参数组，如果有，将直接向MSC下发鉴权命令；否则，向相应的HLR/AC请求鉴权参数，从HLR/AC得到三参数组，然后下发鉴权命令。

流程13：MSC收到VLR发送的鉴权命令后，通过BSC向MS下发鉴权请求，该命令属于DTAP消息，因此被直接传送给MS。

流程14：MS收到鉴权请求后，利用SIM卡中的Ki、RAND和鉴权算法得出SRES，并通过Auth Response（鉴权响应）消息传送给MSC。

流程15：VLR核对MS上报的SRES与从HLR取到的SRES是否相同，相同的话，则允许接入。

从上面的流程我们可以看到MM层（移动性管理）消息用于MSC和IMS之间进行交互，BSS做透明处理，A接口是用于DTAP消息传送给MSC的，空口同样是承载在各个物理信道上的。

在通信专业的书籍中我们都会看到协议栈的图谱，为的是了解一个通信业务的实现过程都要经过哪些设备，设备之间的通信协议是什么，不直连的设备之间的信息是如何传递的，这个章节为我们普及了传统移动通信网络的业务大致是怎样的网络架构，网络中设备之间的通信是怎么进行的。

1.2 传统IMS网络

1.2.1 总体架构

IMS（IP Multimedia Subsystem）是3GPP/3GPP2（移动）和TISPAN/ITU-T（固定）网络架构的核心，IMS是个开放的网络架构（见图1-5），为业务融合提供网络能力，以及基于IP承载、与接入无关的IP多媒体业务控制能力。IMS支持IP多媒体业务，会话型业务，如语音和视频会话、多媒体会议、消息、状态呈现、视频共享、动态地址簿等，部分非会话型业务，如IPTV、Web与IMS融合业务等。

IMS这个网络架构的主要特征包含如下5个方面。

1. 与接入方式无关

支持多种固定/移动接入方式的融合，支持无缝的移动性和业务连续性，移动接入包含2G/3G/LTE等，固定接入包含LAN、WLAN、xDSL、xPON等。

2. 归属地控制

呼叫控制和业务控制都由归属网络完成，保证业务提供的一致性，易于实现私有业务扩展，促进归属运营商积极提供吸引客户的服务，区别于软交换拜访地控制。

3. 业务提供能力

打破竖井式业务部署模式，业务与控制完全分离，有利于灵活、快速地提供各种业务应用，更利于业务融合，实现开放的业务提供模式。

4. 安全机制

多种安全接入机制共存，并逐渐向Fully IMS机制过渡；

部署安全域间信令保护机制；

部署网络拓扑隐藏机制。

5. 统一策略控制

实行统一的QoS和计费策略控制机制。

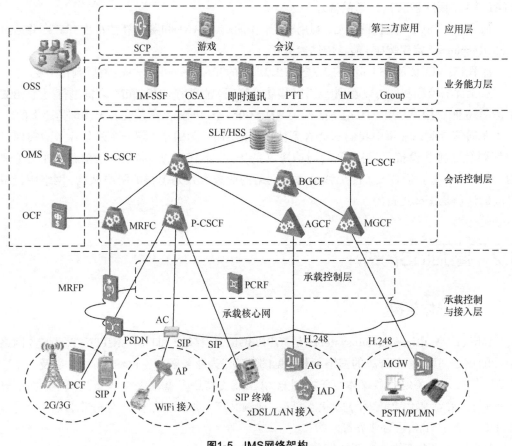

图1-5　IMS网络架构

1.2.2　逻辑功能

为了更好地理解VoLTE的基本原理，在此仅描述与VoLTE业务网络强相关的各个逻辑网元功能。

1.2.2.1　会话控制功能实体

CSCF是IMS系统的呼叫控制核心，它的主要作用是在IP传输平台上实现多个实时业务的分发，具有中心路由引擎、策略管理和策略执行功能。

1. P-CSCF（代理会话控制）的功能

（1）IMS终端接入IMS的入口点。

（2）产生CDR话单，用户漫游计费需求。

（3）提供Gm接口上的SIP压缩和完整性保护。

(4)将终端的请求路由到正确的I-CSCF或者S-CSCF。

2. I-CSCF（查询会话控制）的功能

(1)在IMS终端注册时，为用户分配提供服务的S-CSCF。

(2)为来话选择被叫注册的S-CSCF。

3. S-CSCF（业务会话控制）的功能

(1)IMS用户注册认证。

(2)业务触发和控制。

(3)会话路由。

1.2.2.2 用户数据功能实体

1. HSS

HSS（Home Subscriber Server，归属用户服务器），是归属网络中用来保存IMS用户的签约信息，包括基本标识、路由信息以及业务签约信息等集中综合数据库，HSS中保存的主要信息包括：

(1)IMS用户标识(包括公共及私有标识)、号码和地址信息；

(2)IMS用户安全上下文：用户网络接入认证的密钥信息、漫游限制信息；

(3)IMS用户的路由信息：HSS支持用户的注册，并且存储用户的位置信息；

(4)IMS用户的业务签约信息：包括其他AS的增值业务数据。

2. SLF

SLF（Subscription Locator Function，签约数据定位功能）可以看作是一种针对HLR的地址解析机制。当运营商拥有多个HSS时：

(1)I-CSCF/S-CSCF在登记注册及事务建立过程中通过SLF获得用户签约数据所在的HSS的域名；

(2)SLF通常内置在HSS中。

1.2.2.3 媒体资源功能实体

MRF（Multimedia Resource Function，媒体资源功能实体）包含以下两部分。

1. MRFC（Multimedia Resource Function Controller，多媒体资源控制器）

MRFC解析来自其他S-CSCF及AS的SIP资源控制命令，并实现对MRFP的媒体资源的控制。

2. MRFP（Multimedia Resource Function Processor，多媒体资源处理器）

(1)在MRFC的控制下，为UE设备或IM-MGW提供媒体资源。

(2)包括媒体流混合（多方会议）。

(3)多媒体信息播放（放音、流媒体）。

(4)媒体内容解析处理（码变换、语音识别等）。

1.2.2.4 IF互通功能实体

1. MGCF的功能

MGCF用于IMS域与CS域的互通，负责完成控制面信令的互通（PSTN/CS域侧ISUP/BICC协议与IMS侧SIP协议的互通），并控制IM-MGW完成用户面和媒体面的互通和放音。

2. IM-MGW的功能

IM-MGW负责在MGCF的控制下完成IMS用户面IP承载与CS域承载之间的转换，提供编解码转换、承载资源管理和放音功能。

3. IBCF的功能

IBCF部署于两个IMS网络之间或IMS与其他多媒体网络之间，作为IMS网络的边界，实现拓扑隐藏、媒体编解码/地址域转换、QoS控制等功能。

4. BGCF的功能

BGCF将用户的会话路由到正确的PLMN/PSTN网络。

（1）与本网用户互通，选择能路由至被叫网络的MGCF；

（2）与其他运营商互通，选择与其他运营商的BGCF互通。

1.2.2.5 用户接入控制功能实体

SBC提供接入网与IMS核心网之间的NAT穿越、企业网私网穿越、接入控制、QoS控制、信令和承载安全以及IP互通等功能。

为了支持号码补全以及紧急呼叫，SBC须在SIP信令中添加相应的信息。

1.2.2.6 应用服务器

目前，IMS网络中的应用服务器（AS）提供以下几方面的业务应用：基本业务和补充业务。IMS网络中的基本业务包括点到点的语音呼叫、视频呼叫以及呼叫异常提示，点到点呼叫可以是两个IMS用户之间，也可以是IMS用户与其他网络的用户之间，如PSTN固话用户、移动网GSM用户等；呼叫异常提示是指在被叫忙、无应答、号码空号、主叫欠费等各种条件下的语音和视频呼叫，给主叫用户播放通知音；IMS网络中提供的补充业务种类包括号码显示、呼叫转移、呼叫限制、呼叫完成以及多方通话业务等。

1.2.3 接口功能

IMS网络接口示意如图1-6所示。

1.2.3.1 UE与SBC/P-CSCF之间Gm和Gm'接口

Gm是UE和P-CSCF之间的接口，采用SIP协议，该接口的主要功能包括IMS用户注册及鉴权、IMS用户的会话控制，SIP消息采用UDP或TCP协议承载。

Gm'接口是SBC与P-CSCF之间的接口，采用SIP协议，该接口主要用于全代理式SBC与P-CSCF之间的通信。

1.2.3.2 CSCF之间的Mw接口

Mw接口用于连接不同CSCF，采用SIP协议，该接口主要功能为在各类CSCF之间转发注册、会话控制及其他SIP消息。

1.2.3.3 S-CSCF与AS之间的ISC接口

ISC接口是S-CSCF与AS之间的接口，采用SIP协议，S-CSCF通过该接口与各类AS（SIP AS、OSA SCS）通信，以实现对CM-IMS用户的业务提供。

1.2.3.4 S-CSCF/BGCF与MGCF之间的Mg/Mj接口

Mg接口是S-CSCF和MGCF之间的接口，基于SIP协议。Mj接口是BGCF和MGCF之间的接口，用于BGCF转发会话信令至MGCF，以便与PSTN/CS域网络的交互（基于SIP协议）。

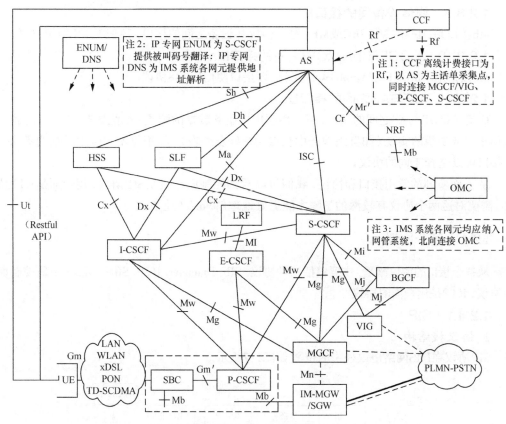

图1-6　IMS网络接口示意图

1.2.3.5　I-CSCF与AS之间的Ma接口

Ma接口是I-CSCF和AS之间的接口，基于SIP协议，用于PSI路由。

1.2.3.6　I-CSCF/S-CSCF与HSS/SLF之间的接口Cx/Dx

Cx接口是I-CSCF/S-CSCF和HSS之间的接口，采用Diameter协议，用于I/S-CSCF与HSS之间的数据查询和更新等功能。

Dx接口是I-CSCF/S-CSCF和SLF之间的接口，采用Diameter协议，用于获取用户数据所在的HSS域名或地址。

1.2.3.7　AS与HSS/SLF之间的接口Sh/Dh

Sh接口是AS和HSS之间的接口，采用Diameter协议，用于传送用户的用户数据和业务数据，包括码号信息、业务属性等。Sh接口需支持Sh-pull、Sh-Update、Sh-subscribe、Sh-notify流程。

Dh接口是AS和SLF之间的接口，采用Diameter协议，用于AS获取用户数据所在的HSS的域名或地址。

1.2.3.8　S-CSCF和AS与MRFC间的接口Mr/Mr'/Cr

Mr接口是S-CSCF与MRFC之间的接口，Cr/Mr'接口是AS与MRFC之间的接口，采用SIP

协议,完成对媒体会话管理和媒体资源的控制。

1.2.3.9 媒体设备间的接口Mb

Mb接口是IM-MGW与SBC或MRF等其他媒体设备之间的接口,基于RTP/RTCP协议。

1.2.3.10 MGCF与IM-MGW之间的接口Mn

Mn接口用于MGCF对IM-MGW的控制,该接口使用H.248协议。

1.2.3.11 UE与AS之间的接口Ut

Ut接口是UE与AS之间的接口,可以用于用户业务数据的配置(如配置前转号码),也可以用于业务逻辑的实现(如群组业务中获取用户好友列表)等。根据不同应用场景的需求,Ut接口可以选择不同的协议。

从上面罗列的常用接口和协议,我们可以看到控制面一般是SIP协议,用户面是RTP协议,需要对这两个协议有较深的了解才能更好地理解VoLTE业务。

1.2.4 信令协议

从各个接口的协议来看,主要包括三种协议:SIP、Diameter、RTP。SIP和Diameter是控制面的协议,RTP是用户面的协议。

1.2.4.1 SIP

1. 协议栈结构

SIP协议在IMS网络协议栈中的位置如图1-7所示。

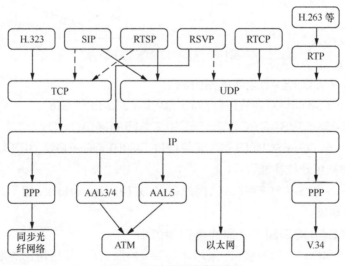

图1-7　SIP在协议栈中的位置

SIP与其他协议的合作如下。

- 与RSVP(Resource ReServation Protocol,资源预留协议)合作用于预约网络资源。
- 与RTP(Real-time Transmit Protocol,实时传输)合作用于传输实时数据并提供服务质量(QoS)反馈。
- 与RTSP(Real-Time Streaming Protocol,实时媒体流传输)合作用于控制实时媒

体流的传输。

- 与SDP（Session Description Protocol，会话描述）合作用于描述多媒体会话。

但是SIP的功能和实施并不依赖这些协议。

2．消息结构

（1）SIP消息总体结构。

SIP消息采用文本方式编码并使用UTF-8字符集。SIP消息分为两类：请求消息和响应消息。

如图1-8所示，SIP消息由三部分组成，即起始行（Start Line），消息头（Header）和消息体（Body）。

① 请求消息的起始行是请求行，响应消息的起始行是状态行。

② 任何SIP消息都必须带有消息头字段，消息体字段可以根据SIP消息的类型和业务需要决定是否携带。

③ 消息头与消息体之间以一个空格行分隔，以空格行标志头字段结束。

④ 消息体采用SDP或者txt文本来描述本次会话的具体实现方式。

（2）SIP请求消息结构。

SIP请求消息的结构如图1-9所示。SIP请求消息由请求行、消息头和消息体组成。消息头和消息体之间通过空格行（CRLF）区分；消息头通过换行符区分消息头中的每一条参数。

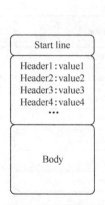

图1-8　SIP消息结构

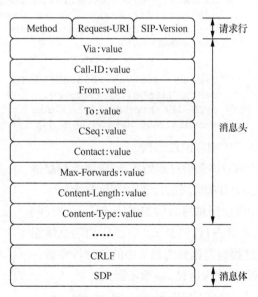

图1-9　SIP请求消息结构

请求行由Method（全大写）、Request-URI和SIP Version组成。

① Method：表示请求消息的类型，基本请求中的Method主要分为6种：Invite、ACK、Bye、Cancel、Register、Options。各个消息的含义见表1-1。

表1-1 各个请求消息的含义

请求消息	消息含义
Invite	发起会话请求，邀请用户加入一个会话，会话描述含于消息体中。对于两方呼叫来说，主叫方在会话描述中指示其能够接收的媒体类型及其参数，被叫方必须在成功响应消息的消息体中指明其希望接收哪些媒体，还可以指示其将发送的媒体。 如果收到的是关于参加会议的邀请，被叫方可以根据Call-ID或者会话描述中的标识确定用户是否已经加入该会议，并返回成功响应消息
ACK	证实已收到对于Invite请求的最终响应。该消息仅和Invite消息配套使用
Bye	结束会话
Cancel	取消尚未完成的请求，对于已完成的请求（已收到最终响应的请求）则没有影响
Register	注册
Options	查询服务器的能力

② Request-URI：表示请求的目的方。

③ SIP Version：表示SIP的版本号，目前的SIP版本为2.0。

SIP请求消息举例如下。

```
C->S: Invite sip:Watson@Boston.bell-tel.com SIP/2.0
      Via: SIP/2.0/UDP kton.bell-tel.com
      From: A. Bell <sip:a.g.bell@bell-tel.com>
      To: T. Watson <sip:Watson@bell-tel.com>
      Call-ID: 662606876@kton.bell-tel.com
      CSeq: 1 Invite
      Contact: <sip:a.g.bell@kton.bell-tel.com>
      Subject: Mr. Watson, come here.
      Content-Type: application/sdp
      Content-Length: ...

      v=0
      o=bell 53655765 2353687637 IN IP4 128.3.4.5
      s=Mr. Watson, come here.
      c=IN IP4 kton.bell-tel.com
      m=audio 3456 RTP/AVP 0 3 4 5
```

（3）SIP响应消息结构。

SIP响应消息通过起始行与SIP请求消息进行区分。在SIP响应消息中，起始行称为状态行。

SIP响应消息的结构如图1-10所示。SIP响应消息由状态行、消息头、空格行和消息体组成。通过换行符区分消息头中的每一行参数。对于不同的响应消息，参数不固定。

状态行由SIP Version、Status-Code、Reason-Phrase组成。

① SIP Version：与请求行中的协议版本相同。

② Status-Code：表示响应消息的类型代码，由三位整数组成，即1XX、2XX、3XX、

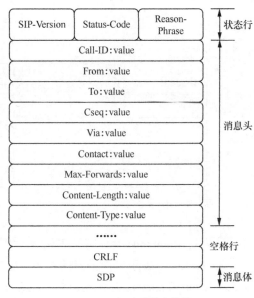

图1-10 SIP响应消息结构

4XX、5XX、6XX（见表1-2），代表不同的响应类型。

表1-2 响应消息示例

序号	状态码	消息功能
1XX	信息响应（呼叫进展响应）	表示已经接收到请求消息，正在对其进行处理
	100	试呼叫
	180	振铃
	181	呼叫正在前转
	182	排队
2XX	成功响应	表示请求已经被成功接收、处理
	200	OK
3XX	重定向响应	表示需要采取进一步动作，以完成该请求
	300	多重选择
	301	永久迁移
	302	临时迁移
	303	见其他
	305	使用代理
	380	代换服务
4XX	客户出错	表示请求消息中包含语法错误或者SIP服务器不能完成对该请求消息的处理
	400	错误请求
	401	无权
	402	要求付款
	403	禁止
	404	没有发现
	405	不允许的方法
	406	不接收
	407	要求代理权
	408	请求超时
	410	消失
	413	请求实体太大
	414	请求URI太大
	415	不支持的媒体类型
	416	不支持的URI方案
	420	分机无人接听
	421	要求转机
	423	间隔太短
	480	暂时无人接听

续表

序号	状态码	消息功能
4XX	481	呼叫/事务不存在
	482	相环探测
	483	跳频太高
	484	地址不完整
	485	不清楚
	486	线路忙
	487	终止请求
	488	此处不接收
	491	代处理请求
	493	难以辨认
5XX	服务器出错	表示SIP服务器故障不能完成对正确消息的处理
	500	内部服务器错误
	501	没实现的
	502	无效网关
	503	不提供此服务
	504	服务器超时
	505	SIP版本不支持
	513	消息太长
6XX	全局故障	表示请求不能在任何SIP服务器上实现
	600	全忙
	603	拒绝
	604	都不存在
	606	不接收

③ Reason-Phrase：用于表示状态码的含义，对Status-Code的文本描述。

例如，183响应消息中携带的Reason-Phrase为"Session Progress"，表示当前呼叫进行中。

SIP响应消息举例如下。

```
S->C: SIP/2.0 200 OK
     Via: SIP/2.0/UDP kton.bell-tel.com
     From: A. Bell <sip:a.g.bell@bell-tel.com>
     To: <sip:Watson@bell-tel.com> ;tag=37462311
     Call-ID: 662606876@kton.bell-tel.com
     CSeq: 1 Invite
     Contact: sip:Watson@Boston.bell-tel.com
```

```
Content-Type: application/sdp
Content-Length: ...

v=0
o=Watson 4858949 4858949 IN IP4 192.1.2.3
s=I'm on my way
c=IN IP4 Boston.bell-tel.com
m=audio 5004 RTP/AVP 0 3
```

（4）SIP请求和响应消息共有的消息头字段。

消息头字段包含与请求有关的信息，例如请求的发起者、请求的接收者。消息头字段也可以只是消息正文的特性，例如指示VXML格式的消息体。

每个消息头字段以CRLF结束。一个SIP消息的整个消息头部分也以CRLF结束。

消息头字段的格式为：

Header-name: header-value。

主要的消息头字段包含以下内容。

① From：所有请求和响应消息必须包含此字段，以指示请求的发起者。服务器将此字段从请求消息复制到响应消息。

该字段的一般格式为：

From：显示名〈SIP URL〉；tag=xxx。

From字段的示例有：

From："A.G.Bell"<sip:agb@bell-telephone.com>。

② To：该字段指明请求的接收者，其格式与From相同，仅第一个关键词代之以To。所有请求和响应都必须包含此字段。

③ Call ID：该字段用以唯一标识一个特定的邀请或标识某一客户的所有登记。用户可能会收到数个参加同一会议或呼叫的邀请，其Call ID各不相同，用户可以利用会话描述中的标识，例如SDP中的Origin（源）字段的会话标识和版本号判定这些邀请的重复性。

该字段的一般格式为：

Call ID：本地标识@主机，其中，主机应为全局定义域名或全局可选路由IP地址。

Call ID的示例可为：

Call ID: 19771105@foo.bar.com。

④ Cseq：命令序号。客户在每个请求中应加入此字段，它由请求方法和一个十进制序号组成。序号初值可为任意值，其后具有相同的Call ID值，但不同请求方法、头部或消息体的请求，其Cseq序号应加1。重发请求的序号保持不变。ACK和CANCEL请求的Cseq值与对应的Invite请求相同，BYE请求的Cseq值应大于Invite请求，由代理服务器并行分发的请求，其Cseq值相同。服务器将请求中的Cseq值复制到响应消息中。

Cseq的示例为：

Cseq: 4711 Invite。

⑤ Via：该字段用以指示请求经历的路径。它可以防止请求消息传送产生环路，并确保响应和请求的消息选择同样的路径。

该字段的一般格式为：

Via：发送协议 发送方；参数。

其中，发送协议的格式为：协议名/协议版本/传送层，发送方为发送方主机和端口号。

Via字段的示例可为：

Via：SIP/2.0/UDP first.example.com:4000。

⑥ Contact：该字段用于Invite、ACK和Register请求以及成功响应、呼叫进展响应和重定向响应消息，其作用是给出和用户直接通信的地址。

Contact字段的一般格式为：

Contact：地址；参数。

其中，Contact字段中给定的地址不限于SIP URL，也可以是电话、传真等URL或mailto:URL。

其示例可为：

Contact："Mr. Watson" <sip:waston@worcester.bell-telephone.com>。

有些消息头是每个SIP请求和响应都必须有的，例如：

- To消息头；
- From消息头；
- Call-ID消息头；
- Cseq消息头；
- Via消息头；
- Max-Forwards消息头；
- Contact消息头。

（5）SIP请求和响应消息共有的消息体字段。

消息体又称消息正文，是SIP消息的有效负荷。消息体可以携带任何基于文本的信息，而请求的Method和响应的Status-Code决定了消息正文该如何解释。

当描述一个会话时，常见的消息体是SDP消息。当描述一个多媒体会议时，常见的消息体是VXML和MSML。

1.2.4.2 Diameter协议

1. 协议栈结构

Diameter协议包括两个部分：Diameter基础协议和Diameter应用协议，如图1-11所示。

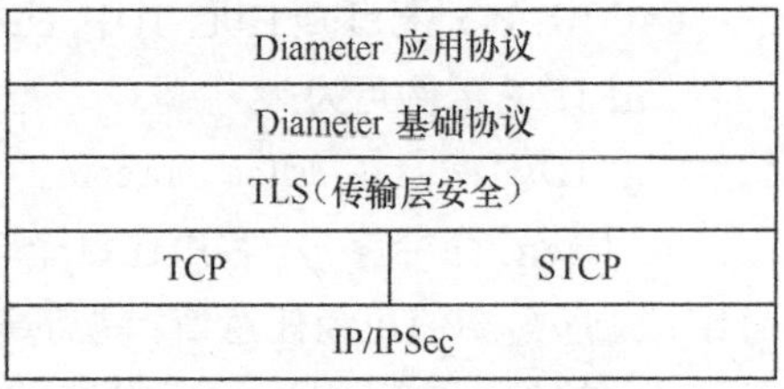

① Diameter基础协议被用于传递Diameter数据单元、协商能力集和处理错误，并提供扩展能力。

Diameter 应用协议	
Diameter 基础协议	
TLS（传输层安全）	
TCP	STCP
IP/IPSec	

图1-11 Diameter协议栈

② Diameter应用协议定义了特定应用的功能和数据单元，如NAS（Network Access Service）协议、EAP（Extensible Authentication Protocol）、MIP（Mobile IP）、CMS（Cryptographic Message Syntax）协议等。

Diameter协议本身是一个对等协议，即在传输层没有客户端和服务器端的概念。建立链路时，两个Diameter节点既作为客户端又作为服务器端，如果建立了两条链路，则通过选举机制关闭一条。

Diameter基本协议可以使用TCP（Transfer Control Protocol）或SCTP（Stream Control Transfer Protocol）作为传输协议。Diameter两端之间存在面向连接的关系，SCTP能够将几个独立的流归类于单个SCTP连接，使得传输性能优于每个流都打开的独立的TCP连接。因此SCTP是更好的选择，现网中一般也是使用SCTP协议。

TLS（Transport Level Security）提供传输层连接的安全，IPSec（IP Security）提供逐跳（Hop-to-Hop）连接的安全。Diameter客户端可以支持IPSec或TLS，Diameter服务器必须同时支持TLS和IPSec。为确保安全性，Diameter协议不能在没有任何安全机制（TLS或IPSec）的情况下使用。

2. 消息结构

Diameter消息由消息头和消息体组成，各个字段以网络字节顺序传送。Diameter消息结构如图1-12所示。消息体中AVP结构如图1-13所示。

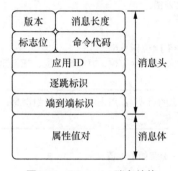

图1-12　Diameter消息结构

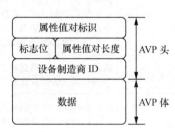

图1-13　AVP结构

3. 消息实例

Diameter消息实例如图1-14所示。

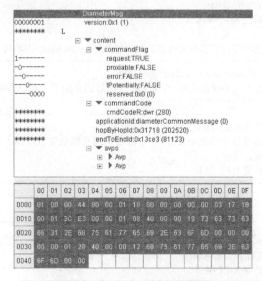

图1-14　Diameter消息实例截图

Diameter消息头各字段含义如表1-3所示。消息体各字段含义如表1-4所示。

表1-3　Diameter消息头各字段含义

字段	含义
Version	表示Diameter消息的版本,当前必须被置为1。 字段长度为1个字节
Msg Length	表示Diameter消息包括头字段在内的字节长度。 字段长度为3个字节
Flags	表示Diameter消息头的各标志位。 • R:用于标识消息类型为请求或响应
Flags	如果置为"1",则表示该消息为请求消息,置为"0"则表示该消息为响应消息。 • P:用于标识消息是否可被转发。 如果置为"1",则该消息可以被转发,置为"0"则表示该消息只能在本地处理。 • E:用于标识响应消息是否存在错误。 如果置为"1",则表示该消息存在一个协议差错。 • T:用于标识消息是否为重传消息。 如果置为"1",则表示该消息为重传消息。 • r:预留的标志位。在Diameter消息头中预留了4位标志位。 字段长度为1个字节。这个字节的8位依次为"R"标志位、"P"标志位、"E"标志位、"T"标志位和4个预留的"r"标志位
Command-Code	表示与Diameter消息相关联的命令,包含消息的命令码,用来唯一确定一组消息。 字段长度为3个字节
Application-ID	表示该Diameter消息适用的Diameter应用。 例如Diameter基本协议中定义的Application-ID有如下取值。 • 0:Diameter Common Message • 1:Nasreq • 2:Mobile-IP • 3:Diameter Base Accounting • 4:DCCA • 0xffffffff:Relay 字段长度为4个字节。 说明: 该字段需要与消息中其他相关AVP包含的Application-ID相同
Hop-by-Hop Identifier	用于匹配Diameter消息的请求和应答 该字段的值必须保证唯一。如果一个应答消息携带了未知的该字段将会被丢弃。 字段长度为4个字节
End-to-End Identifier	用于检测重复消息。 该字段在每个消息中取值唯一,由发送端在消息发送时插入,该字段不能被Diameter代理修改。 字段长度为4个字节

表1-4　Diameter消息体各字段含义

字段	含义
AVP Code	AVP的标识,与Vendor-ID AVP一起唯一标识一个AVP。 字段长度为4个字节

续表

字段	含义
Flags	表示AVP的各标志位。 • V：用于标识本AVP头中是否出现"Vendor-ID"字段
Flags	如果置为"1"，则说明"Vendor-ID"字段存在。 • M：用于标识本AVP对于一个特定的Diameter消息而言是否为必需的AVP。 如果置为"1"，则说明该AVP为必需的AVP。 • P：用于标识本AVP数据部分是否经过加密。 如果置为"1"，则说明需要保证该AVP端到端的安全性。 • r：预留的标志位。在AVP头中预留了5位标志位。 字段长度为1个字节。这个字节的8位依次为"V"标志位、"M"标志位、"P"标志位和5个预留的"r"标志位
AVP Length	表示包含AVP头部和数据部分在内的AVP的整体数据长度。 字段长度为3个字节
Vendor-ID	表示设备制造商ID。如IANA分配给华为的"Vendor-ID"为"2011"。 字段长度为4个字节。 说明： 当AVP标志位中"V"取值为"1"时，该字段出现
Data	表示AVP体，是AVP的数据字段。 该字段为0~n个8位组，包含属性定义的信息。其格式和长度由AVP码和AVP长度决定

1.2.4.3 Rtp/Rtcp协议

1. 协议栈结构

RTP和RTCP在IMS网络中都是媒体面的协议，协议栈结构如图1-15所示。

2. 消息结构

RTP/RTCP在IP网络中的消息栈结构如图1-17所示。

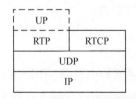

图1-15 RTP/RTCP协议栈结构

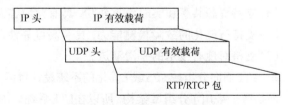

图1-16 RTP/RTCP消息栈结构

3. 消息示例

（1）RTP消息如图1-17所示。

（2）RTCP消息如图1-18所示。

由于RTP/RTCP协议是我们日常工作中比较难掌握的协议，本书将在后续VoLTE语音质量问题篇章做详细的阐述，本章作为协议了解而简单描述。

```
⊞ Frame 146 (134 bytes on wire, 134 byte
⊞ Ethernet II, Src: HuaweiTe_fa:1d:2f (0
⊞ Internet Protocol, Src: 172.20.92.53 (
⊞ User Datagram Protocol, Src Port: oc-
⊟ Real-Time Transport Protocol
  ⊞ [Stream setup by SDP (frame 9)]
    10.. .... = Version: RFC 1889 Versio
    ..0. .... = Padding: False
    ...0 .... = Extension: False
    .... 0000 = Contributing source ider
    0... .... = Marker: False
    Payload type: ITU-T G.711 PCMA (8)
    Sequence number: 27267
    [Extended sequence number: 92803]
    Timestamp: 2616186147
    Synchronization Source identifier: (
    Payload: 90401F020B35340B031D5492828
```

图1-17　RTP消息示例

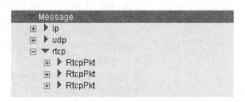

图1-18　RTCP消息示例

1.3　VoLTE网络

"工欲善其事，必先利其器"，前面的章节都是为了更好地理解VoLTE业务的实现过程，当读到下面章节有疑惑的时候，可以返回去读前面的基础知识章节，也许能给你指点迷津。

1.3.1　背景知识

LTE是3GPP为了应对移动互联网时代迅速增长的移动数据业务需求而提出的下一代宽带无线移动通信技术，核心网的发展方向是逐步向软交换、融合、宽带、智能和容灾方向演进。4G这种基于全IP交换的核心网的优点如下。

（1）支持多种网络结构，具有灵活的组网能力；

（2）支持带宽突发，具有高吞吐量和高速处理的能力；

（3）支持资源共享和实时数据备份，具有异地容灾、数据恢复能力；

（4）支持智能化的故障检测能力，具有高可靠性；

（5）支持对现有技术的平滑演进。

基于LTE面向分组域（PS域）优化的系统设计目标，LTE的网络架构中取消了电路域（CS域），而是统一采用了分组域架构，所以在LTE系统架构下，基于电路域的语音解决方案无法得到支持，传统的语音业务必须在LTE网络中采用新的解决方案。目前LTE对语音业务的支持，存在多种技术解决方案，主要是双待机、CSFB和VoLTE三种主流的语音解决方案。

（1）双待机方案：双待机终端可以同时待机在LTE网络和2G/3G网络，可以同时从LTE和2G/3G网络接收和发送信号，这种语音解决方案的实质是语音业务使用传统2G/3G电路域网络，数据业务使用LTE分组域网络，LTE与2G/3G模式之间没有任何互操作，终端不需要异系统测量，技术方案相对简单，代价是终端成本较高。

（2）CSFB方案：用户需要进行语音业务的时候，从LTE网络回落到2G/3G的电路域重新接入，并按照电路域的业务流程发起或接听语音业务。终端空闲态下驻留在LTE网络，当主动发起MO语音业务或从寻呼消息里被动接听MT语音业务时，网络侧指示用户回落到2G/3G网络进行语音业务接续，呼叫结束后再返回到LTE网络。

（3）VoLTE（Voice over LTE）方案：以LTE网络作为接入，提供了基于IMS的音视频业务。IMS由于支持多种接入方式和丰富的多媒体业务，成为全IP时代的核心网标准架构。与双待机方案和CSFB方案不同，VoLTE不需要2G/3G电路域的支持，3GPP和GSMA等标准化组织已将VoLTE确定为移动语音业务演进的标准架构和目标方案。

VoLTE提供了架构在LTE网络上，全IP条件下的"端到端"语音解决方案。VoLTE的语音作为IP数据传输，无需2G/3G网络，实现了数据与语音业务在同一网络下的统一，相对于现有的2G/3G网络，VoLTE通过引入高清编解码等技术，可提供比2G/3G语音和OTT语音更好的用户体验，同时，当终端离开LTE覆盖区域时，VoLTE能够使用SRVCC技术将LTE上的语音呼叫切换到2G/3G网络上，保证呼叫的连续性。

VoLTE使用IMS的多媒体语音业务，与传统2G/3G语音和OTT语音业务相比具有以下特点。

特点1：VoLTE由IMS提供呼叫控制和业务逻辑。

VoLTE的信令和媒体经过EPC路由到IMS网络，由IMS提供会话控制和业务逻辑，VoLTE可以方便地与其他IMS业务，如RCS等无缝集成在一起，为企业和个人用户提供VoIP（高清语音）及各种视频、即时消息、文件共享等丰富的多媒体业务。

特点2：VoLTE由EPC提供高质量的分组域承载。

在VoLTE中EPC作为IMS的接入网，通过专用APN（IMS APN）及独立承载为用户提供区别于普通数据业务的QoS保障。

特点3：VoLTE采用国际标准架构提供丰富的业务。

VoLTE采用3GPP/GSMA的标准网络架构，提供标准的UNI/NNI接口，实现全球漫游和不同运营商之间的业务互通；支持紧急呼叫、呼叫拦截等特殊服务，支持开放的API接口，可以把IMS的多媒体语音业务与互联网的应用结合在一起，实现业务的混搭，进而为运营商提供Web IMS业务。

特点4：连续覆盖前可通过SRVCC保障呼叫连续性。

VoLTE终端在通话过程中漫游至无LTE覆盖的区域时，通过SRVCC将当前呼叫切换到2G/3G电路域，此时2G/3G网络作为IMS的接入网。

1.3.2 总体架构

常见VoLTE网络的整体结构如图1-19所示。

VoLTE目标组网主要包含LTE无线接入域、EPC/PS核心网域、IMS核心网&AS业务域、传统的CS域、O&M操作维护域等，结合前面的传统移动通信网络和IMS网络，我们可以看到语音业务的演变如图1-20所示。

无线接入域由传统的2G BSS、3G RNS演变为4G的LTE，核心网域由传统的MSC、软交换MSS&MGW演变为EPC&IMS，VoLTE网络下的EPC域已由传统的PS核心网域演变为VoLTE业务的接入域，EPC核心网协同eNB完成VoLTE用户的接入、移动性管理和承载管理等功能,业务控制功能由IMS网络实现。

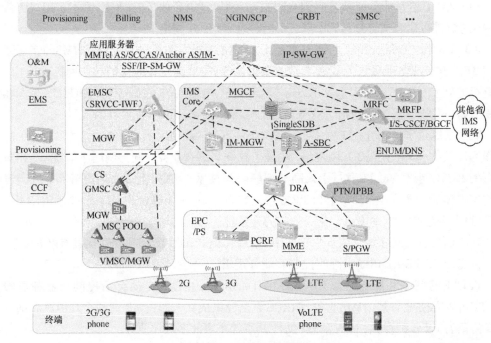

图1-19 VoLTE网络架构

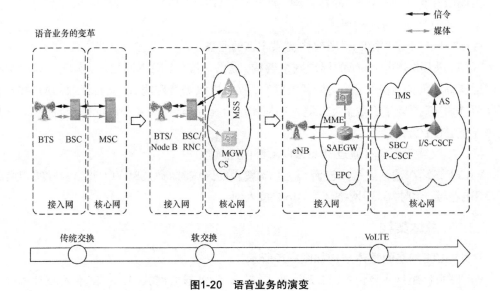

图1-20 语音业务的演变

1.3.3 逻辑功能

1.3.3.1 LTE域

eNB负责无线资源管理,集成了类似GSM/TD基站和基站控制器的功能。

1.3.3.2 EPC域

MME：LTE接入下的控制面网元，主要负责移动性管理、会话管理、PGW/SGW选择等功能。

SGW：提供分组路由和转发功能。

PGW：提供承载控制、计费、地址分配和非3GPP接入等功能。

PCRF：策略控制服务器，提供数据业务QoS保障和资源管控。

HSS：EPC用户注册、鉴权及业务数据功能。

1.3.3.3 IMS域

同传统IMS网络各个逻辑功能基本相同，只有P-CSCF和AS网元不同。

P-CSCF的不同点：一个是VoLTE用户的SRVCC技术中的ATCF/ATGW功能，另一个是AF功能，通过Rx口实现VoLTE用户专载的建立、修改和删除功能。

AS的不同点：由于在LTE无线覆盖不足的时候，可以通过SRVCC技术将语音业务切换到传统2G/3G网络，AS上需要增加SCCAS来实现SRVCC切换的业务控制功能。

1.3.3.4 CS域

同传统CS域网络功能基本相同，需要升级一台或两台MSC为e-MSC，能与MME对接实现SRVCC切换功能。

1.3.3.5 O&M域

实现操作维护功能，同传统网络一样。

1.3.4 接口功能

VoLTE网络包含了哪些接口呢，我们可以借助于图1-21来做个全面的了解。

1.3.4.1 LTE/EPC域

（1）S6a/S6d接口：基于Diameter协议，在HSS与MME/SGSN之间交互，完成用户签约数据和鉴权向量的下发、位置信息管理和更新等。

（2）Gx接口：基于Diameter协议，在PCRF与PGW之间交互，完成PCC（Policy and Charging Control）规则传递。

（3）Rx接口：基于Diameter协议，在PCRF与AF（SBC/P-CSCF）之间交互，完成基于应用的策略控制功能。

（4）S1-U接口：eNB与SGW间的用户面接口，S1-U接口采用GTP-v1协议，主要用于传递eNB与SGW间的上下行用户面数据。

（5）S1-MME接口：eNB与MME的信令接口，S1-MME接口协议层包含：

- S1-AP（S1 Application Protocol）：eNB与MME之间的应用层协议；
- SCTP：此协议用于保证eNB与MME之间的信令消息传送。

（6）S6a接口：为MME和HSS之间的信令接口，协议层介绍如下内容。

- Diameter：此协议用来支持MME与HSS传递签约及鉴权数据，以授权用户接入EPS网络。Diameter由RFC 3588定义。
- SCTP：此协议用于保证MME与HSS之间的信令消息传送。

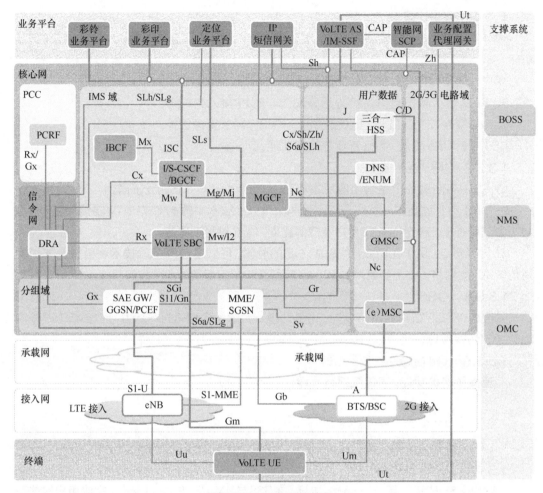

图1-21 VoLTE网络接口

(7) S10接口：两个MME之间的信令接口，GTP-C (GPRS Tunnelling Protocol for the Control Plane) 提供MME之间的信令消息隧道，GTP-C版本为GTPv2。

(8) S11接口：MME与SGW间的控制面接口，GTP-C (GPRS Tunnelling Protocol for the Control Plane) 提供MME与SGW之间的信令消息隧道，GTP-C版本为GTPv2。

(9) S5/S8接口：SGW和PGW间的控制面和用户面接口。

- 控制面接口主要用于传递承载创建、更新及删除消息，并在S5/S8接口建立数据传输承载。
- 用户面接口主要用于传递SGW和PGW之间的上行、下行用户数据流。

(10) SGi接口：PGW和PDN间的接口。SGi接口实现PGW与PDN间的互通，也可以作为PGW和AAA Server间的接口，用于传递鉴权和计费控制信息。

(11) X2接口：包含两个部分，用户平面和控制平面。

① X2用户平面接口：eNB之间的接口，E-UTRAN的传输网络层是基于IP传输的，UDP/IP之上是利用GTP-U来传送用户平面PDU。

② X2控制平面接口是eNB之间的接口。传输网络层是利用IP和SCTP协议,而应用层信令协议为X2接口应用协议X2-AP。控制面功能如下:

- 连接状态下UE的移动性管理功能(针对LTE系统内切换);
- 上行负荷管理功能;
- X2接口管理功能(包括复位和错误指示)。

(12)SGs接口:MME和MSC之间的接口,用来处理EPS和CS域之间的移动性管理和寻呼过程,也可以用于传送MO和MT的SMS。SGs接口协议层包含:

- SGs-AP(SGs Application Protocol):MME与MSC之间的应用层协议;
- SCTP:此协议用于传送层,保证MME与MSC之间的信令消息传送。

1.3.4.2 IMS域

基本同传统IMS网络的接口一致,为了实现VoLTE用户的SRVCC切换功能,新增了一个接口。

Mw接口:ATCF与e-MSC之间的接口,采用SIP,传送的是与用户SRVCC切换相关的信息。

另外,UE和SBC之间的Gm接口的承载通道相对于传统IMS网络有较大的变化,承载在Uu口+S1-U口+S5口+SGi口。

1.3.4.3 CS域

基本同传统IMS网络的接口一致,为了实现VoLTE用户的SRVCC切换功能,新增了一个接口。

Sv接口:e-MSC与MME之间的接口,采用GTP-C协议,传送的是与SRVCC切换相关的信息。

1.3.5 信令协议

同传统移动通信、IMS网络相比,主要是增加了LTE网络的接口和协议,包含S1接口(eNB和MME之间)的S1-AP和(eNB和SGW之间的)GTP-U、SGs接口(MME和MSC之间)的SGs-AP、X2接口(eNB和IeNB之间)的X2-AP、Gx接口(PGW和PCRF之间)的Diameter。

LTE网络和IMS网络之间的接口和协议,包含Rx接口(PCRF和SBC之间)的Diameter、SGi接口(PGW和SBC之间)的IPSec。

传统移动通信网络和IMS网络之间的接口和协议,包含I2接口(e-MSC和ATCF之间)的SIP。

LTE网络和传统移动通信网络的SGs接口(MME和MSC之间)的SGs-AP。

下面简要介绍下各个接口和协议栈的结构图。

1.3.5.1 S1接口

S1接口包含控制面和用户面,控制面为S1-MME接口、用户面为S1-U接口,如图1-22所示。

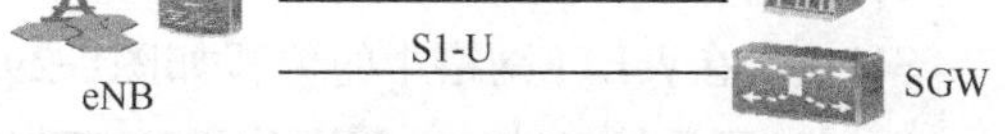

1. 控制面S1-MME

图1-23所示为S1-MME接口,主要用于传递eNB与MME之间的应用层消息,包含会话管理(SM)和移动性管理(MM)信息。

图1-22 S1接口

2. 用户面S1-U

图1-24所示为S1-U接口,主要用于传递eNB与SGW间的上行、下行用户面数据。

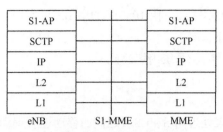
图1-23　S1-MME协议栈

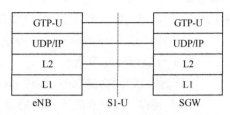
图1-24　S1-U协议栈

1.3.5.2　S6a接口

S6a接口在VoLTE网络中的位置如图1-25所示。

图1-26所示的S6a接口,主要用来传递MME与HSS签约及鉴权数据,以授权用户接入EPS网络。

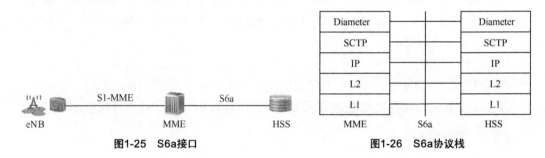

图1-25　S6a接口　　　　　　　　　图1-26　S6a协议栈

1.3.5.3　S10接口

S10接口在VoLTE网络中的位置如图1-27所示。

图1-28所示的S10接口,主要用于传送MME之间的用户上下文、承载相关的控制信息。

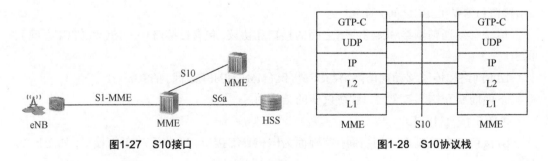

图1-27　S10接口　　　　　　　　　图1-28　S10协议栈

1.3.5.4　S11接口

S11接口在VoLTE网络中的位置如图1-29所示。

图1-30所示的S11接口,用于传送MME与SGW之间的UE上下文、承载控制相关信息。

1.3.5.5　S5/S8接口

S5/S8接口在VoLTE网络中的位置如图1-31所示。

备注:S5为同一个PLMN、S8为两个PLMN之间SGW和PGW间的接口。

第1章 VoLTE网络基本原理

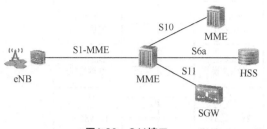

图1-29 S11接口　　　　图1-30 S11协议栈

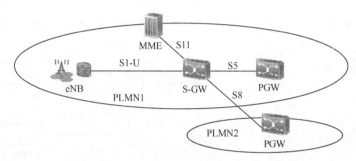

图1-31 S5/S8接口

1. 控制面GTP-C

图1-32所示的S5/S8接口的GTP-C协议，主要用于传递承载创建、更新及删除消息，并在S5/S8接口建立数据传输承载。

2. 用户面GTP-U

图1-33所示的S5/S8接口的GTP-U协议，主要用于传递SGW和PGW之间的上行、下行用户数据流。

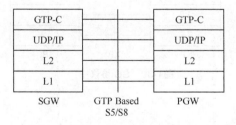 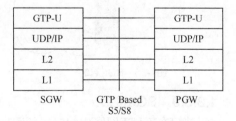

图1-32 GTP-C协议栈　　　　图1-33 GTP-U协议栈

1.3.5.6 Gx接口

Gx接口在VoLTE网络中的位置如图1-34所示。

图1-35所示的Gx接口主要用于传递QoS相关控制信息。

1.3.5.7 Sv接口

Sv接口在VoLTE网络中的位置如图1-36所示。

图1-37所示的Sv接口主要用于传递SRVCC的相关信息。

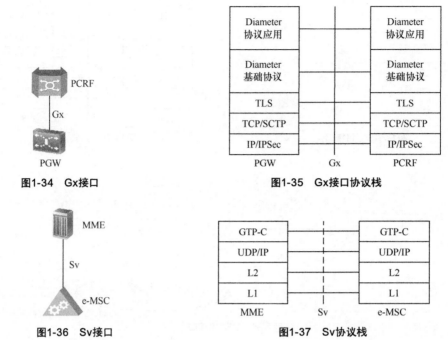

图1-34　Gx接口　　　　　　图1-35　Gx接口协议栈

图1-36　Sv接口　　　　　　图1-37　Sv协议栈

1.3.5.8　SGi接口

SGi接口在VoLTE网络中的位置如图1-38所示。

图1-39所示的SGi接口，主要用于建立隧道，传送用户面数据，即UE与SBC之间的SIP信令消息。

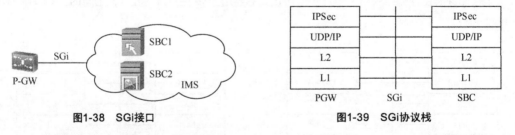

图1-38　SGi接口　　　　　　图1-39　SGi协议栈

1.3.5.9　SGs接口

SGs接口在VoLTE网络中的位置如图1-40所示。

图1-41所示的SGs接口主要用于传递CSFB业务的相关信息。

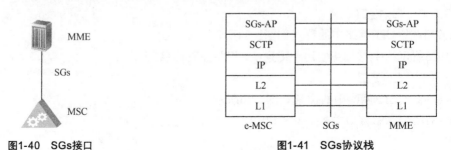

图1-40　SGs接口　　　　　　图1-41　SGs协议栈

第 2 章
VoLTE网络信息元素

> 本章将主要介绍VoLTE网络中的常见名词和技术术语，这些名词和技术术语可能出现在各个接口（如S6a、S11、S1-MME、Rx、Gx、Gm等）的信令报文中用于实现特定的功能，3GPP规范中将这些技术术语统称为信息元素（Information Element）。不了解这些信息元素的含义，将无法对相应的信令流程进行分析，正如我们学习IP网络原理需要事先了解IP包头各个字段的含义一样。
>
> 按照VoLTE解决方案中各个接口功能的不同，这些信息元素主要分为用于标识用户身份的（如GUTI、RNTI等）、用于标识网元的（比如DEST HOST、DEST REALM等）、用于移动性管理流程的（如TAC、TAI list等）和用于会话管理流程的（如APN、PCO等）。

2.1 用户标识类

2.1.1 IMSI

国际移动用户识别码（IMSI, International Mobile Subscriber Identification Number）是区别移动用户的标志，全球唯一，存储在SIM卡中，可用于区别移动用户的有效信息。IMSI由以下三部分组成：MCC+MNC+MSIN，采用E.212号码格式，如图2-1所示。

移动国家码（MCC, Mobile Country Code）由三个十进制数组成，中国的MCC规定为460。

移动网号（MNC, Mobile Network Code）由二个或三个十进制数组成，中国移动的MNC为00、中国联通的MNC为02等。

移动用户识别码（MSIN, Mobile Subscriber Identification Number）由10个十进制数组成，用以识别某一移动通信网中的移动用户。

如中国移动某个用户的IMSI为46000523434XXXX。

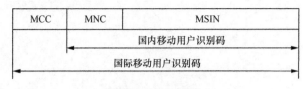

图2-1　IMSI的结构

2.1.2　MSISDN

MSISDN（Mobile Station International ISDN Number，移动台国际ISDN号码）是指主叫用户为呼叫PLMN中一个移动用户所需拨的号码，采用E.164号码格式，如图2-2所示。

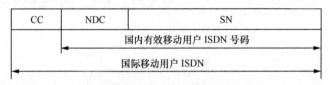

图2-2　MSISDN的结构

国家号码（CC）：中国为86。
国内GSM接入号：NDC=139（8、7、6、5、0、1）等。
移动用户号SN：$H_0H_1H_2H_3$ ABCD。

2.1.3　GUTI

GUTI（Globally Unique Temporary UE Identity，全球唯一临时UE标识）在网络中唯一标识UE，可以减少IMSI、IMEI等用户私有参数暴露在网络传输中。GUTI由核心网分配，在附着接受、TAU接受等消息中带给UE。第一次附着时UE携带IMSI，而后MME会将IMSI和GUTI进行一个对应，以后就一直用GUTI，通过附着接受带给UE。结构如图2-3所示。

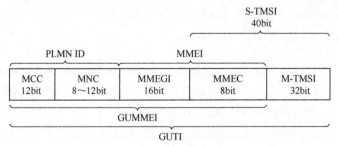

图2-3　GUTI的结构

其中：
<GUMMEI> = <MCC><MNC><MME Identifier>；
<MME Identifier> = <MME Group ID><MME Code>。

MCC和MNC的格式及长度如前文所述。

M-TMSI长度为32bit。

MMEGI长度为16bit。

MMEC长度为8bit。

2.1.4 S-TMSI

S-TMSI（SAE-Temporary Mobile Subscriber Identity，临时移动用户识别码）。为了保证用户身份的机密性，在E-UTRAN系统中，MME会分配S-TMSI访问移动用户。S-TMSI是GUTI的一种缩短格式，为了能够对无线信令进行更有效处理（如寻呼及服务请求）。S-TMSI由MMEC和M-TMSI组成，用于对用户进行寻呼。

S-TMSI是临时UE识别号，MME分配S-TMSI，而在小区级识别RRC连接时，C-RNTI提供唯一的UE识别号。如果多个UE的随机接入过程冲突，每个UE用自己的S-TMSI作为自己的竞争决议标识。如果UE没有得到MME分配的S-TMSI，那么会指定一个40 bit的随机数作为S-TMSI，并且作为随机接入过程中自己的竞争决议标识。

<S-TMSI> = <MMEC><M-TMSI>。M-TMSI是32bit，MMEC是8bit。

2.1.5 M-TMSI

M-TMSI（MME-Temporary Mobile Subscriber Identity，MME临时用户标识），唯一识别MME中的UE。

2.1.6 GUMMEI

GUMMEI（Globally Unique MME Identity，全球唯一的MME标识）。

GUMMEI（不超过48bit） = PLMN ID + MMEI。

GUTI包含了GUMMEI。

2.1.7 MMEI

MMEI（MME Identifier，MME标识）

由MME组标识（MMEGI，MME Group ID）和MME编号（MMEC，MME Code）组成。

MMEI (24bit) = MMEGI + MMEC。

用户在ECM-IDLE状态建立RRC连接时需要向eNB提供一个唯一标识表明其当前MME，以便eNB从MME取回用户的上下文。

2.1.8 MMEGI

MMEGI（MME Group Identifier，MME组标识），16bit，在一个PLMN内是唯一的。

2.1.9 MMEC

MMEC（MME Code，MME编号），一个MME Group中存在唯一的MME编号，8bit。

S-TMSI包含MMEC。

2.1.10　RNTI

RNTI（Radio Network Tempory Identity，无线网络临时标识）在UE和EUTRAN之间的信号信息内部作为UE的标识。在LTE中按照功能的不同，划分了多种RNTI，每个UE可以同时对应多个RNTI。通过RNTI对PDCCH控制消息加扰的方式，实现系统广播和特定的用户调度等功能。

C-RNTI（Cell-Radio Network Temporary Identifier，小区无线网络临时标识）在一个小区内用来唯一标识一个RRC连接UE。0x0001～0xFFF3（16bit）用于DCCH和DTCH的临时C-RNTI和半固定调度C-RNTI。

RA-RNTI是PRACH接入时使用的用户临时标识，对应RACH Response的DL-SCH。

P-RNTI是寻呼和系统消息变更通知时使用的用户临时标识，对应Paging的PCCH。

SI-RNTI是系统消息广播时使用的用户临时标识和信息变更通知时使用的用户临时标识，对应BCCH。

TPC-PUCCH-RNTI是上行PUCCH功率控制使用的用户临时标识。

TPC-PUSCH-RNTI是上行PUSCH功率控制使用的用户临时标识。

SPS-RNTI是半静态调度使用的用户临时标识。

2.1.11　IMPI

IMS网络分配给用户的全球唯一标识，用于管理、注册、授权、计费，保存在ISIM卡中，用户不得修改，类似于PLMN网络的IMSI。

采用的格式如下。

- SIP URI，例如："Sip: user1@abc.com"。
- Tel URI，例如："Tel: +8613901000100"。

2.1.12　IMPU

IMS网络中用于和其他用户通信，是用户对外公布的标识，类似于PLMN网络的MSISDN。采用的格式如下。

- SIP URI，例如："Sip: user1@abc.com"。
- Tel URI，例如："Tel: +8613901000100"。

2.1.13　IMEI

IMEI（International Mobile Equipment Identity，移动设备国际身份码）是由15位数字组成的"电子串号"，它与每台手机一一对应，而且该码是全世界唯一的。

IMEI (15 digits) = TAC + SNR + CD

2.2 网元标识类

2.2.1 Diameter协议

(1) Origin-Host：消息发起端设备的主机名，每个Diameter消息必须出现该AVP。由全网统一分配，不同Diameter对端必须保证唯一。

```
Origin-Host(264) l=64 f=-M- val=XXpsbc15bhw.XX.YY.node.epc.mnc000.mcc460.3gppnetwork.org
```

(2) Origin-Realm：消息发起端设备的归属域。

```
Origin-Realm(296) l=41 f=-M- val=epc.mnc000.mcc460.3gppnetwork.org
```

(3) Destination-Host：目的端设备标识，由全网统一分配，不同Diameter对端必须保证唯一。只能在请求消息中使用，不能在响应消息中使用。

```
Destination-Host(293) l=64 f=-M- val=XXPCRF10BHW.XX.YY.node.epc.mnc000.mcc460.3gppnetwork.org
```

(4) Destination-Realm：目的端设备归属域，可能出现在请求消息中，但不可出现在响应消息中。

```
Destination-Realm(283) l=41 f=-M- val=epc.mnc000.mcc460.3gppnetwork.org
```

2.2.2 SIP协议

网元标识采用域名方式，一般以"sip:"开头，包括设备功能及归属省信息，对于SBC，网元标识还需要包括地市信息，用于漫游状态判断及紧急呼叫。

会话控制网元示例，sip: scscf(1..n).归属省名.chinaXXX.com。

接入控制网元示例，sip: pcscf(1..n).归属省名.chinaXXX.com。

用户接入网元示例，sip: sbc(1..n).地市区号.归属省名.chinaXXX.com。

网元标识用于IMS域内的SIP信令路由，在路由过程中各网元可将自身域名信息填入SIP消息头相关路由域。

2.3 移动性管理类

2.3.1 S1AP协议

1. TAI和TA List

TAI=MCC+MNC+TAC（16bit）

一个TA List包含若干个TA，当一个用户在属于同一个TA列表的TA之间移动时，不会触发TA更新流程。寻呼的时候，MME是给属于同一个TA列表的全部TA下发寻呼。在附着接受、TAU接受、GUTI重分配消息中，MME把TA列表下发给UE。如果VoLTE用户还需要支持CSFB功能，由于牵涉TAC与LAC同步规划的问题，一般来说一个TA List只包含一个TA。

2. LAI

LAI唯一标识一个位置区(Location Area)。

3. ECGI

ECGI(E-UTRAN Cell Global Identifier, E-UTRAN小区全局标识符)。

ECGI由PLMN+Cell标识符组成,用于在PLMN中全局标识一个小区。

Cell Identity(小区标识)由eNB ID+Cell ID组成,其中包含28bit信息,前20bit表示eNB ID,后8bit表示Cell ID。

ECGI(不超过52bit) = PLMN ID+ ECI

4. ECI

ECI(E-UTRAN Cell Identifier,演进通用陆地无线接入网络小区标识)在一个PLMN中是唯一的。

ECI (28bit) = eNB ID(20bit) + Cell ID(8bit)

2.3.2 GTP-C协议

1. User Location Information (ULI)

ULI相同类型的标识只包含一个(如不能包含多于一个的CGI),但是可以包含多个不同类型的标识(如ECGI和TAI)。字节5的标志LAI、ECGI、TAI、RAI、SAI和CGI指示各个字段是否携带相关类型。如果其中一个标志设置为"0",则不能携带相关的字段。如果出现多个不同类型的标识,则按如下顺序分类:CGI、SAI、RAI、TAI、ECGI、LAI。如图2-4所示,ULI包含了TAI、ECGI两个类型的标识。

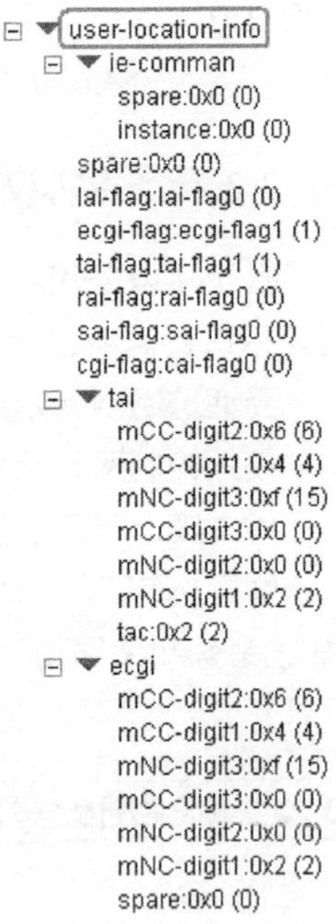

2. RAT Type:接入网类型

RAT Type介绍如下。

- 0: 预留
- 1: UTRAN
- 2: GERAN
- 3: WLAN
- 4: GAN
- 5: HSPA Evolution
- 6: EUTRAN
- 7: Virtual
- 8-255: 空闲

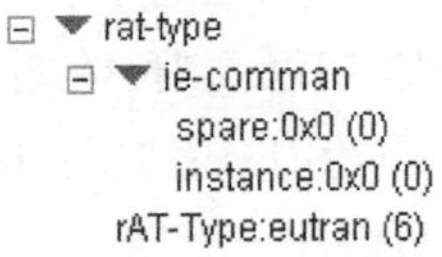

图2-4 ULI示例

3. Target RNC ID

如果SRVCC的目标是3G，则该信元包含了目标RNC实体。

```
□ ▼ target-rnc-id
    □ ▼ ie-common
           instance:0x0 (0)
           spare:0x0 (0)
           rnc-id:64 F0 00 01 73 00 59
```

4. Target GCI（Global Cell Identity）

如果切换目标侧是2G，则该信元包含了目标GSM Cell ID实体。

`Target Global Cell ID : 460-0-XXXXX-10683`。

2.3.3 Diameter协议

1. IP-CAN-Type

该协议描述用户接入的连通性网络的类型，用户上线时，PCEF通过CCR-I消息携带此AVP，指示当前的接入网类型。当IP-CAN_CHANGE事件发生时，PCEF也会在CCR-U中携带此AVP，指示新的接入网类型。我们可以在PCRF上用IP-CAN类型配置条件组，以实现基于某种接入类型下发某种策略的场景。

2. 3GPP-User-Location-Info

该协议用于指示当前用户网络位置的详细信息，PCEF检测到服务区变化时携带Access_Network_Info_Report事件和变化的具体服务区信息3GPP-User-Location-Info AVP通过CCR-U消息上报给PCRF，用于请求更新服务区的策略。PCRF接收到上报的信息后，会通过RAR消息携带Access_Network_Info_Report事件和此AVP上报给AF，通知AF变化后的服务区信息。

`3GPP-User-Location-Info(22) l=25 f=VM- vnd=TGPP val=MCC 460 China, MNC 00 , ECGI 0x250b483`

2.3.4 SIP协议

1. P-Access-Network-Info

P-Access-Network-Info消息头用于携带接入网信息，它向IMS网络指示终端UE（User Equipment）通过哪种技术接入到IMS，以便服务端提供相应的服务。

P-Access-Network-Info的格式如下。

`P-Access-Network-Info: access-type; access-info; access-ID.`

其中，"access-type"为接入类型，"access-info"为接入信息，"access-ID"为接入号码标识。示例如下。

`P-Access-Network-Info: 3GPP-UTRAN-TDD;utran-cell-id-3gpp=234151D0FCE11;`
`"area-number=+86755"`

其中，3GPP-UTRAN-TDD为接入类型，utran-cell-id-3gpp为接入信息，area-number为区域号码标识。

2. P-Visited-Network-ID

用于标明用户所在的拜访网络,向用户的归属网络指示他正在漫游的网络标识。该消息头主要应用于注册场景,将拜访域的标识传给归属域的注册员(Registrar)和代理服务器,由P-CSCF网元产生,以便于S-CSCF识别拜访网络。

示例如下。

P-Visited-Network-ID: "njpsbc11bhw.js.ims.mnc000.mcc460.3gppnetwork.org"

2.4 消息标示类

2.4.1 S1AP

(1)EPS Bearer Identity(EPS承载标识):在UE通过E-UTRAN接入的过程中,用来唯一标识EPS承载,由MME分配。

(2)eNB UE S1AP ID:在同一eNB中用来唯一标识S1接口所对应的UE。

(3)MME UE S1AP ID:在MME中用来唯一标识S1接口所对应的UE。

(4)Old eNB UE X2AP ID:在源eNB中用来唯一标识X2接口对应的UE。

(5)News eNB UE X2AP ID:在目的eNB中用来唯一标识X2接口对应的UE。

2.4.2 GTP协议

当该GTP隧道建立后,发送节点向接收节点发送GTP消息时,该GTP消息头中将携带接收节点所分配的TEID(Tunnel Endpoint Identifier,隧道端点标识)值。

2.4.3 Diameter协议

1. Session-ID(会话ID)

用于标识一个特定会话,在会话进行期间,所有与此特定会话相关的消息必须包含且只能包含唯一的Session-ID AVP。

```
Session-Id(263) l=83 f=-M- val=sip:+861ee5180eeee@ims.mnc000.mcc460.3gppnetwork.org;1739481816;4274;418
```

2. AF-Signalling-Protocol(Rx口特有)

表示用户终端和AF之间使用的信令协议。当用户终端和AF之间使用的是SIP信令协议时,AF会将此AVP通过AAR消息下发给PCRF。

```
AF-Application-Identifier(504) l=39 f=VM- vnd=TGPP val=3gpp-service.ims.icsi.mmtel
```

2.4.4 SIP

1. RAck

RAck消息头在PRACK消息中用于支持临时响应的可靠性,需与RSeq和CSeq消息头配合来对临时响应的应答进行标识。用户终端在Prack消息中添加该消息头,用于对1xx类临时响应进行应答。

RAck消息头的格式为：

RAck: RSeq-num CSeq-num Method。

各个部分的含义如下。

- RSeq-num：在所需应答的临时响应消息中的RSeq值。
- CSeq-num：在所需应答的请求中的CSeq值。
- Method：所需应答的请求的方法。

示例：

Rack: 2 53887 Invite。

此消息为对180 Ringing临时响应消息的应答。其中，"2"为180 Ringing临时响应消息的RSeq值，"53887"为180 Ringing临时响应消息所对应的CSeq值，"Invite"为180 Ringing临时响应消息所对应的请求方法。

2. RSeq

RSeq消息头用于标识临时的响应消息，以便用于可靠的传输临时响应。当出现在PRACK等临时响应消息中时，RSeq用于对该临时响应进行标识。

格式RSeq: Digit。

示例RSeq: 2。

2.5 会话管理类

2.5.1 S1AP协议

1. PDN ID

PDN ID（Packet Data Network Identity，分组数据网标识）。

APN（接入点名称）的值作为PDN网络的标识，PDN GW位于EPC和PDN的边界。

2. EPS Bearer ID

EPS Bearer ID（Evolved Packet System Bearer Identifier，EPS承载ID）共4 bit。UE到核心网的承载为EPS承载，往下映射由基站与核心网间的S1承载和基站与终端间的无线承载构成。MME为每个EPS承载分配相应的EBI（EPS Bearer ID），构造相应的Activate Dedicated EPS Bear消息，将其作为NAS PDU，包含在发送到eNB的Bear Setup Request消息中。

3. E-RAB ID

E-RAB ID（E-UTRAN Radio Access Bearer Identifier，无线接入承载标识）。

4. DRB ID

DRB ID（Data Radio Bearer Identifier，数据无线承载标识）。

5. LBI

LBI（Linked EPS Bearer ID，被关联的EPS承载ID），在激活专有承载时用到。

2.5.2　SIP协议

1. Call-ID

Call-ID消息头作为一个唯一的标识符，用于将一系列消息集合起来。Call-ID值与To和From消息头中的标签相结合来唯一标识一次SIP对话（Dialog）。所以在一次对话中，对于任一用户助理（UA, User Agent）发出的所有请求和响应，该消息头必须是一样的。

Call-ID值一般由一串随机字符串和UA的网络地址组成，其字符需区分大小写。当两个Call-ID消息头的每个字节都相等时，才认为两者是相等的。

一个多媒体会议可能会有多个呼叫，每个呼叫有其自己的Call-ID。例如，某用户可数次邀请某人参加同一个历时很长的会议。用户也可能会收到数个参加同一个会议或呼叫的邀请，其Call-ID各不相同。

格式：Call-ID: localid@host。

各个部分的含义如下。

localid：本地标识，为全局唯一的随机字符串。

host：请求目的方的域名或数字形式的网络地址。

示例如下。

Call-ID: asbcMocz7.czT69+3sKK3sGxUDchNB@164.192.96.100，其中，"asbc Mocz7.czT69+3sKK3sGxUDchNB"为全局唯一的本地标识，"164.192.96.100"为主机的IP地址。

2. Min-SE

Min-SE消息头用于指示一次会话的最小预留时间。

示例：Min-SE: 600，表示当前会话的最小预留时间为600秒。

2.6　终端能力类

2.6.1　S1AP协议

1. UE网络能力

这个信元给网络提供UE在EPS或GPRS网络方面的信息，会影响网络处理UE的操作，指出UE支持的安全算法。UE网络能力列表参考图2-5。在安全流程的算法协商阶段，MME将根据自己支持的算法，以及UE支持的算法选择合适的算法用于后续的完整性检查和加解密处理。

2. UE无线能力

包含用户无线侧能力的信息，比如支持的接入网类型以及这个接入网类型的PDCP层、射频层、物理层等参数，如图2-6所示，终端支持E-UTRA接入

```
1... .... = EEA0: Supported
.1.. .... = 128-EEA1: Supported
..1. .... = 128-EEA2: Supported
...1 .... = 128-EEA3: Supported
.... 0... = EEA4: Not Supported
.... .0.. = EEA5: Not Supported
.... ..0. = EEA6: Not Supported
.... ...0 = EEA7: Not Supported
0... .... = EIA0: Not Supported
.1.. .... = 128-EIA1: Supported
..1. .... = 128-EIA2: Supported
...1 .... = 128-EIA3: Supported
.... 0... = EIA4: Not Supported
.... .0.. = EIA5: Not Supported
.... ..0. = EIA6: Not Supported
.... ...0 = EIA7: Not Supported
0... .... = UEA0: Not Supported
.0.. .... = UEA1: Not Supported
..0. .... = UEA2: Not Supported
...0 .... = UEA3: Not Supported
.... 0... = UEA4: Not Supported
.... .0.. = UEA5: Not Supported
.... ..0. = UEA6: Not Supported
.... ...0 = UEA7: Not Supported
```

图2-5　UE网络能力列表

网类型。

```
▲ UERadioCapability: 012a01022c51800295327050b8bfc2e2ff0b8bfbf06fc412...
   ▲ UERadioAccessCapabilityInformation
      ▲ criticalExtensions: c1 (0)
         ▲ c1: ueRadioAccessCapabilityInformation-r8 (0)
            ▲ ueRadioAccessCapabilityInformation-r8
               ▲ ue-RadioAccessCapabilityInfo: 4020458a300052a64e0a1717f85c5fe1717f7e0df8824808...
                  ▲ UECapabilityInformation
                       rrc-TransactionIdentifier: 1
                     ▲ criticalExtensions: c1 (0)
                        ▲ c1: ueCapabilityInformation-r8 (0)
                           ▲ ueCapabilityInformation-r8
                              ▲ ue-CapabilityRAT-ContainerList: 1 item
                                 ▲ Item 0
                                    ▲ UE-CapabilityRAT-Container
                                         rat-Type: eutra (0)
                                       ▲ ueCapabilityRAT-Container: c51800295327050b8bfc2e2ff0b8bfbf06fc412404050ca7...
                                          ▲ UE-EUTRA-Capability
                                               accessStratumRelease: rel9 (1)
                                               ue-Category: 3
                                             ▷ pdcp-Parameters
                                             ▷ phyLayerParameters
                                             ▷ rf-Parameters
                                             ▷ measParameters
                                             ▷ featureGroupIndicators: 7e0df882 [bit length 32, 0111 1110  0000 1101  1111 1000
                                             ▷ interRAT-Parameters
                                             ▷ nonCriticalExtension
```

图2-6　UE无线能力

3. Classmark Information Type 2

不仅用于指示移动终端的高优先级信息，而且指示了低优先级信息。Classmark2在移动终端送来的CM（Connection Management）业务请求消息中携带，3G位置更新请求中也会携带classmark2。Classmark Information Type 2如图2-7所示。

```
□ ▼ mobile-station-classmark2
     spare1:0x0 (0)
     revision-level:used-by-mobile-stations-supporting-R99-or-later-versions-of-the-protocol (2)
     eS-IND:option-is-implemented-in-the-MS (1)
     a5or1:encryption-algorithm-A5or1-available (0)
     rF-power-capability:class4 (3)
     spare2:0x0 (0)
     pS-capa:pS-capability-present (1)
     sS-Screen-Indicator:defined2-in-3GPP-TS-24080 (1)
     sM-ca-pabi:supported (1)
     vBS:no-VBS-capability-or-no-notifications-wanted (0)
     vGCS:no-VGCS-capability-or-no-notifications-wanted (0)
     fC:not-supported (0)
     cM3:supported (1)
     spare3:0x0 (0)
     ICSVA-CAP:supported (1)
     uCS2:the-ME-has-a-preference-for-the-default-alphabet (0)
     soLSA:not-supported (0)
     cMSP:supported (1)
     a5or3:encryption-algorithm-A5or3-available (1)
     a5or2:encryption-algorithm-A5or2-not-available (0)
```

图2-7　Classmark Information Type 2

4. Classmark Information Type 3

用于指示移动台的一般特征（比如单双模），影响网络如何处理移动台的操作。

此例为Classmark Update消息。"classmark-Information-Type 3"为"60 14 54 00 00"，网络解析此码流得知移动台的特征（比如单双模），从而在处理移动台时有不同的操作。

Classmark Information Type 3如图2-8所示。

```
Mobile station classmark 3
    Element ID: 0x20
    Length: 10
    0... .... = Spare bit(s): 0
    .110 .... = Multiband supported field: 6
    .1.. .... = GSM 1800 Supported: true
    ..1. .... = E-GSM or R-GSM Supported: true
    ...0 .... = P-GSM Supported: false
    .... 0000 = A5 bits: 0x00
    .... 0... = A5/7 algorithm supported: encryption algorithm A5/7 not available
    .... .0.. = A5/6 algorithm supported: encryption algorithm A5/6 not available
    .... ..0. = A5/5 algorithm supported: encryption algorithm A5/5 not available
    .... ...0 = A5/4 algorithm supported: encryption algorithm A5/4 not available
    0001 .... = Associated Radio Capability 2: 1
    .... 0100 = Associated Radio Capability 1: 4
    0... .... = R Support: false
    .0.. .... = HSCSD Multi Slot Capability: false
    ..0. .... = UCS2 treatment: the ME has a preference for the default alphabet
    ...0 .... = Extended Measurement Capability: false
    .... 0... = MS measurement capability: false
    .... .1.. = MS Positioning Method Capability present: true
    .... ..00 111. = MS Positioning Method: 0x07
    .... .... ...0. = MS assisted E-OTD: MS assisted E-OTD not supported
    .... .... ....0 = MS based E-OTD: MS based E-OTD not supported
    1... .... = MS assisted GPS: MS assisted GPS supported
    .1.. .... = MS based GPS: MS based GPS supported
    ..1. .... = MS Conventional GPS: Conventional GPS supported
    ...0 .... = ECSD Multi Slot Capability present: false
    .... 0... = 8-PSK Struct present: false
    .... .0.. = GSM 400 Band Information present: false
    .... ..1. = GSM 850 Associated Radio Capability present: true
    .... ...0 100. .... = GSM 850 Associated Radio Capability: 0x04
    ...1 .... = GSM 1900 Associated Radio Capability present: true
    .... 0001 = GSM 1900 Associated Radio Capability: 0x01
    0... .... = UMTS FDD Radio Access Technology Capability: UMTS FDD not supported
    .0.. .... = UMTS 3.84 Mcps TDD Radio Access Technology Capability: UMTS 3.84 Mcps TDD not supported
    ..0. .... = CDMA 2000 Radio Access Technology Capability: CDMA 2000 not supported
    ...0 .... = DTM E/GPRS Multi Slot Information present: false
    .... 0... = Single Band Support: false
    .... .0.. = GSM 750 Associated Radio Capability present: false
    .... ..1. = UMTS 1.28 Mcps TDD Radio Access Technology Capability: UMTS 1.28 Mcps TDD supported
    .... ...1 = GERAN Feature Package 1: GERAN feature package 1 supported
    0... .... = Extended DTM E/GPRS Multi Slot Information present: false
    .0.. .... = High Multislot Capability present: false
    ..0. .... = GERAN Iu Mode Support: false
    ...0 .... = GERAN Feature Package 2: GERAN feature package 2 not supported
    .... 11.. = GMSK Multislot Power Profile: GMSK_MULTISLOT_POWER_PROFILE 3 (3)
    .... ..11 = 8-PSK Multislot Power Profile: 8-PSK_MULTISLOT_POWER_PROFILE 3 (3)
    0... .... = T-GSM 400 Band Information present: false
    .0.. .... = T-GSM 900 Associated Radio Capability present: false
    ..01 .... = Downlink Advanced Receiver Performance: Downlink Advanced Receiver Performance - phase I supported (1)
    .... 0... = DTM Enhancements Capability: The mobile station does not support enhanced DTM CS establishment and release procedures
    .... .0.. = DTM E/GPRS High Multi Slot Information present: false
    .... ..1. = Repeated ACCH Capability: The mobile station supports Repeated SACCH and Repeated Downlink FACCH
    .... ...0 = GSM 710 Associated Radio Capability present: false
    0... .... = T-GSM 810 Associated Radio Capability present: false
    .0.. .... = Ciphering Mode Setting Capability: The mobile station does not support the Ciphering Mode Setting IE in the DTM ASSIGNMENT COMMAND message
    ..0. .... = Additional Positioning Capabilities: The mobile station does not support additional positioning capabilities which can be retrieved using RRLP
    ...0 .... = E-UTRA FDD support: E-UTRA FDD not supported
    .... 1... = E-UTRA TDD support: E-UTRA TDD supported
    .... .1.. = E-UTRA Measurement and Reporting support: E-UTRAN Neighbour Cell measurements and measurement reporting while having an RR connection supported
    .... ..1. = Priority-based reselection support: Priority-based cell reselection supported
    .... ...0 = UTRA CSG Cells Reporting: Reporting of UTRAN CSG cells not supported
    01.. .... = VAMOS Level: VAMOS I supported (1)
    ..01 .... = TIGHTER Capability: TIGHTER supported for speech and signalling channels only (1)
    .... 1... = Selective Ciphering of Downlink SACCH: Not supported
    .... .00. = CS to PS SRVCC from GERAN to UTRA: CS to PS SRVCC from GERAN to UMTS FDD and 1.28 Mcps TDD not supported (0)
    .... ...0 = Spare bit(s): 0
```

图2-8 Classmark Information Type 3

2.6.2 SIP协议

Contact头域，用于标明直接联系请求发送方或应答方的URI地址，使以后的请求能正确路由。在VoLTE业务建网初期为了弥补LTE网络覆盖不足而开启了SRVCC功能，VoLTE终端会在Contact头域中带上自己支持的各项SRVCC功能。

下面的示例，表示此VoLTE终端支持aSRVCC和bSRVCC功能。

```
Contact: <sip:+8613*****4475@[****:****:****:****:****:****:****:****]:6200;
transport=udp;Hpt=8f12 _ 16;CxtId=4;TRC=ffffffff-ffffffff;srti=d0 _ 1027>;
+sip.instance="<urn:gsma:imei:35270908-232485-0>";+g.3gpp.icsi-
ref="urn%3Aurn-7%3A3gpp-service.ims.icsi.mmtel";+g.3gpp.mid-call;+g.
3gpp.srvcc-alerting;+g.3gpp.ps2cs-srvcc-orig-pre-alerting;video;
```

第 3 章
VoLTE无线网络接口协议及特性

> VoLTE用户使用语音业务和数据业务在无线空口的区别就是，语音业务需要多建立一条传送语音媒体的专用承载通道，即语音业务会建立两条承载通道，一条是传送SIP信令用的通道，一条是传送语音流的通道，无线网络负责搭建UE到eNB底层的承载通道。如果将UE发送的NAS消息及上层的IP报文比作货物，无线网络则是传送这些货物的路或桥。只有路或桥先修好了，上层的货物才能被传送。由于无线网络资源非常宝贵，因此只有在UE使用VoLTE业务的时候才会按需分配。本章主要介绍VoLTE用户开机后怎么驻留网络，业务使用时怎么建立承载以及对应的信令流程、协议等，让读者对VoLTE网络无线侧信令有更细致的了解。

3.1 无线侧接口及协议

从图3-1可以看出，LTE的无线基站和核心网、无线基站和无线基站、无线基站和用户之间均是有两个接口：一个是控制面的，一个是用户面的。

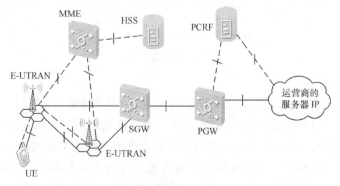

图3-1 LTE网络架构

1. 控制面接口协议栈

从图3-2可以看出,控制面接口包含Uu和S1-MME两个接口,Uu接口是UE和基站之间的接口,包含L1（Physical layer）、MAC（Medium Access Control）、RLC（Radio Link Control）、PDCP（Packet Data Convergence Protocol）、RRC（Radio Resource Control）以及NAS（Non-Access Stratum）层。我们从协议栈可以看到NAS层用于UE和MME之间的通信。

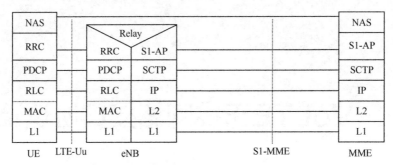

图3-2 控制面Uu和S1-MME协议栈

2. 用户面接口协议栈

如图3-3所示,用户面的包是从UE经过基站、SGW传送到PGW,Uu接口用户面协议栈包含L1、MAC、RLC、PDCP、IP、TCP/UDP、应用七层,从协议栈可以看到基站是不处理IP和应用这两层,IP层是在PGW处理,应用层是在UE使用业务的服务器侧来处理。UE的IP数据包封装在EPC特定的协议中,在PGW和eNB之间通过隧道协议发送到用户终端,不同的隧道协议在不同的接口间使用。3GPP特定的隧道协议叫作GPRS隧道协议（GTP）,用于核心网接口S1-U、S5/S8。

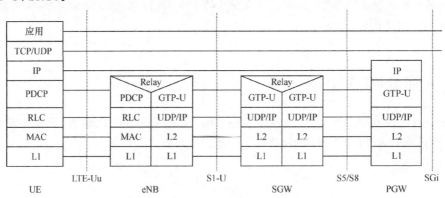

图3-3 用户面协议栈

3. X2接口协议栈

如图3-4所示,我们可以看到X2接口包含控制面和用户面两个协议栈。

X2用户平面接口是eNB之间的接口,用户平面协议栈如图3-4所示,E-UTRAN的传输网络层是基于IP传输的,UDP/IP之上是利用GTP-U来传送用户平面PDU。

X2控制平面接口是eNB之间的接口,控制平面协议栈如图3-4所示。传输网络层是利用IP和SCTP协议,而应用层信令协议为X2接口应用协议X2-AP。控制面功能主要包含连接状态下UE的移动性管理功能（针对LTE系统内切换）、上行负荷管理功能、X2接口管理功能（包括复位和错误指示）。

图3-4　X2接口协议栈

3.2　空口主要信令过程

3.2.1　小区搜索

小区搜索过程是UE和小区取得时间和频率同步，并检测小区ID的过程。E-UTRA系统的小区搜索过程与UTRA系统的主要区别是它能够支持不同的系统带宽（1.4～20MHz）。小区搜索通过若干下行信道实现，包括同步信道（SCH）、广播信道（BCH）和下行参考信号（RS）。SCH又分成主同步信道（PSCH）和辅同步信道（SSCH），BCH又分为主广播信道（PBCH）和动态广播信道（DBCH）。只有PBCH是以正式"信道"出现的；PSCH和SSCH是纯粹的L1信道，不用来传送L2/L3控制信令，而只用于同步和小区搜索过程；DBCH最终承载在下行共享传输信道（DL-SCH），没有独立的信道。图3-5为小区搜索流程。

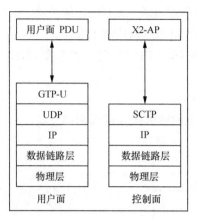

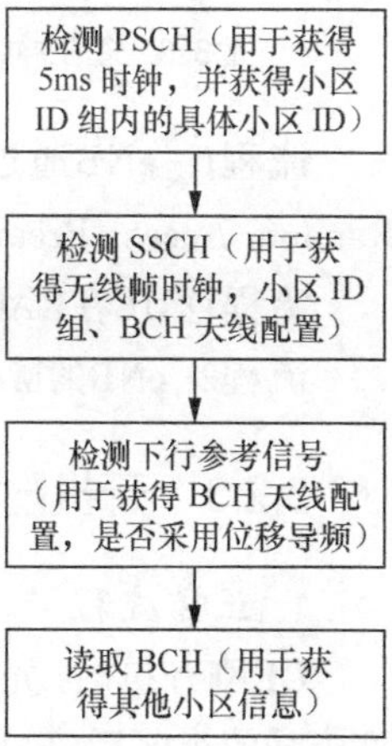

图3-5　小区搜索过程

3.2.2　随机接入

随机接入分为基于冲突的随机接入和基于非冲突的随机接入两个流程。其区别为针对两种流程选择的随机接入前缀的方式。前者为UE从基于冲突的随机接入前缀中依照一定算法随机选择一个前缀；后者是基站侧通过下行专用信令给UE指派非冲突的随机接入前缀。具体流程如下。

1. 基于冲突的随机接入

如图3-6所示，基于冲突的随机接入过程包含4个步骤。

流程1：UE在RACH上发送随机接入前缀。

流程2：eNB的MAC层产生随机接入响应，并在DL-SCH上发送。

流程3：UE的RRC层产生调度请求（或RRC连接请求、跟踪区域更新、RRC连接重建请求）并在映射到UL-SCH上的CCCH逻辑信道上发送。

流程4：RRC冲突解决由eNB的RRC层产生，并映射到DL-SCH上的CCCH 或者DCCH（FFS）逻辑信道上发送。

2. 基于非冲突的随机接入

如图3-7所示，基于非冲突的随机接入过程包括三步。

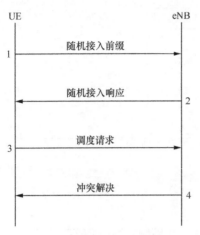

图3-6　基于冲突的随机接入过程

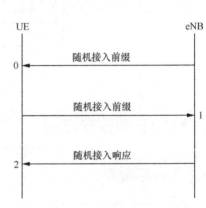

图3-7　基于非冲突的随机接入过程

流程0：eNB通过下行专用信令给UE指派非冲突的随机接入前缀（Non-Contention Random Access Preamble），这个前缀不在BCH上广播的集合中。

流程1：UE在RACH上发送指派的随机接入前缀。

流程2：eNB的MAC层产生随机接入响应，并在DL-SCH上发送。

3.2.3 开机附着

1. 正常流程

UE刚开机时，先开始物理下行同步，搜索测量进行小区选择，选择到一个合适的或者可接受的小区后，驻留并进行附着过程。附着过程见图3-8。

流程1~5建立RRC连接，流程6、9建立S1连接，完成这些过程即标志着NAS信号连接建立完成。

流程7：UE刚开机第一次附着，使用IMSI，无用户标识获取过程；后续，如果有有效的GUTI，使用GUTI附着，核心网才会发起Identity过程（为上下行直传消息）。

流程10~12：如果流程9带了UE Radio Capability IE，则eNB不会发送UE Capability Enquiry消息给UE，即没有10~12过程；否则eNB会发送UE Capability Enquiry消息给UE，UE上报无线能力信息后，eNB再发UE Capability Info Indication，给核心网上报UE的无线能力信息。

第 3 章 VoLTE无线网络接口协议及特性

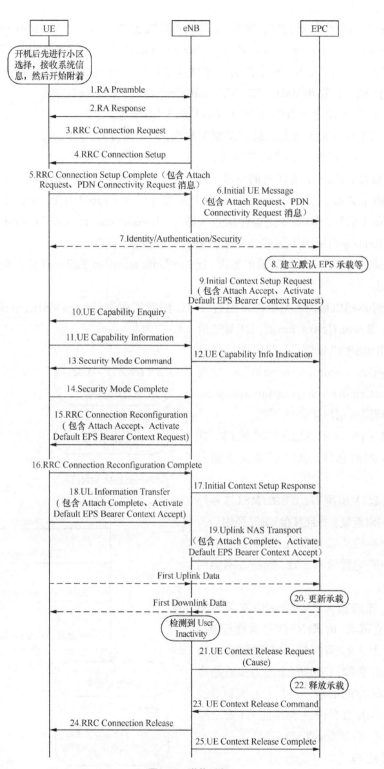

图3-8 附着过程

为了减少空口开销，在空闲态下MME会保存UE Radio Capability信息，Initial Context

Setup Request消息会带给eNB，除非UE在执行附着或者"first TAU following GERAN/UTRAN Attach"或"UE radio capability Update"TAU过程（也就是这些过程MME不会带UE Radio Capability信息给eNB，并会把本地保存的UE Radio Capability信息删除，eNB会向UE要能力信息，并报给MME。注："UE radio capability Update"）。

在连接态下，eNB会一直保存UE Radio Capability信息。

UE的E-UTRAN无线能力信息如果发生改变，需要先分离，再附着。

发起UE上下文释放（21~25）的条件：

- eNB触发的UE上下文释放的原因。比如，O&M Intervention（O&M干预）、Unspecified Failure（未指定失败）、User Inactivity（用户去激活）、Repeated RRC Signalling Integrity Check Failure（重复RRC信令完整性检查失败）、Release due to UE Generated Signalling Connection Release（由于UE生成信令连接释放而释放），等等；

- MME触发的UE上下文释放的原因。比如，Authentication Failure（认证失败）、Detach（去分离）等。

eNB收到msg3以后，DCM给USM配置SRB1，配置完后发送msg4给UE；eNB在发送RRC Connection Reconfiguration前，DCM先给USM配置DRB/SRB2等信息，配置完后发送RRC Connection Reconfiguration给UE，收到RRC Connection Reconfiguration Complete后，控制面再通知用户面资源可用。

流程13~15：eNB发送完消息13，并不需要等收到消息14，就可直接发送消息15。

如果发起IMSI附着，UE的IMSI与另外一个UE的IMSI重复，并且其他UE已经附着，则核心网会释放先前的UE。如果IMSI中的MNC与核心网配置的不一致，则核心网会回复拒绝附着。

流程9：该消息为MME向eNB发起的初始上下文建立请求，请求eNB建立承载资源，同时带安全上下文，可能带用户无线能力、切换限制列表等参数。UE的安全能力参数是通过附着请求消息带给核心网的，核心网再通过该消息送给eNB。如果UE的网络能力（安全能力）信息改变，需要发起TAU。

2. 异常流程

（1）RRC连接建立失败流程如图3-9所示。

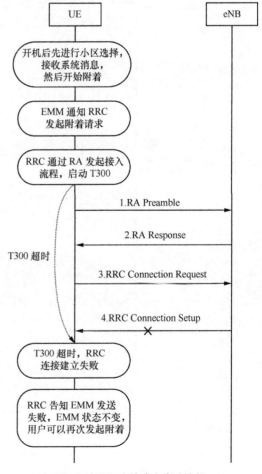

图3-9 RRC连接建立失败流程

（2）核心网拒绝流程如图3-10所示。

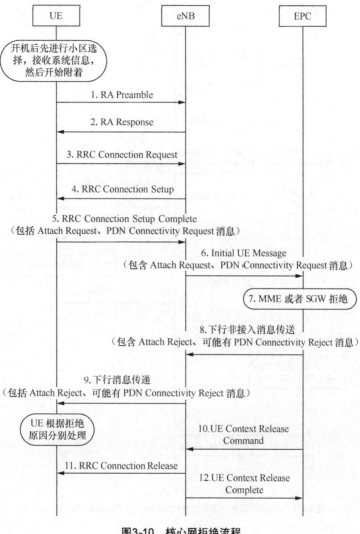

图3-10　核心网拒绝流程

如果是ESM过程导致的拒绝（比如默认承载建立失败），则会带PDN Connectivity Reject消息；如果EMM层拒绝，则只有Attach Reject消息。

常见的拒绝原因为IMSI中的MNC与核心网配置得不一致。

（3）eNB未等到Initial Context Setup Request消息流程如图3-11所示。

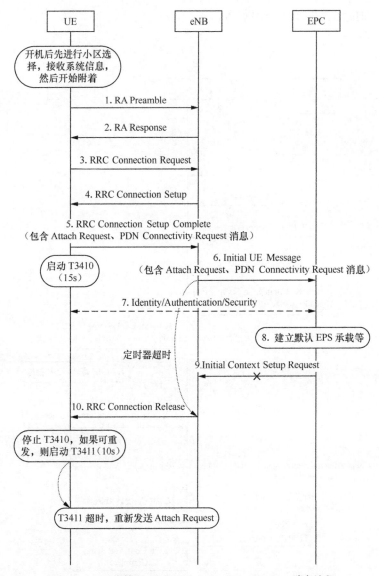

图3-11 eNB未等到Initial Context Setup Request消息流程

(4) RRC重配消息丢失或者没收到RRC重配完成消息或者eNB内部配置UE的安全参数等失败的流程如图3-12所示。

第 3 章　VoLTE无线网络接口协议及特性

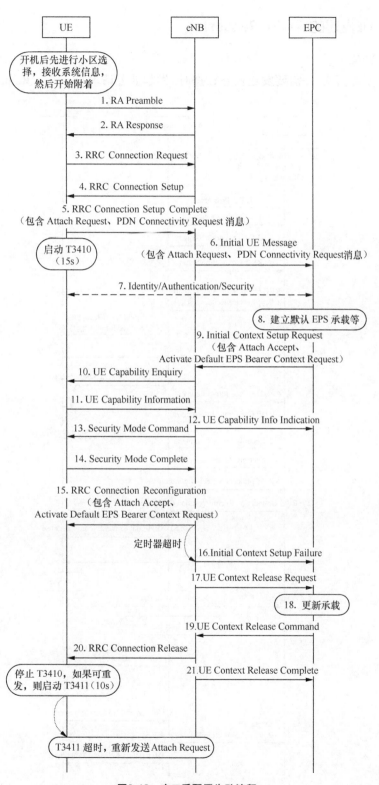

图3-12　空口重配置失败流程

3.2.4 UE发起的Service Request

1. 正常流程

UE在空闲态模式下，需要发送业务数据时，发起业务请求（Service Request）流程，如图3-13所示。

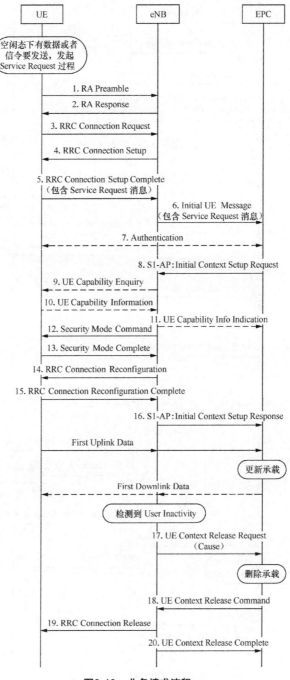

图3-13 业务请求流程

2. 异常流程

(1) RRC连接建立失败。

流程同第3.2.3节中的"RRC连接建立失败"场景。

(2) 核心网拒绝流程如图3-14所示。

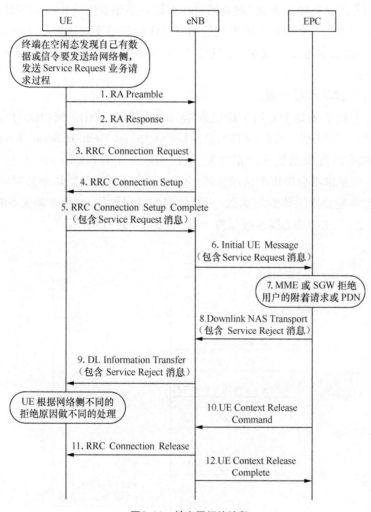

图3-14 核心网拒绝流程

(3) eNB未等到Initial Context Setup Request消息。

流程同第3.2.3节中"eNB未等到Initial Context Setup Request消息"场景，区别在于Service Request过程失败没有重发。

(4) RRC重配消息丢失或者eNB内部配置UE的安全参数失败或者没有建立起一个非GBR承载。

同第3.2.3节中"RRC重配消息丢失或者eNB内部配置UE的安全参数失败或者没有建

立起一个非GBR承载"场景，区别在于Service Request过程失败没有重发。

（5）eNB建立专用承载失败。

当附着成功，建立一个专用承载后，如果RRC连接释放进入空闲态，下次UE发起数据时会发起Service Request，该过程会为默认承载和专用承载建立对应的DRB等参数。如果eNB建立专用承载失败，则回复给核心网Initial Context Setup Response消息，并带失败列表，告知核心网专用承载建立失败，核心网会在本地激活该专用承载；同时RRC Connection Reconfiguration消息也不会带该专用承载的DRB，UE收到后发现该专用承载对应的DRB没有建立起来，也会在本地激活该承载，这样UE和核心网承载保持一致。具体流程图同第3.2.4节正常流程。

（6）eNB建立默认承载失败。

场景同上，当建立的这个专用承载也为非GBR承载时，eNB可能会成功建立该专用承载，而失败建立默认非GBR承载，这样回复给核心网Initial Context Setup Response消息，带失败列表。核心网发现默认承载建立失败时，会本地附着该UE；同时RRC Connection Reconfiguration消息也不会带该默认承载的DRB，UE收到后发现默认承载对应的DRB没有建立起来，也会本地去激活该默认承载，以及关联的专用承载，从而本地去附着（只有一个默认承载时），这样UE和核心网承载保持一致。流程如图3-15所示。

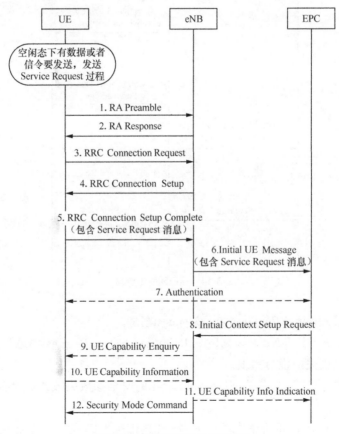

图3-15　默认承载建立失败流程

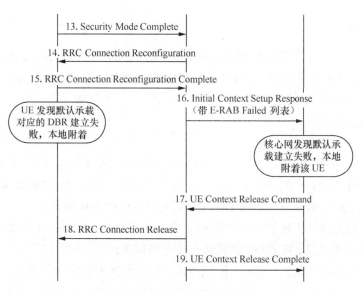

图3-15 默认承载建立失败流程（续）

3.2.5 网络发起的Paging

（1）S-TMSI寻呼。

UE在空闲态下，当网络需要给该UE发送数据（业务或者信令）时，发起寻呼（Paging）过程。流程如图3-16所示。

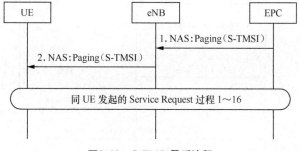

图3-16 S-TMSI寻呼流程

（2）IMSI寻呼。

当网络发生错误需要恢复时（例如S-TMSI不可用），可发起IMSI寻呼，UE收到后执行本地去附着，然后再开始附着，流程如图3-17所示。

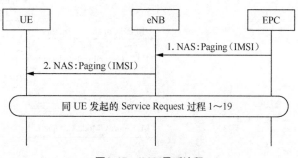

图3-17 IMSI寻呼流程

3.2.6 TAU

当UE进入一个小区,该小区所属TAI不在UE保存的TAI列表名单内时,UE发起正常TAU流程,分为空闲态和连接态(切换时)。如果TAU接收分配了一个新的GUTI,则UE需要回复TAU完成,否则不用回复。

1. 正常流程

(1) 空闲态下发起的。

空闲态下,如果有上行数据或者上行信令(与TAU无关的)发送,UE可以在TAU Request消息中设置一个"active"标识,来请求建立用户面资源,并且TAU完成后保持NAS信令连接。如果没有设置"active"标识,则TAU完成后释放NAS信令连接。

空闲态下发起的TAU流程也可以带EPS Bearer Context Status IE,如果UE带该IE,MME回复消息也带该IE,双方EPS承载通过IE保持同步。

空闲态下发起的不设置"active"标识的正常TAU流程如图3-18所示。

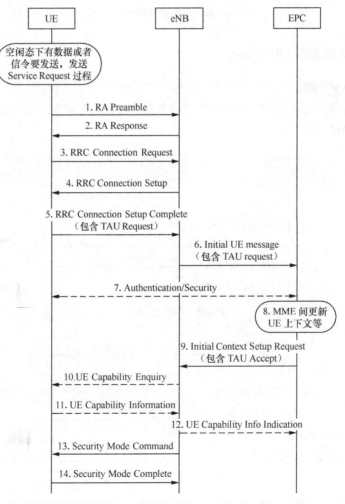

图3-18 空闲态下发起的不设置"active"标识的正常TAU流程

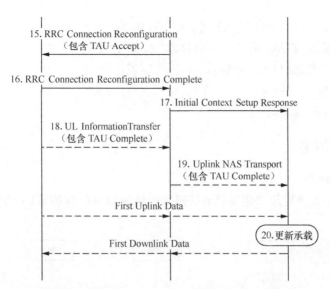

图3-18 空闲态下发起的不设置"active"标识的正常TAU流程（续）

（2）连接态下发起的。

连接态下发起的TAU流程如图3-19所示，需要特别说明的内容如下。

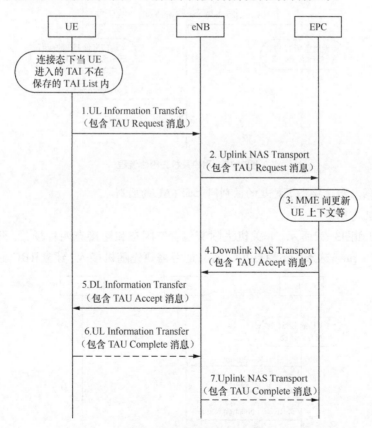

图3-19 连接态下发起的TAU流程

① 如果TAU Accept未分配一个新的GUTI，则无过程6、7；
② 切换下发起的TAU，完成后不会释放NAS信令连接；
③ 连接态下发起的TAU，不能带"active"标识。

2. 异常流程

异常流程同第3.2.4节。

3.2.7 去附着

1. 关机去附着

UE关机时，需要发起去附着流程，通知网络释放其保存的该UE的所有资源，流程如图3-20所示。

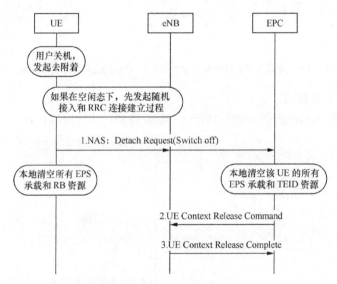

图3-20　用户关机去附着流程

说明：空闲态和连接态下发起的区别同上面TAU的区别。

2. 非关机去附着

如图3-21和图3-22所示，非关机去附着包含空闲态和连接态两种场景。两种场景区别就是Detach-Request这条NAS消息在空闲态是否需要先随机接入，建立RRC连接。

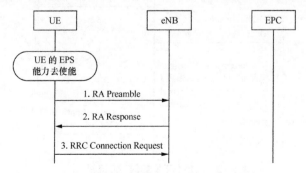

图3-21　空闲态下用户非关机去附着流程

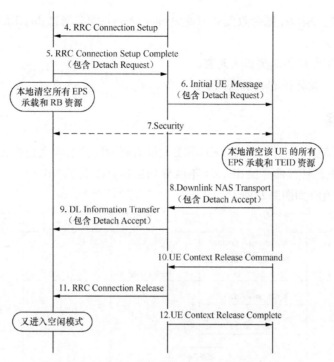

图3-21 空闲态下用户非关机去附着流程（续）

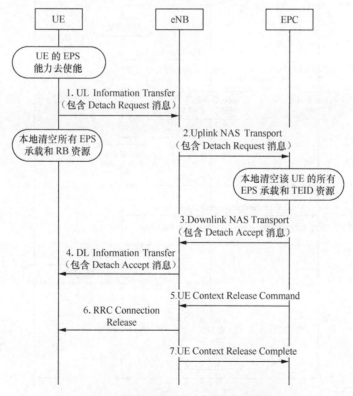

图3-22 连接态下用户非关机去附着流程

如果是非关机去附着，则会收到MME的Detach Accept响应消息和eNB的RRC Connection Release消息。

（1）空闲态下发起的非关机去附着。

（2）连接态下发起的非关机去附着。

3.2.8 切换

当UE在连接模式下时，eNB可以根据UE上报的测量信息来判决是否需要执行切换，如果需要切换，则发送切换命令给UE，UE不区分切换是否改变了eNB。

非竞争切换流程如图3-23所示。

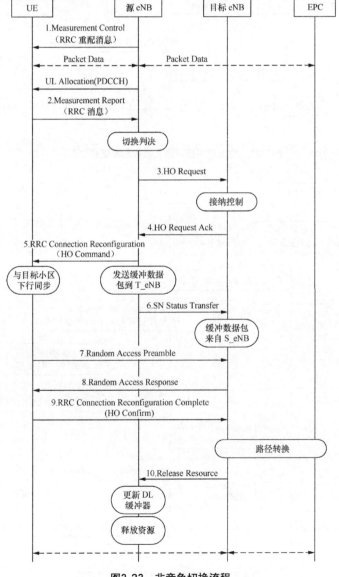

图3-23 非竞争切换流程

3.2.8.1 基站内的切换

如图3-24所示，基站内切换流程包含两步。

（1）eNB发送RRC Connection Reconfiguration消息给UE，消息中携带切换信息MobilityControlInfo，包含目标小区ID、载频、测量带宽给用户分配的C-RNTI，通用RB配置信息（包括各信道的基本配置、上行功率控制的基本信息等），给用户配置Dedicated Random Access Parameters避免用户接入目标小区时有竞争冲突。

（2）UE按照切换信息在新的小区接入，向eNB发送RRC Connection Reconfiguration Complete消息，表示切换完成，正常切入到新小区。

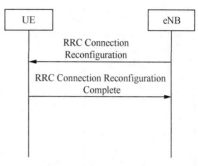

图3-24 基站内切换流程

3.2.8.2 基站间的切换

（1）基于X2接口的切换，如图3-25所示。

（2）基于S1接口的切换，如图3-26所示。

两个eNB之间的切换，同时完成与eNB建立S1接口承载的两个MME的切换，即跨MME的切换。切换命令同eNB内部切换，携带的信息内容也一致。

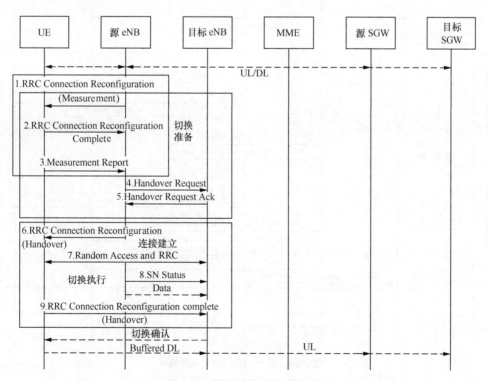

图3-25 基于X2接口的切换流程

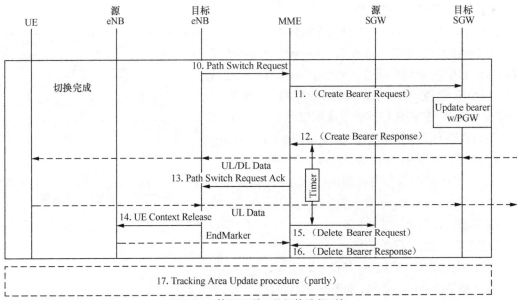

图3-25　基于X2接口的切换流程（续）

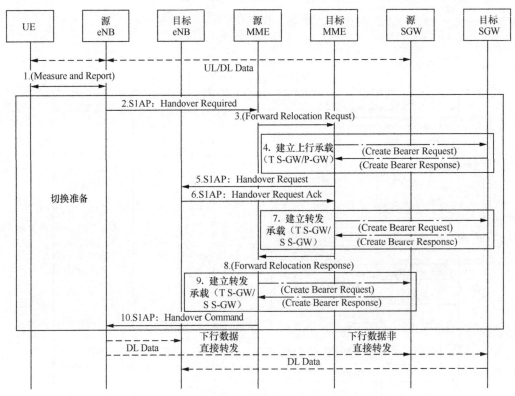

图3-26　基于S1接口的切换流程

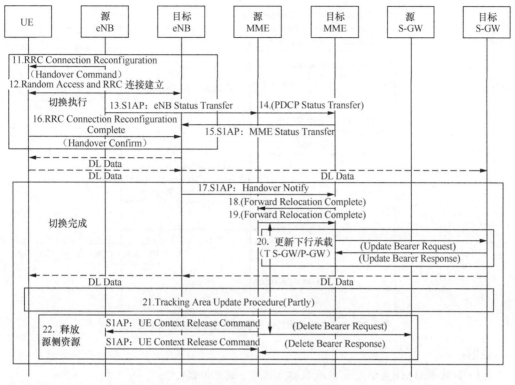

图3-26 基于S1接口的切换流程（续）

3.2.9 专用承载建立

1. 正常流程

专用承载建立可以由UE或者MME主动发起，eNB不能主动发起，并且只能在连接态下发起该流程。UE主动发起专用承载建立成功的流程如图3-27所示。

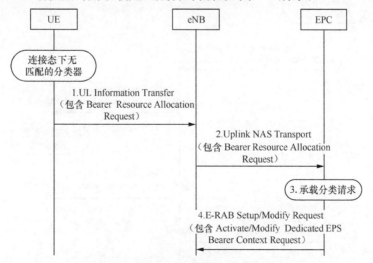

图3-27 UE主动发起的专用承载建立成功的流程

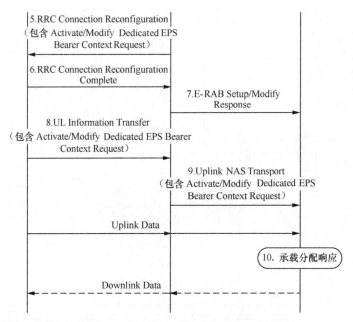

图3-27 UE主动发起的专用承载建立成功的流程（续）

说明：

(1) 如果是MME主动发起的承载建立流程，则无步骤1、2；

(2) UE发起的承载建立流程，核心网可以回复承载建立、修改流程。

2. 异常流程

(1) 核心网拒绝UE主动发起承载建立的流程如图3-28所示。

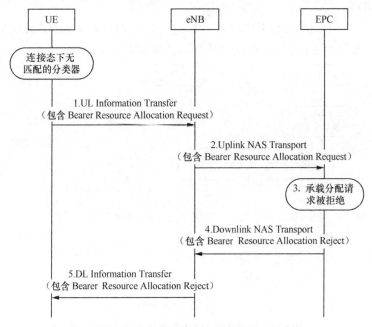

图3-28 核心网拒绝UE主动发起承载建立的流程

如果拒绝原因值是"Unknown EPS Bearer Context",UE会本地去激活存在的默认承载。

(2)eNB本地建立失败(核心网主动发起的建立)。

如果eNB建立失败,会回复E-RAB Setup Response,附带失败建立的承载列表及原因,如图3-29所示。

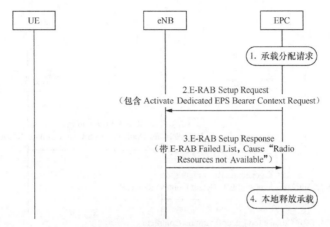

图3-29 eNB本地建立失败的流程

如果eNB未等到RRC重配完成消息,即回复失败,会给核心网发UE上下文释放请求消息,如图3-30所示。

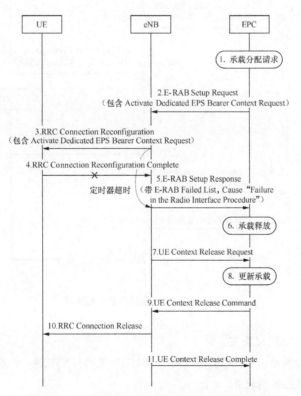

图3-30 eNB未等到RRC重配完成消息的失败流程

（3）UE NAS层拒绝。

如果是UE的NAS层拒绝，则核心网收到后会给eNB发送E-RAB释放消息，来释放刚刚建立的S1承载，此时不带NAS PDU。eNB收到消息后，发RRC重配给UE来释放刚建立的DRB参数，如图3-31所示。

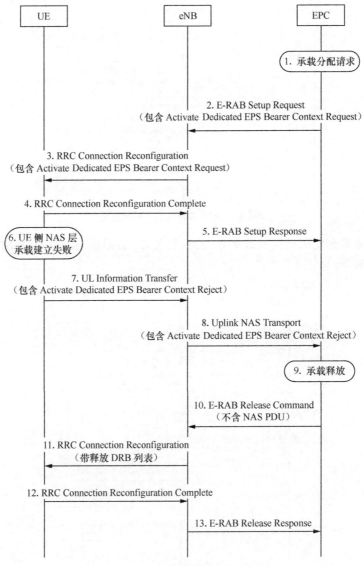

图3-31　UE NAS层拒绝的失败流程

（4）上行直传NAS消息丢失。

说明：如图3-32所示，如果核心网没有收到UE回复的NAS消息，会重发请求消息，重发4次后，如果还没收到应答则放弃。

第 3 章　VoLTE无线网络接口协议及特性

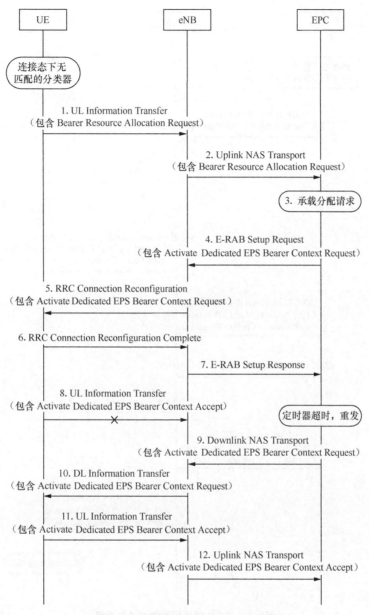

图3-32　上行直传NAS消息丢失的失败流程

3.2.10　专用承载修改

1. 正常流程

专用承载修改可以由UE、MME主动发起，不能由eNB主动发起，只能在连接态下发起该流程。流程如图3-33所示。

（1）修改QoS。

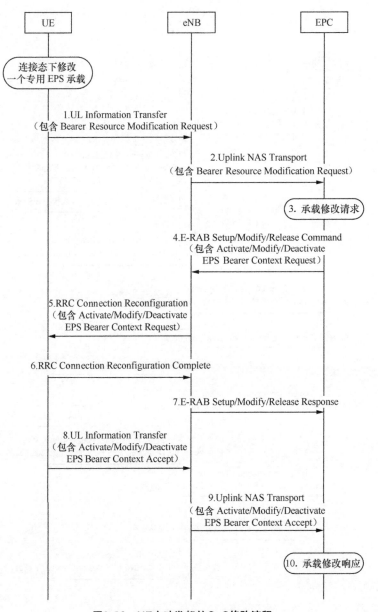

图3-33 UE主动发起的QoS修改流程

说明：

① MME主动发起的承载建立、修改、释放，无步骤1、2；

② eNB主动发起的释放，无步骤1，步骤2改为发送E-RAB Release Indication消息给MME；

③ UE发起的承载修改流程，核心网可以回复承载建立、修改、释放流程。

（2）不修改QoS，只修改TFT。

说明：如图3-34所示，不修改QoS，只修改TFT参数时，为上下行直传消息，与eNB无关。

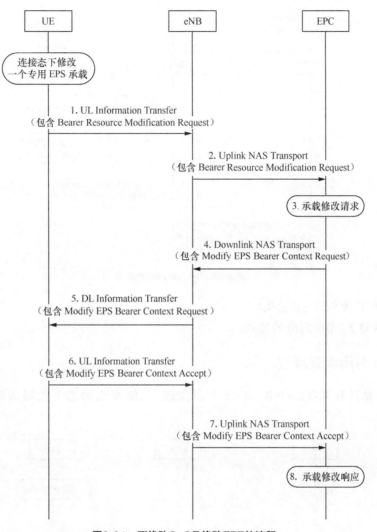

图3-34　不修改QoS只修改TFT的流程

2. 异常流程

（1）核心网拒绝流程如图3-35所示。

如果拒绝原因值是"Unknown EPS Bearer Context"，UE会本地去激活存在的专用承载。

（2）eNB回复失败。

eNB回复失败区分为"eNB本地失败，没有给UE发送RRC重配消息"和"eNB未收到RRC重配完成消息，回复失败"两种场景。

以上过程同第3.2.9节中"建立失败"对应的两个场景。

（3）UE NAS层拒绝。

过程同第3.2.9节中对应的场景。

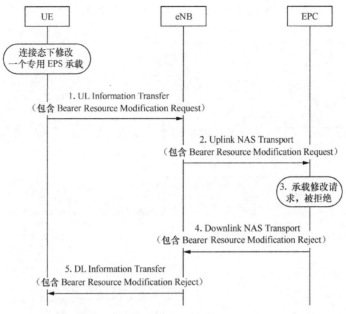

图3-35　核心网拒绝流程

（4）上行直传NAS消息丢失。

过程同第3.2.9节中对应的场景。

3.2.11　专用承载释放

专用承载释放可以由eNB、MME主动发起，只能在连接态下发起该流程。流程如图3-36所示。

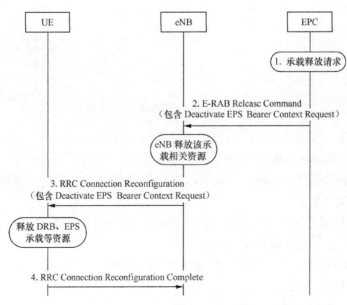

图3-36　核心网释放专用承载流程

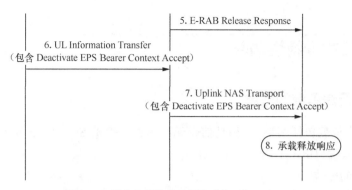

图3-36 核心网释放专用承载流程（续）

开机附着、建立专用承载、释放专用承载、释放RRC连接的空口RRC信令如图3-37所示（与EPC相关联的信令没画出）。其中，1~2是RA过程[UE底层收到Msg4以后，通过带的UE Contention Resolution Identity MAC Control Element（UE竞争解决标识MAC控制单元）与Msg3码流匹配，如果一样，则认为RA过程成功，把Msg4送给RRC层]；3~4是RRC连接建立过程（收到消息4以后，RRC从空闲态转为连接态模式）；5~7是附着过程（附着过程完成后，UE成功注册到网络，网络有该UE信息，UE获得GUTI、TAI列表，并且默认EPS承载建立成功）；8~10是专用EPS承载建立过程（如果默认EPS承载的QoS不能满足业务需求，UE可以发起专用承载建立过程）；11~13是EPS承载释放过程（用来释放某一个专用EPS承载，或者UE对应的一个PDN下的所有EPS承载）；14是RRC连接释放过程（UE收到该消息后从连接态模式转为空闲态模式）。

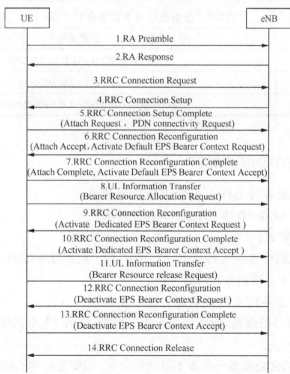

图3-37 空口完整流程

3.3 空口主要特性功能

3.3.1 无线承载的概念

空口无线承载包括两种，一种是信令无线承载（SRB, Signalling Radio Bearer），一种是数据无线承载（DRB, Data Radio Bearer）。

1. SRB的分类

SRB包括SRB0、SRB1和SRB2。
- SRB0主要用于RRC连接建立过程，不经过加密和完整性保护。
- SRB1主要用于RRC重配消息，经过加密和完整性保护。
- SRB2主要用于NAS层信令，经过加密和完整性保护。

2. DRB的分类

DRB可划分为默认承载和专用承载。
- 默认承载：Non-GBR承载，RLC层处理方式为AM模式。
- 专用承载：GBR承载或Non-GBR承载，语音和视频的专用承载为GBR承载，RLC层处理方式为UM模式。

不同业务类型承载组合不同，详见表3-1。

表3-1 业务类型与承载组合的关系

业务类型	承载组合
数据业务	SRB0+SRB1+SRB2+1×AM DRB
语音业务	SRB0+SRB1+SRB2+2×AM DRB+1×UM DRB
数据和语音并发	SRB0+SRB1+SRB2+2×AM DRB+2×UM DRB

3.3.2 无线承载的能力要求

1. VoLTE语音业务对无线承载能力的基本要求

（1）QCI=1、2、5的QoS保障，满足语音业务需求；

（2）RLC层UM模式；

（3）无线承载组合：至少支持两个AM DRB，用于数据业务和IMS信令的承载；至少支持两个UM DRB，用于高清语音和高清视频。

2. VoLTE语音业务对无线承载能力的扩展要求

为了提高语音业务的质量，无线侧引入优化功能，包括IP包头压缩、连接态DRX、半持续调度、TTI Bundling。

下面针对各个优化功能做一些基本原理的介绍，以便更好地了解和掌握VoLTE语音业务在无线空口的特征。

3.3.3 RoHC功能

1. 背景

VoIP业务是基于IP网络传输的语音业务，包头开销占整个数据包的比例较大，为了节省传输资源，提出了一种IP包头压缩方法——RoHC，该功能可大大降低包头开销。

2. 基本原理

仅在初次传输时发送数据包头的静态信息（如IP地址等），后续不再重复发送，当通过一定信息可推知数据流中其他信息时，可仅发送必需的信息，其他信息可由上下文推算。

VoLTE语音包协议栈如图3-38所示。

典型VoLTE数据包净荷为32字节，IP头开销甚至超过净荷本身，比如：

- IPv6的包头为60字节，头开销可达188%；
- IPv4的包头为40字节，头开销也有125%。

4位字段版本号	数据报协议头长度	业务类型	整个数据包长度	
IP标识			标志位	分片偏置
存活时间		协议	头部校验和	
源主机 IP 地址				
目标主机 IP 地址				
源端口号			目标端口号	
UDP 长度			UDP 校验和	
2位字段版本号	填充位 扩展位	CSRC 计数	M 负载类型	RTP 序列号
RTP 时间戳				
同步源标识				
有贡献源标识列表				

图3-38　VoLTE语音包协议栈

如图3-39所示，经过RoHC压缩后，一般包头开销从40~60字节降为4~6字节，开销占比降为12.5%~18.8%，从而对VoLTE业务信道覆盖和容量有显著增益。

RoHC压缩各个格式和对应的协议描述如图3-40所示。

相对其他头压缩机制，如IPHC（IP Header Compression），RoHC有如下优势。

- 可靠性高：由于RoHC提供了反馈机制，因此它在高误码、高延时的无线链路中具有更高的可靠性。
- 压缩效率高：其他简单的IP头压缩和压缩RTP等算法最多将报文头压缩成2字节，而RoHC最高可以将报文头压缩成1字节，因此它具有更高的压缩效率。

3. 实现原理

eNB根据UE上报的能力获得UE所支持的RoHC算法类型（Profile），eNB通过RRC重配消息告知UE选择的RoHC算法。带有RoHC参数的RRC重配消息如图3-41所示。

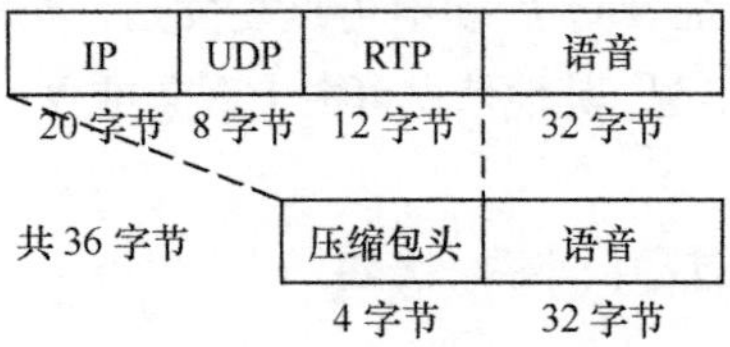

标识值	包头类型	引用的头压缩
0x0000	无压缩	RFC 4995
0x0001	RTP/UDP/IP	RFC 3095，RFC 4815
0x0002	UDP/IP	RFC 3095，RFC 4815
0x0003	ESP/IP	RFC 3095，RFC 4815
0x0004	IP	RFC 3843，RFC 4815
0x0006	TCP/IP	RFC 4996
0x0101	RTP/UDP/IP	RFC 5225
0x0102	UDP/IP	RFC 5225
0x0103	ESP/IP	RFC 5225
0x0104	IP	RFC 5225

图3-39　RoHC压缩示意图

图3-40　RoHC压缩格式与协议

备注：一般VoLTE全网开启RoHC功能。

3.3.4　C-DRX功能

1. 背景

UE处于连接态，在给定的时间（由RRC配置）内没有上下行数据时，仍然在监视PDCCH，对终端功耗有较大影响。

2. 基本原理

UE处于连接态时，如果在给定的时间（由RRC配置）内没有上下行数据，允许UE不再一直监视PDCCH，从而达到省电的目的。

DRX周期用于描述DRX状态下激活期（On Duration）重复出现的周期，每个DRX周期由一个激活期和一个可能存在的休眠期组成，如图3-42所示。

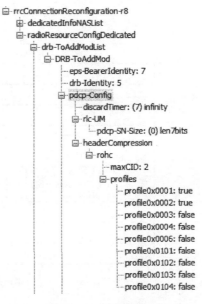

图3-41　RRC重配消息

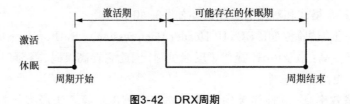

图3-42　DRX周期

激活期后未必一定是休眠期，也可能是激活期，比如当UE在激活期内监测到PDCCH有调度信息的时候开启DRX休眠期，当DRX休眠期超时后进入第一次DRX短周期且启用激活期，当在激活期内没有监测到PDCCH有自己的调度信息，则进入休眠期，在第一次短周期超时后重新进入第二次短周期（假设短周期的次数设置为2次），此时如果在激活期内没有监测到PDCCH有自己的调度信息,在第二次短周期结束后则进入长DRX周期,如图3-43所示。

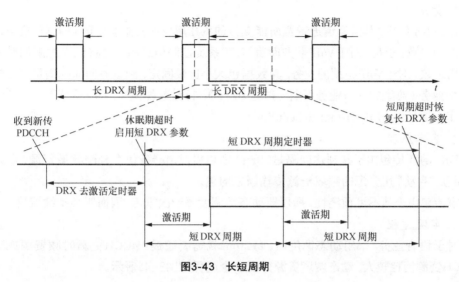

图3-43 长短周期

3. 实现过程

eNB根据UE上报的能力获得UE支持DRX功能且基站开启了DRX功能,eNB通过RRC重配消息告知UE网络侧DRX各个参数。

带有DRX各个参数的RRC重配消息如图3-44所示。

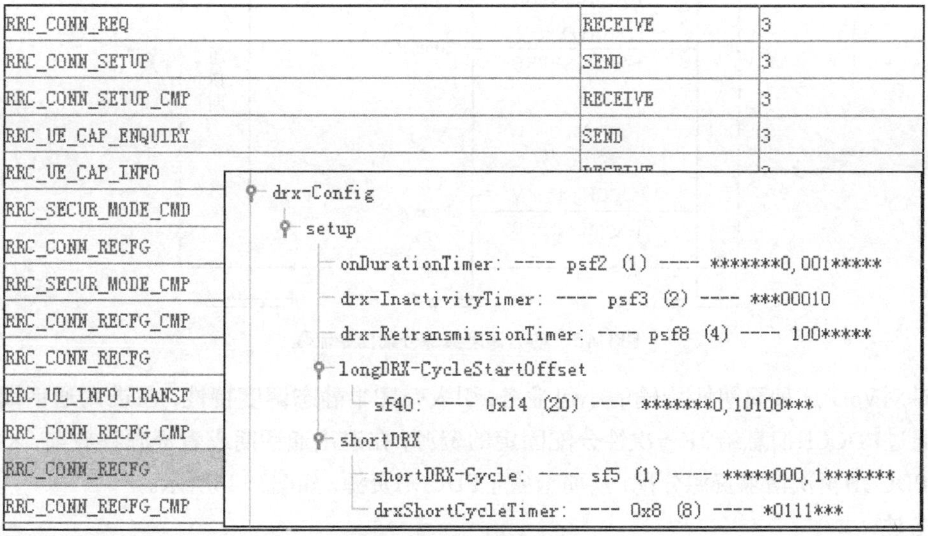

图3-44 RRC重配消息

备注:
数据业务与语音业务的DRX配置不同,现网会根据不同业务配置不同DRX参数。

3.3.5 SPS功能

1. 背景

在LTE系统中，其共享信道带宽所能支持的VoIP用户数，远远大于其控制信道可以调度指示的用户数。于是，对于VoIP业务而言，LTE系统控制信息的不足将极大地限制其同时支持的用户数。对于VoIP类型的业务，其数据包大小比较固定，到达时间间隔满足一定规律的实时性业务（典型的话音业务周期一般是20 ms），针对这种特性，LTE系统引入了半持续调度技术（SPS, Semi Persistent Scheduling）。

2. 基本原理

VoIP的新传包由于其到达间隔是20ms，所以可以由一条信令分配频域资源，以后每隔20 ms就"自动"用分配的频域资源传输新来的包。

重传包由于其不可预测性，所以要动态地调度每一次重传，因而叫半持续调度。

3. 实现过程

对于语音业务，采用动态调度时，每20ms就需要通过PDCCH更新时频资源或MCS，PDCCH资源消耗较大，动态调度资源分配信令流程如图3-45所示。

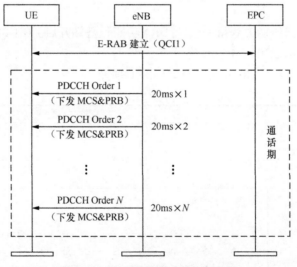

图3-45 动态调度资源分配信令流程

针对VoIP这种周期性传输的小包业务，引入VoIP半静态调度特性，在进入通话期时，eNB通过PDCCH消息给UE一次性分配固定的资源，在退出通话期或者资源释放前，不需要通过PDCCH再次请求资源分配，从而节省了PDCCH资源，如图3-46所示。

备注：

半持续调度可减少控制信令开销，节省PDCCH资源，在控制信道受限的情况下，提高系统容量；但在TD-LTE 3:1时隙配比下，因SPS采用保守调度算法（MSC不得高于15），可能导致系统容量受限于PUSCH而有所下降，现网一般不会采用SPS调度算法。

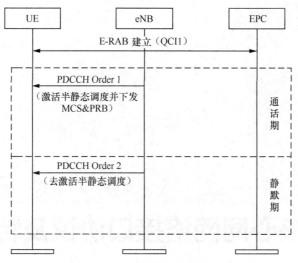

图3-46　半静态调度资源分配信令流程

3.3.6　TTI Bundling

1. 背景

TTI Bundling是为处于小区边缘的用户而设计的，用于提高用户在小区边缘覆盖的一种方法。根据协议规定，该方法只适用于上行。

2. 基本原理

当TTI Bundling使能时，上行调度DCI0一次授权后，在连续的4个上行子帧上传输同一传输块，且仅在第4次传输后有对应的PHICH反馈，重传也是4个连续上行TTI发射的一种调度方法，可以充分利用4个上行子帧发送的数据进行数据合并，通过合并增益提升数据可靠性。由于仅在第4次传输后有对应的PHICH反馈，所以，此时反馈的为底层合并后数据的接收效果，从而大大提高了数据的可靠性。

3. 实现过程

当TTI Bundling开启时，eNB会自适应根据信道条件判断是否进入TTI Bundling。进入TTI Bundling后，系统根据信道质量和待传输的数据量进行PRB数和MCS的选择。

备注：

协议规定TTI Bundling只支持子帧配比0、配比1和配比6（现网一般设置为配比2），且对同一个UE来说TTI Bundling跟半静态调度互斥，在TD-LTE网络中不开启此功能。

第 4 章
VoLTE核心网网络接口协议及特性

4.1 S1AP协议

S1AP服务可分为如下两类。
- 非UE相关的服务：其涉及eNB和MME之间的所有S1接口实例，利用一个非UE相关的信令连接。
- UE相关的服务：其与一个UE相关，提供这些服务的S1AP功能与一个UE保持的相关信令连接有关系。

S1AP协议的各个消息类别、作用等信息详见表4-1。

表4-1 S1AP消息

类别	消息	方向	作用
移动性管理	Initial UE Message（初始UE消息）	eNB->MME	为用户转发层三消息
	Attach Request（附着请求）	eNB->MME	为用户发起附着请求
	Attach Accept（附着接受）	MME->eNB	返回Attach Request消息的接受结果
	Attach Reject（附着拒绝）	MME->eNB	返回Attach Request消息的拒绝原因
	Attach Complete（附着完成）	eNB->MME	返回Attach Accept消息的确认结果
	Detach Request 去附着请求（UE Originating detach）（UE始发分离）	eNB->MME	为用户请求EMM上下文的释放
	Detach Accept去附着接受（UE Originating detach）（UE始发分离）	MME->eNB	返回Detach Request (UE Originating Detach)消息的请求结果
	Detach Request去附着请求（UE Terminated detach）（UE终结分离）	MME->eNB	为用户请求EMM上下文的释放
	Detach Accept去附着接受（UE Terminated detach）（UE终结分离）	eNB->MME	返回Detach Request (UE Terminated Detach)消息的请求结果
	GUTI Reallocation Command（GUTI重分配命令）	MME->eNB	为用户请求GUTI重分配

续表

类别	消息	方向	作用
移动性管理	GUTI Reallocation Complete（GUTI重分配完成）	eNB->MME	返回GUTI Reallocation Command消息的请求结果
	Paging（寻呼）	MME->eNB	向用户发起寻呼
	Service Request（业务请求）	eNB->MME	为用户请求NAS信令连接及无线和S1承载的建立
	Tracking Area Update Request（跟踪区更新请求）	eNB->MME	为用户请求跟踪区变更
	Tracking Area Update Accept（跟踪区更新接受）	MME->eNB	返回Tracking Area Update Request消息的请求结果
	Tracking Area Update Reject（跟踪区更新拒绝）	MME->eNB	返回Tracking Area Update Request消息的拒绝原因
	Tracking Area Update Complete（跟踪区更新完成）	eNB->MME	确认GUTI的变更或分配的新TMSI
	Identity Request（标识请求）	MME->eNB	请求用户提供身份标识
	Identity Response（标识响应）	eNB->MME	返回Identity Request消息的请求结果
	Handover Required（切换申请）	eNB->MME	为用户请求目标侧的切换资源准备
	Handover Request（切换请求）	MME->eNB	向目标侧请求切换资源准备
	Handover Request Acknowledge（切换请求确认）	eNB->MME	返回目标侧切换资源准备情况
	Handover Failure（切换失败）	eNB->MME	返回目标侧切换资源准备失败原因
	Handover Command（切换命令）	MME->eNB	向源侧通告目标侧资源已准备好
	Handover Notify（切换完成通知）	eNB->MME	返回用户切换完成
	Path Switch Request（路径切换请求）	eNB->MME	为用户请求下行GTP隧道终点迁移
	Path Switch Request Acknowledge（路径切换请求确认）	MME->eNB	返回Path Switch Request消息的请求结果
安全管理	Authentication Request（鉴权请求）	MME->eNB	向用户发起身份认证请求
	Authentication Response（鉴权响应）	eNB->MME	返回Authentication Request消息的请求结果
	Authentication Reject（鉴权拒绝）	MME->eNB	指示网络对用户的鉴权失败
	Authentication Failure（鉴权失败）	eNB->MME	指示用户对网络的鉴权失败
	Security Mode Command（安全模式命令）	MME->eNB	为用户请求NAS信令安全的建立
	Security Mode Complete（安全模式完成）	eNB->MME	返回Security Mode Command消息的请求结果
承载管理	Activate dedicated EPS Bearer Context Request（激活专用EPS承载上下文请求）	MME->eNB	为用户请求专有EPS承载上下文的激活
	Activate dedicated EPS Bearer Context Accept（激活专用EPS承载上下文接受）	eNB->MME	返回Activate Dedicated EPS Bearer Context Request消息的请求结果
	Activate default EPS Bearer Context Request（激活默认EPS承载上下文请求）	MME->eNB	为用户请求默认EPS承载上下文的激活
	Activate default EPS Bearer Context Accept（激活默认EPS承载上下文接受）	eNB->MME	返回Activate Default EPS Bearer Context Request消息的请求结果

续表

类别	消息	方向	作用
承载管理	Deactivate EPS Bearer Context Request（去激活EPS承载上下文请求）	MME->eNB	为用户请求EPS承载上下文的去激活
	Deactivate EPS Bearer Context Accept（去激活EPS承载上下文接受）	eNB->MME	返回Deactivate EPS Bearer Context Request消息的请求结果
	Modify EPS Bearer Context Request（修改EPS承载上下文请求）	MME->eNB	为用户请求一个激活EPS承载上下文的修改
	Modify EPS Bearer Context Accept（修改EPS承载上下文接受）	eNB->MME	返回Modify EPS Bearer Context Request消息的请求结果
	E-RAB Modify Request（E-RAB修改请求）	MME->eNB	为一个或多个E-RAB请求数据无线承载及分配资源的修改
	E-RAB Modify Response（E-RAB修改响应）	eNB->MME	返回E-RAB Modify Request消息的请求结果
	E-RAB Release Command（E-RAB释放命令）	MME->eNB	为一个或多个E-RAB请求分配资源的释放
	E-RAB Release Response（E-RAB释放响应）	eNB->MME	返回E-RAB Release Command消息的请求结果
	E-RAB Setup Request（E-RAB建立请求）	MME->eNB	为一个或多个E-RAB请求资源的分配
	E-RAB Setup Response（E-RAB建立响应）	eNB->MME	返回E-RAB Setup Request消息的请求结果
	PDN Connectivity Request（PDN连接建立请求）	eNB->MME	为用户请求PDN连接的建立
	PDN Connectivity Reject（PDN连接建立拒绝）	MME->eNB	返回PDN Connectivity Request消息的失败原因
上下文管理	Initial Context Setup Request（初始上下文建立请求）	MME->eNB	为用户请求上下文的建立
	Initial Context Setup Response（初始上下文建立响应）	eNB->MME	返回Initial Context Setup Request消息的请求结果
	Initial Context Setup Failure（初始上下文建立失败）	eNB->MME	返回Initial Context Setup Request消息的失败原因
	UE Context Release Request（UE上下文释放请求）	eNB->MME	为用户请求S1连接的释放
	UE Context Release Command（UE上下文释放命令）	MME->eNB	为MME请求S1连接的释放
	UE Context Release Complete（UE上下文释放完成）	eNB->MME	确认用户S1连接释放的结果
NAS消息管理	Uplink NAS Transport（上行NAS传送）	eNB->MME	携带S1接口NAS层信息
	Downlink NAS Transport（下行NAS传送）	MME->eNB	携带S1接口NAS层信息

4.1.1 移动性管理

相对于固定通信网络，移动通信网络有两个核心的业务，一个是移动性管理，另一个是无线资源管理。顾名思义，移动性管理就是管理用户的移动性。在网络覆盖到的范围内，无论用户移动到哪里，网络都能跟踪和记录到用户的位置信息：（1）确保该用户可以随时发起呼叫；（2）确保其他用户随时可以呼叫到该用户。相对于无线资源管理，移动性管理的内容变化不大，无论是2G、3G、4G还是5G，无论是电路交换还是全IP交换，无论网络的物理单元、结构和功能分配如何变化，移动性管理的核心思想都没有改变。

要想实现移动性管理，首先要对PLMN网的无线覆盖区域进行分区和编码标识，然后要对移动用户进行编码和标识。在移动性管理中，这两个标识同等重要，比如，2G网络的识别位置区的标识是LAC，全地球表面的每一寸面积都包含于一个位置区中。识别用户的标识是IMSI，每一个移动用户具有全球唯一识别的IMSI。网络只要跟踪和判断某个IMSI位于哪个位置区内，移动性管理的目标就实现了。

移动性管理流程包含附着/去附着流程、正常/周期性位置更新流程、用户被叫流程、用户主叫流程。

1. 附着流程

附着成功流程如图4-1所示，当MME在Attach Accept中携带了新的GUTI给UE时，UE需要返回Attach Complete，反之，UE不需要返回Attach Complete消息。

附着失败流程如图4-2所示，Attach Reject常见失败场景说明见表4-2。

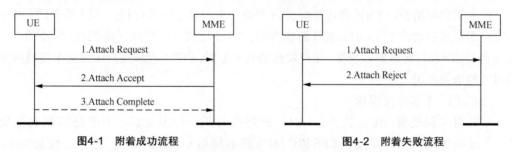

图4-1　附着成功流程　　　　　　　　图4-2　附着失败流程

表4-2　附着失败场景

错误码	场景
6: Illegal UE	MME收到UE发送的Authentication Response消息后，响应Attach Reject消息，原因值为6
7: EPS Service not allowed	UE进行位置更新时被HSS拒绝，MME发送Attach Reject消息，原因值为7
8: EPS services and non-EPS services not allowed	MME在发起鉴权流程前即下发Attach Reject消息，原因值为8
	UE进行位置更新时被HSS拒绝，MME发送Attach Reject消息，原因值为8
12: EPS services not allowed in this PLMN	MME收到Attach Request消息后，下发Attach Reject消息，原因值为12
19: ESM Failure	用户附着过程中通过DNS选择SGW失败，MME下发Attach Reject消息，原因值为19
	MME收到SGW发送的Create Session Response消息携带失败原因值为"No Resources Available"，下发Attach Reject消息，原因值为19
111: Protocol error, unspecified	MME发送Update Location Request消息后，未接到HSS返回的Update Location Ack消息，直接向UE发送Attach Reject消息，原因值为111
	MME在Authentication流程后拒绝该用户，下发Attach Reject消息，原因值为111
other value: Other Cause, treated as "Protocol error, unspecified"	MME收到HSS发送的Update Location Ack后，下发Attach Reject消息，原因值为111

（1）在Attach Request中主要关注5个信元。

① Attach Type。

用于指示附着流程类型，取值为EPS Attach、Combined EPS/IMSI Attach、EPS

Emergency Attach或Reserved。

对于VoLTE终端来说，一般会在附着请求中携带请求类型为"Combined EPS/IMSI Attach"。

当MME收到这样的附着请求时，就会在用户附着MME成功后代替用户去CS域做附着，这时如果不是UE自己选网到CS域去做附着，那么在MME上就得配置LTE网络的TAC和2G/3G网络的LAC的对应关系表，配置的位置区域和实际网络覆盖的位置区域会存在差异，这个差异会导致用户实际位置覆盖的LAC1、网络侧MME上配置的位置是LAC2，对于VoLTE用户感知的影响是在做CSFB（Circuit Service Fall Back，电路域业务回落）业务时需要做位置更新流程。

针对这个回落问题，笔者需要做一个详细阐述，因为VoLTE用户的一个业务保障措施就是当LTE无线信号较好，但VoLTE业务使用不畅时，VoLTE用户会主动或被动进行业务回落，即做CSFB业务，对VoLTE用户的回落问题处理依然是一个关键环节。

首先我们要清楚CSFB语音业务解决方案是一个怎样的业务过程，CSFB基于LTE网络只有分组域的概念产生了CSFB语音解决方案。3GPP定义的电路域回落机制，保证用户同时注册在EPS和传统电路域网络，用户发起语音业务时，由EPS指示用户回落到电路域网络后再发起语音呼叫。

CSFB的三个基本过程如下。

- **开机选网驻留**：优先驻留在LTE，即终端开机→LTE及2G/3G电路域联合注册（确保用户同时注册在EPS和GSM电路域网络）→驻留LTE，这个过程是CSFB业务最基本的过程，只有这个过程成功了才能实现下面两个过程。
- **呼叫请求回落**：网络指示终端先重选回到2G/3G网络，由传统的CS网络提供语音服务。
- **通话结束返回**：终端完成呼叫后返回到LTE网络驻留。

CSFB的各个基本过程如图4-3所示，简要描述如下。

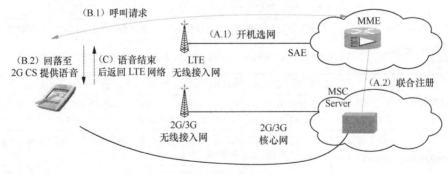

图4-3　CSFB基本过程

A.1　开机选网。

终端会按照自己的PLMN优先级和制式、频段支持的配置进行网络选择，当选择了一个LTE网络附着时，MME会按照附着流程完成相关工作并使合法有效用户附着LTE网络成功，同时，MME知道本次附着的用户是一个CSFB用户，还需要代替用户去传统CS域附着，即发起联合位置更新过程。

A.2 联合注册。

MME上存储TAC(LTE Tracking Area Code)与LAC(2G Location Area Code)的对应关系，根据用户附着请求消息中的TAC代替用户通过SGs接口注册到对应LAC的MSC上，MSC会为用户分配一个TMSI，同时标记用户是CSFB业务。

B.1 呼叫请求。

呼叫分为主叫和被叫两个过程，当CSFB用户发起主叫业务时，会发Extended Service Request消息给MME以表示本次是CSFB的语音业务，MME就会告知基站让用户回落到CS域去做语音业务。

B.2 回落至2G CS提供语音。

基站接收到MME本次业务为CSFB时，会直接释放本次LTE网络空口连接，并告知用户回落到具体哪个频点（现网一般设置R8重定向方式，虽然R9重定向方式可缩短单端2s以上，但R9方式网络侧改动较大），终端收到这样的连接释放消息后就会主动去搜索这个频点的信号并接入。

C 语音结束后返回LTE网络。

用户的语音业务结束后，需要返回LTE网络，即意味着用户空闲态时是驻留在LTE网络的。

这几个基本过程里最需要解读的是联合位置更新过程，这与传统的移动网络位置更新过程会有哪些不同呢？传统的移动用户位置更新过程，是UE发现当前无线网络广播信号中的LAC和手机里存储的LAC不同时，主动告知核心网进行LAC更新的一个过程。这个过程主要是与移动用户做被叫业务时网络侧需要先寻呼用户有关，那我们就又需要了解移动用户做被叫的过程。

我们都知道移动电话与固定电话的区别就是：一个是有线连接，一个是无线连接，如果是有线连接，网络侧就将连接的这根线进行编号，当有人要呼叫这个号码时，网络侧去查询编号，然后就能寻找到这个用户并唤醒用户。而如果是无线连接，网络侧是不会为这个用户分配一个固定的连接，所以需要用一个类似于广播找人的方式来唤醒用户。比如，在车站如果人走丢了，我们会去寻求车站广播室进行广播找人，当你要找的那个人听到广播后就会按照广播的要求到指定地点去会合，这解决了本次人走丢的业务问题。移动电话的被叫业务过程也是类似的，我们会在协议里规定好哪些空口无线连接是网络侧专门用来唤醒你的信道，当我们在各个基站下闲逛时，手机会按照协议规定时间去周期地拜访唤醒我的信道（专业术语就是寻呼信道），如果在这个信道听到了广播，我们就会去主动向基站申请业务信道来完成被叫业务。

CSFB用户联合位置更新到CS域的过程，因为用户是在LTE网络选网，但为了后续语音业务能正常完成，MME会根据用户当前所在的LTE网络跟踪区去人为定义用户当前所在区域的CS域网络的位置区信息，MME代替用户去CS域做联合位置更新的LAC信息有可能和用户实际所处的LAC信息不一致。那为什么会存在不一致的情况呢？这是因为我们在做LTE网络和传统CS域网络规划时是要求一个TAC覆盖的范围和一个LAC覆盖的范围是重叠的，但由于频率、站址、制式等因素总是在边缘区域不那么一致，因此就可以看到联合位置更新的LAC和语音业务回落的LAC存在以下三种场景，如图4-4所示。

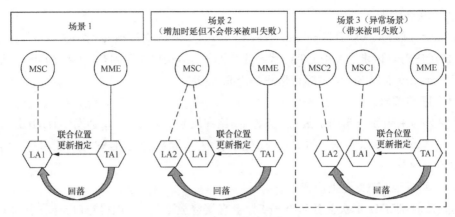

图4-4　CSFB回落场景

场景1:"联合位置更新时LAC"等于"用户实际所处位置区域的LAC",此场景下用户做CSFB业务成功且不需要位置更新过程。

场景2:"联合位置更新时LAC"不等于"用户实际所处位置区域的LAC",两个LAC由一个CS域交换机管理,此场景下用户做CSFB业务成功且需要位置更新过程。

场景3:"联合位置更新时LAC"不等于"用户实际所处位置区域的LAC",两个LAC由不同CS域交换机管理,此场景下用户做CSFB业务失败(基于目前CS域核心网是POOL组网的情况,此场景仅会出现在一个城市多个POOL组网或两个城市之间的边缘地带)。

② MS网络能力。

用于给网络侧提供MS的GPRS相关信息,携带SRVCC能力信息,其中SRVCC能力信息包括从UTRAN HSPA到GERAN/UTRAN、从E-UTRAN到GERAN/UTRAN两种情况。

MME收到UE这个能力参数之后,如果MME也支持SRVCC功能,则会在给HSS的ULR消息中携带上SRVCC相关能力参数,以便HSS将STN-SR插入MME,为VoLTE用户呼叫业务过程中发生SRVCC做准备,SRVCC完整业务过程将会在SRVCC篇章中完整描述。

③ 语音域偏好和用户设备使用设置。

如果UE支持CSFB、SMS over SGs和IMS语音,则UE在附着请求或TAU请求消息中需要携带该信元。该字段包含如下两部分内容。

- UE's usage setting(用户设备使用设置)
  - 当Bit第3位是"0"时,表示"Voice centric"(语音业务为中心)。
  - 当Bit第3位是"1"时,表示"Data centric"(数据业务为中心)。
- Voice domain preference for E-UTRAN(E-UTRAN网络的语音域偏好)
  - 当Bit前两位分别为"0 0"时,表示"CS Voice only"(仅使用CS语音)。
  - 当Bit前两位分别为"0 1"时,表示"IMS PS Voice only"(仅使用IMS PS语音)。
  - 当Bit前两位分别为"1 0"时,表示"CS Voice preferred, IMS PS Voice as secondary"(CS语音优先,IMS PS语音次选)。
  - 当Bit前两位分别为"1 1"时,表示"IMS PS Voice preferred, CS Voice as secondary"(IMS PS语音优先,CS语音次选)。

常见消息中的参数如图4-5所示。

```
Voice domain preference and UE's usage setting
    Element ID: 0x5d
    Length: 1
    0000 0... = Spare bit(s): 0
    .... .0.. = UE's usage setting: Voice centric
    .... ..11 = Voice domain preference for E-UTRAN: IMS PS voice preferred, CS Voice as secondary (3)
```

图4-5 常见语音功能参数

说明：

- 当UE不支持IMS语音时，E-UTRAN网络的语音域偏好为"CS Voice only"。
- 当UE只支持IMS语音时，E-UTRAN网络的语音域偏好为"IMS PS Voice only"。

目前，大多数VoLTE终端中Voice domain preference和UE's usage setting设置为"11"和"0"，这意味着语音业务优先，数据业务次之，语音业务优先使用VoLTE方案、次之使用CSFB方案，当参数Voice domain preference设置为"IMS PS Voice preferred、CS Voice as secondary"时，MME收到附着请求消息，知道这个用户的VoLTE终端，首先去HSS下载签约数据以核实用户是否签约了VoLTE业务，如果签约了则会等待用户主动发起IMS APN的PDN连接建立请求，待用户的IMS APN的PDN连接建立成功之后，MME会代替用户去CS域做联合位置更新，UE若收到MME的Attach Accept或Activate Default EPS Bearer Request消息中包含与VoLTE业务相关的P-CSCF地址、UE IP地址等信息，以及与CSFB业务相关的CS域TMSI、LAC等信息，则UE认为目前网络支持语音业务。

对于UE's usage setting参数，如果是设置为"Voice centric"，当在附着过程中没有收到网络侧与VoLTE业务相关的P-CSCF地址、UE IP地址等信息，以及与CSFB业务相关的CS域TMSI、LAC等信息时，UE会认为当前LTE网络不能提供语音业务，终端会自己重新选网到2G/3G的传统CS域，因为终端认为语音业务是自己最需要的业务。现在虽然有很多社交软件可以用于交流，但重要的事情还是优先使用电话业务进行沟通，听见为实。

④ PCO (Protocol Configuration Option，协议配置选项)。

PCO包含002H( )参数，指示建立IMS信令承载；包含00CH( )，指示请求P-CSCF地址。

PCO分两个方向：一个是用户发给网络侧的，携带用户向网络侧请求的相关信息；一个是网络侧发给用户的，携带网络侧给用户分配的相关信息。

用户给网络侧发送的PCO参数如图4-6所示，一般承载在Attach Request或PDN Connect Request消息中。

```
Protocol Configuration Options
    Element ID: 0x27
    Length: 38
    Link direction: MS to network (0)
    1... .... = Extension: True
    .... .000 = Configuration Protocol: PPP for use with IP PDP type or IP PDN type (0)
    Protocol or Container ID: Internet Protocol Control Protocol (0x8021)
```

图4-6 PCO消息示例

PCO请求的参数有什么呢？对于VoLTE用户，PCO请求的参数是要获取到网络侧给自己分配的一个可以在网络中使用的地址以及用户可以接入的P-CSCF地址，网络侧给自己分配的一个地址信息如图4-7所示。

```
Non-Access-Stratum (NAS) PDU
    0110 .... = EPS bearer identity: EPS bearer identity value 6 (6)
    .... 0010 = Protocol discriminator: EPS session management messages (0x02)
    Procedure transaction identity: 2
    NAS EPS session management messages: Activate default EPS bearer context request (0xc1)
    EPS quality of service
        Length: 1
        Quality of Service Class Identifier (QCI): QCI 5 (5)
    Access Point Name
        Length: 23
        APN: ims.mnc007.mcc460.gprs
    PDN address
        Length: 9
        0000 0... = Spare bit(s): 0x00
        PDN type: IPv6 (2)
        PDN IPv6 if id: d2cd9788b83f791c
```

图4-7 网络侧返回的P-CSCF地址信息

用户可以接入的P-CSCF地址如下，可以看到网络侧告知用户可以接入两个P-CSCF网元，但用户只能注册在其中一个网元上，当发现这个网元不可用时，用户可以主动尝试去另一个P-CSCF上注册，如图4-8所示。

```
Protocol or Container ID: Selected Bearer Control Mode (0x0005)
    Length: 0x01 (1)
    Selected Bearer Control Mode: MS/NW (2)
Protocol or Container ID: P-CSCF IPv6 Address (0x0001)
    Length: 0x10 (16)
    IPv6: 2409:8015:***:*::*
Protocol or Container ID: P-CSCF IPv6 Address (0x0001)
    Length: 0x10 (16)
    IPv6: 2409:8015:***:*::*
```

图4-8 网络侧返回两个P-CSCF地址

⑤ PDP类型。

指示请求UE的IP地址类型，如IPv4、IPv6或IPv4v6。

（2）在Attach Accept中主要关注两个信元

① T3412值。

此定时器如图4-9所示，用于控制UE发送周期性跟踪区更新请求的时间间隔，在UE从ECM连接态变为ECM空闲态时启动。超时后，UE发起跟踪区更新流程。此信元包含两个参数：unit和timer-value，如下。

```
□ ▼t3412-value
    unit:value-is-incremented-in-multiples-of-decihours (2)
    timer-value:0x9 (9)
```

图4-9 T3412信息

Unit这个参数的取值:
- 0 0 0: 定时器为2s的倍数;
- 0 0 1: 定时器为1min的倍数;
- 0 1 0: 定时器为1/10h的倍数(6min的倍数)。

这个值如何计算呢？从图4-10的例子就可以看到T3412=unit(6min)×timer-value(9)= 54min。

图4-10 T3412示例

② EPS网络特征支持。

用于指示网络是否支持特定的特性,如图4-11所示。

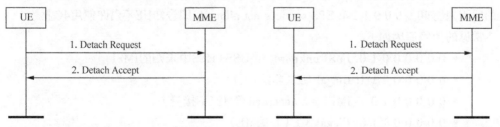

图4-11 EPS网络特征支持示例

PS会话的IMS语音业务指示。
- 0: 不支持S1模式PS会话的IMS语音业务。
- 1: 支持S1模式PS会话的IMS语音业务。

VoLTE用户只有在收到网络侧的附着接受消息中PS会话的IMS语音业务指示时,才会继续向网络侧请求建立IMS APN的PDN连接。

2. 去附着流程

去附着流程包含用户发起和网络侧发起两种流程,如图4-12和图4-13所示。

UE	MME		UE	MME
1. Detach Request →			1. Detach Request →	
← 2. Detach Accept			← 2. Detach Accept	

图4-12 用户主动Detach过程　　　图4-13 网络侧主动Detach过程

在Detach Request主要关注两个信元,如图4-14所示。

① Detach类型。

用于指示分离类型。

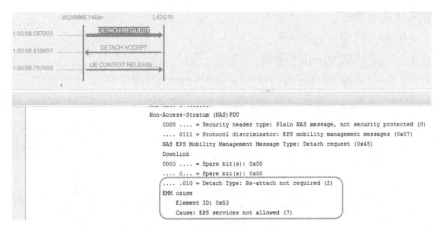

图4-14　Detach的两个关键信元

UE主动发起Detach操作时所带的类型参数如下。

- 0 0 1: EPS detach
- 0 1 0: IMSI detach
- 0 1 1: combined EPS/IMSI detach
- 1 1 0: reserved
- 1 1 1: reserved

MME主动发起Detach操作时所带的类型参数如下。

- 0 0 1: re-attach required
- 0 1 0: re-attach not required
- 0 1 1: IMSI detach
- 1 1 0: reserved
- 1 1 1: reserved

当网络侧告知UE本次Detach操作时，如果让用户立即重新附着，则所带的类型参数是0 0 1: re-attach required。

② EMM cause。

只有MME主动发起的Detach过程才会带这个信元，用于指示UE发起的EMM请求被网络拒绝的原因，比如0 0 0 0 0 1 1 1: EPS services not allowed，即告知UE不允许使用4G业务。

常见的拒绝原因如下。

- 0 0 0 0 0 0 1 0: IMSI unknown in HSS（HSS中未知的IMSI）
- 0 0 0 0 0 0 1 1: Illegal UE（非法UE）
- 0 0 0 0 0 1 0 1: IMEI not accepted（IMEI不接受）
- 0 0 0 0 0 1 1 0: Illegal ME（非法ME）
- 0 0 0 0 0 1 1 1: EPS services not allowed（EPS服务不允许）
- 0 0 0 0 1 0 0 0: EPS services and non-EPS services not allowed（EPS服务和非EPS服务不允许）
- 0 0 0 0 1 0 0 1: UE identity can not be derived by the network（MS身份不能由网

络导出）
- 0 0 0 0 1 0 1 0: Implicitly detached（隐式分离）
- 0 0 0 0 1 0 1 1: PLMN not allowed（PLMN不允许）
- 0 0 0 0 1 1 0 0: Tracking Area not allowed（跟踪区域不允许）
- 0 0 0 0 1 1 0 1: Roaming not allowed in this tracking area（跟踪区域内不允许漫游）
- 0 0 0 0 1 1 1 0: EPS services not allowed in this PLMN（PLMN内EPS服务不允许）
- 0 0 0 0 1 1 1 1: No Suitable Cells In tracking area（跟踪区域内无合适的小区）
- 0 0 0 1 0 0 0 0: MSC temporarily not reachable（MSC临时不可达）
- 0 0 0 1 0 0 0 1: Network failure（网络失败）
- 0 0 0 1 0 0 1 0: CS domain not available（CS域不可用）
- 0 0 0 1 0 0 1 1: ESM failure（ESM失败）
- 0 0 0 1 0 1 0 0: MAC failure（MAC故障）
- 0 0 0 1 0 1 0 1: Synch failure（同步失败）
- 0 0 0 1 0 1 1 0: Congestion（拥塞）
- 0 0 0 1 0 1 1 1: UE security capabilities mismatch（UE安全能力不匹配）
- 0 0 0 1 1 0 0 0: Security mode rejected, unspecified（安全模式拒绝,未定义）
- 0 0 0 1 1 0 0 1: Not authorized for this（CSG未授权此CSG）
- 0 0 0 1 1 0 1 0: Non-EPS authentication unacceptable（非EPS认证不可接受）
- 0 0 1 0 0 1 1 1: CS domain temporarily not available（CS域暂时不可用）
- 0 0 1 0 1 0 0 0: No EPS bearer context activated（没有激活的EPS承载上下文）
- 0 1 0 1 1 1 1 1: Semantically incorrect message（语义错误消息）
- 0 1 1 0 0 0 0 0: Invalid mandatory information（无效的必带信元）
- 0 1 1 0 0 0 0 1: Message type non-existent or not implemented（消息类型不存在或不能实现）
- 0 1 1 0 0 0 1 0: Message type not compatible with the protocol state（与协议状态不兼容的消息类型）
- 0 1 1 0 0 0 1 1: Information element non-existent or not implemented（信息单元不存在或未实施）
- 0 1 1 0 0 1 0 0: Conditional IE error（条件信元错误）
- 0 1 1 0 0 1 0 1: Message not compatible with the protocol state（与协议状态不兼容的消息）
- 0 1 1 0 1 1 1 1: Protocol error, unspecified（协议错误,未指定）

3. 正常跟踪区更新流程

当VoLTE用户进入新的跟踪区之后,用户接收到包含跟踪区编码信息的广播消息,与用户保存的原跟踪区列表信息比较,发现不一致,由此判断进入了新的跟踪区,马上发起位置更新流程。

跟踪区更新成功流程如图4-15所示,当MME在TAU Accept中携带了新的GUTI给UE,UE需要返回TAU Complete,反之,UE不需要返回TAU Complete消息。

跟踪区更新失败流程如图4-16所示，TAU Reject常见失败场景说明见表4-3。

（1）在TAU Request中主要关注三个信元

① EPS更新类型。

"Active" Flag:

- 0：无承载建立请求；
- 1：为承载建立请求。

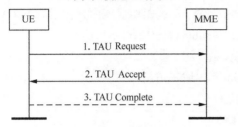

图4-15　正常跟踪区更新过程　　　　图4-16　失败跟踪区更新过程

表4-3　TAU拒绝场景

错误码	常见场景
10：Implicitly detached（隐式分离）	UE发起MME间TAU，从旧的MME获取用户上下文信息时发现用户处于隐式分离状态，新的MME给UE下发Tracking Area Update Reject消息，原因值为10
111：Protocol error, unspecified（协议错误，未指定）	UE发起TAU通过DNS未选择到SGW后，MME下发Tracking Area Update Reject消息，原因值为111

当TAU Request中的"Active" Flag=1时，在本次TAU过程中MME需要为用户建立EPS承载，完整的信令流程如图4-17所示。

EPS更新类型值。

- 0 0 0：TA Updating。
- 0 0 1：联合TA/LA Updating。
- 0 1 0：带IMSI附着的联合TA/LA Updating。
- 0 1 1：周期Updating。

② EPS Bearer Context Status。

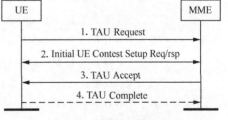

图4-17　TAU全过程示意

指示可用EPS Bearer Identity标识的EPS承载上下文的状态。

```
EPS bearer context status
    Element ID: 0x57
    Length: 2
    0... .... = EBI(7): BEARER CONTEXT-INACTIVE
    .0.. .... = EBI(6): BEARER CONTEXT-INACTIVE
    ..1. .... = EBI(5): BEARER CONTEXT-ACTIVE
    ...0 .... = EBI(4) spare: False
    .... 0... = EBI(3) spare: False
    .... .0.. = EBI(2) spare: False
    .... ..0. = EBI(1) spare: False
    .... ...0 = EBI(0) spare: False
```

只有EPS Bearer ID=5的承载是激活状态。

③ GUTI类型。

指示本次TAU是4G网络内两个TAC之间的TAU还是用户从2G/3G返回4G网络的TAU。

```
GUTI type - Old GUTI type
    1110 .... = Element ID: 0xe-
    .... 000. = Spare bit(s): 0x00
    .... ...0 = GUTI type: Native GUTI
```

表示本次TAU是4G网络内两个TAC之间的TAU。

```
GUTI type - Old GUTI type
    1110 .... = Element ID: 0xe-
    .... 000. = Spare bit(s): 0x00
    .... ...1 = GUTI type: Mapped GUTI
```

表示本次TAU是用户从2G/3G返回4G网络的TAU。

（2）TAU Accept主要关注两个信元

① T3412 Value。

此定时器的作用同"附着流程"中的介绍，在附着接受中也有这个信元，那么不同点是什么呢？主要区别是这个信元在TAU Accept中是可选参数，即意味着当MME上配置的T3412参数有变化时，这个信元在TAU Accept中才告诉UE，如果没有变化则不需携带此信元。

UE收到这个信元之后会去与自己前期保存的T3412参数进行比对，如果不同，则更新为新的T3412参数。

② EPS 网络功能支持。

此信元同"附着流程"中的介绍，同样地，此信元在TAU Accept中是可选的，但与T3412的可选含义不同，如果在TAU Accept中没有携带"PS会话的IMS语音业务指示"这个参数，则UE会认为网络侧不支持VoLTE，如果网络侧一直支持VoLTE，则在TAU Accept中携带此信元也就成了必选参数。

4. 周期性跟踪区更新流程

如同传统移动通信网络一样，当移动用户在一段时间内没有和网络交互任何信息时，网络侧会告知UE在规定时间之内做一次周期性位置更新，以便网络侧了解用户当前所在的位置区/跟踪区，当网络侧有业务要发给用户时，可以寻呼到用户，2G/3G网络时代是以位置区为单位进行寻呼；4G网络时代是以跟踪区列表为单位进行更新，实际4G网络部署时考虑到了网络的复杂度，一般一个跟踪区列表只包含一个跟踪区，因而4G网络时代的周期性跟踪区更新流程同2G/3G网络时代一样，网络侧可以通过与用户发生业务时的信令交互来获取用户当前的TAC，当用户在T3412定时器的时间之内与网络侧没有任何信令交互时，用户会主动发起周期性跟踪区更新过程与网络侧进行信令交互，从而网络侧知道用户当前所在的跟踪区。周期性TAU的流程如图4-18所示。

图4-19所示的周期性跟踪区更新中的EPS Update type value=3（0 1 1），表明本次是周期更新。

实际网络中周期性跟踪区更新事件很少，是因为现在用户使用业务的频次很高，一般来说网络侧设置的T3412=54min，然而用户在54min内没有使用任何业务的概率很小，所以现在网络上的周期性TAU的信令很少。

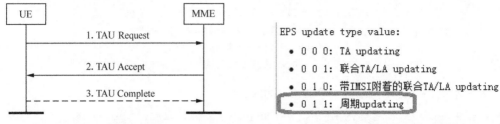

图4-18　周期性TAU流程　　　　　　　　　图4-19　周期性的TAU示意图

另外，周期性TAU和正常TAU的区别是周期性TAU中下面的两个信元的值是相同的，即用户手机里存储的TAC（如图4-20所示）和当前网络广播的TAC（如图4-21所示）是相同的，但因为周期性跟踪区更新定时器超时了，所以我们要通过周期性TAU以便网络侧知道是可及的，如果后续网络侧有包要发送给我们，则可以在这个TAC下寻呼我们。

```
Tracking area identity - Last visited registered TAI
    Element ID: 0x52
    Mobile Country Code (MCC): China (460)
    Mobile Network Code (MNC): China Mobile (00)
    Tracking area code(TAC): 20645
```
```
Item 2: id-TAI
    ProtocolIE-Field
        id: id-TAI (67)
        criticality: reject (0)
        value
            TAI
                pLMNidentity: 64f000
                Mobile Country Code (MCC): China (460)
                Mobile Network Code (MNC): China Mobile (00)
                tAC: 50a5 (20645)
```

图4-20　手机里存储的TAC　　　　　　　　图4-21　手机读取到当前网络的TAC

如果在T3412+隐式分离时长的时间之内用户没有做周期性跟踪区更新且没有任何信令消息与网络侧交互，则当网络侧有包发给用户时，网络侧不会寻呼用户，直接告诉业务侧此用户处于不可及状态，这个功能的目的是防止用户长期脱网时网络侧不断寻呼用户而浪费资源。

5. 用户主叫业务流程

成功的业务请求过程如图4-22所示，即MME给基站发送了初始上下文建立请求，基站给UE发送了RRC重配置消息。

失败的业务请求过程如图4-23所示，网络侧是没有任何响应消息的，UE收不到RRC重配置的信令，在这种失败场景下UE是在发出Service Request之后启用一个定时器等待基站的RRC重配置消息，如果定时器超时，终端会返回空闲状态。

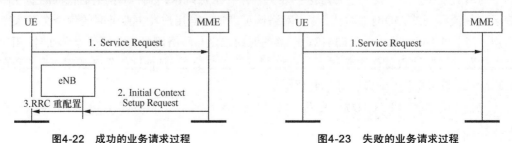

图4-22　成功的业务请求过程　　　　　　　图4-23　失败的业务请求过程

在Service Request中主要关注一个信元RRC Establishment Cause，用于向MME指示RRC Connection Establishment的原因，常见的包含下面三种原因。

- mt-Access
- mo-Signalling
- mo-Data

主叫业务请求就是mo-Data，指用户有包发送，所以才向网络侧申请建立业务信道来传送包。

被叫业务请求可能是mt-Access，那对于什么业务这个信元会是mo-Signalling？从字面的意思来看就是主叫业务且是信令，这样就联想到是不是TAU或Attach过程，例如，现网的TAU（如图4-24所示）或Attach（如图4-25所示）消息。

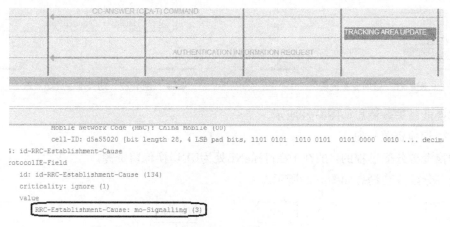

图4-24　TAU消息

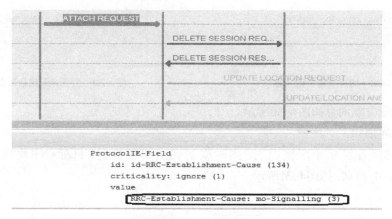

图4-25　Attach消息

可以看到，UE发起的TAU、Attach请求的RRC建立原因均为mo-Signalling。

6. 用户被叫业务流程

成功的用户被叫业务流程如图4-26所示，与成功的用户主叫业务流程不同的是被叫业务流程多了"网络侧先给UE下发的寻呼消息"，当用户监听到网络侧的寻呼消息之后就会申请空口RRC连接建立并发Service Request给MME，只是在Service Request消息中携带的RRC Connection Establishment的原因为mt-Access。

7. S1切换流程

（1）切换准备

切换准备过程的目的在于通过EPC在目标侧请求准备资源。对于某一UE，同一时间仅能进行一个切换准备过程。

切换准备成功消息如图4-27所示。

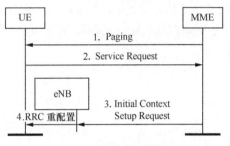

图4-26 被叫业务流程

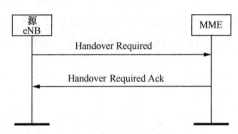

图4-27 切换准备成功消息

切换准备失败消息如图4-28所示。

（2）切换资源分配

切换资源分配过程的目的在于在目标eNB处为UE切换保留资源。

资源分配成功消息如图4-29所示。

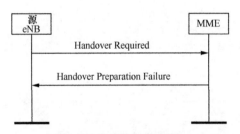

图4-28 切换准备失败消息

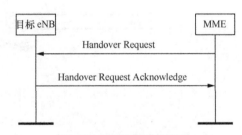

图4-29 资源分配成功消息

资源分配失败消息如图4-30所示。

（3）切换通知

当UE已经在目标小区被识别，同时成功完成S1切换时，目标eNB将向MME发送Handover Notify消息，如图4-31所示。

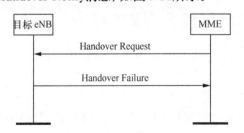

图4-30 资源分配失败消息

图4-31 切换通知

8. X2切换流程

当UE从一个eNB的小区切换到另一个eNB小区时,两个eNB会通过X2接口发生一系列的信令交互配合,切换成功后,目标eNB要通过Path_Switch_Request告知MME用户已经切换到该基站下面,用于向MME请求通知SGW修改S1-U口下行基站侧的GTP-U隧道相关信息。请求MME通知SGW修改成功如图4-32所示,请求MME通知SGW修改失败如图4-33所示。

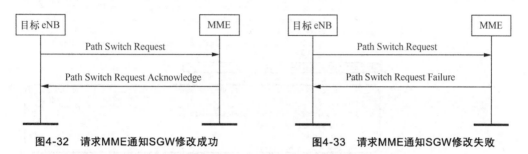

图4-32 请求MME通知SGW修改成功　　　　图4-33 请求MME通知SGW修改失败

4.1.2 安全管理

1. 鉴权流程

(1) 网络侧决定鉴权失败

当MME收到UE的鉴权响应消息时,会判断用户的鉴权是否通过,当失败时会返回用户Authentication Reject(鉴权拒绝)消息,如图4-34所示。

图4-34 网络侧鉴权失败过程

在鉴权请求中我们主要关注的信元是Authentication Parameter RAND(用于网络侧给UE提供一个随机数,计算鉴权响应RES以及加密密码CK和完整性键值IK)和Authentication Parameter AUTN(用于网络侧给UE提供一种鉴权网络的参数),如图4-35所示。

在鉴权响应中我们主要关注的信元是RES信元,如图4-36所示。

(2) UE侧决定鉴权失败

当UE收到网络侧的鉴权请求时,首先会对网络进行鉴权,如果鉴权失败,则给网络侧返回鉴权失败消息,网络侧可以向用户要IMSI,向HSS获取用户的鉴权参数重新进行鉴权过程,如图4-37所示。

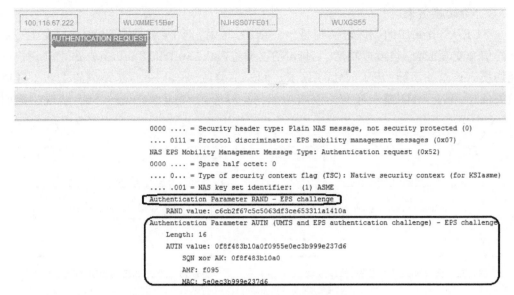

图4-35 RAND和AUTN参数

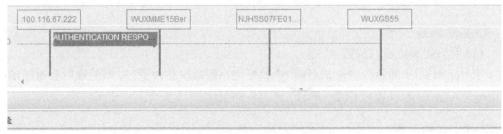

图4-36 RES参数

这里要解释一下UE收到网络侧的鉴权请求消息时对网络进行鉴权的原理。

从3G网络时代就开始了五元组鉴权的概念,与三元组鉴权的区别就是不但网络对UE进行鉴权,同时UE对网络也进行鉴权。

五元组包含的参数:

- **RAND**(Random Challenge,随机数):由随机数发生器产生,长16 Byte,主要作为计算五元组中其他参数的基础。
- **XRES**(Expected Response,

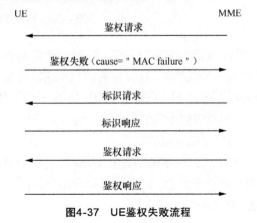

图4-37 UE鉴权失败流程

期望响应）：UMTS对鉴权请求的期望响应，长4～16 Byte。
- **CK**（**Cipher Key**，加密密钥）：长16 Byte，用来实现存取数据的完整性（Access Link Data Confidentially），用来加密被认为是机密的信令信息元素（对某些逻辑信道进行加密）。不同的网络类型［CS（Circuit Switch）和PS（Packet Switch）］分别对应一个CK：CKCS和CKPS。
- **IK**（**Integrity Key**，完整性密钥）：长16 Byte，用来实现连接数据存取的保密性（Access Link Data Confidentially）。因为大多数发送给MS和网络的控制信令信息都被认为是敏感数据，必须进行完整性保护。不同的网络类型（CS和PS）分别对应一个IK：IKCS和IKPS。
- **AUTN**（**Authentication Token**，鉴权标记），长16 Byte，包括以下内容：SQN⁺AK，其中SQN（序列号）与AK（匿名密钥）分别长6 Byte；USIM将验证AUC产生的SQN是否是最新的，并作为鉴权过程的一个重要组成部分。

AMF（鉴权管理域）长2 Byte。

MAC（消息鉴权编码）长8 Byte；MAC-A用来验证RAND、SQN、AMF的数据完整性并提供数据源；MAC-S则由USIM发送给AUC作为重新同步过程中鉴权的数据源。

如果USIM认为SQN不在可用的范围内，则返回同步失败（Synchronisation Failure）消息，如图4-38所示，消息包含了AUTS参数。

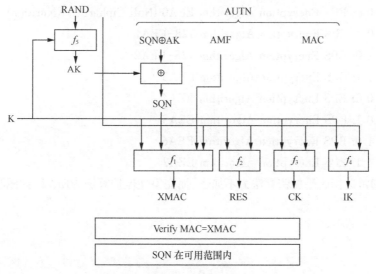

图4-38　SQN检验过程

2．加密流程

加密流程包含两种，如图4-39所示，加密成功或失败。失败时UE返回的是加密模式拒绝消息，用于网络发送此信息给UE建立NAS信令安全。

该流程中我们主要关注Selected NAS Security Algorithms信元，指示UE网络侧选择的加密和完整性保护算法。

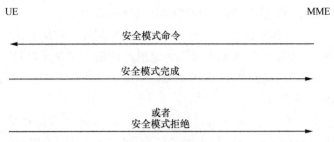

图4-39　加密过程

完整性保护算法类型：

- 0 0 0: EPS Integrity Algorithm EIA0 (Null Integrity Protection Algorithm)
- 0 0 1: EPS Integrity Algorithm 128-EIA1
- 0 1 0: EPS Integrity Algorithm 128-EIA2
- 0 1 1: EPS Integrity Algorithm EIA3
- 1 0 0: EPS Integrity Algorithm EIA4
- 1 0 1: EPS Integrity Algorithm EIA5
- 1 1 0: EPS Integrity Algorithm EIA6
- 1 1 1: EPS Integrity Algorithm EIA7

加密算法类型：

- 0 0 0: EPS Encryption Algorithm EEA0 (Null Ciphering Algorithm)
- 0 0 1: EPS Encryption Algorithm 128-EEA1
- 0 1 0: EPS Encryption Algorithm 128-EEA2
- 0 1 1: EPS Encryption Algorithm EEA3
- 1 0 0: EPS Encryption Algorithm EEA4
- 1 0 1: EPS Encryption Algorithm EEA5
- 1 1 0: EPS Encryption Algorithm EEA6
- 1 1 1: EPS Encryption Algorithm EEA7

网络侧通常选择的是加密算法为不加密，而完整性保护算法为EIA2，如图4-40所示。

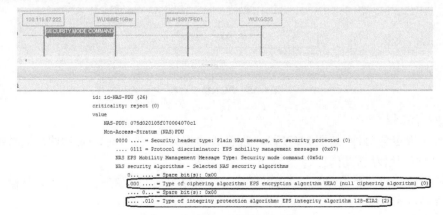

图4-40　加密模式命令消息示例

4.1.3 承载管理

1. E-RAB建立流程

如图4-41所示，E-RAB建立过程的目的在于为一个或若干个E-RAB的Uu和S1分配资源，以及为一个给定的UE建立相应的数据无线承载。

成功和失败都在E-RAB Setup Response中响应基站。

图4-41　E-RAB建立过程

（1）E-RAB Setup Request主要关注的信元是E-RAB建立列表，至少为每一个用户建立一个E-RAB。其中，包含4个必选子信元和一个可选子信元，如图4-42所示。

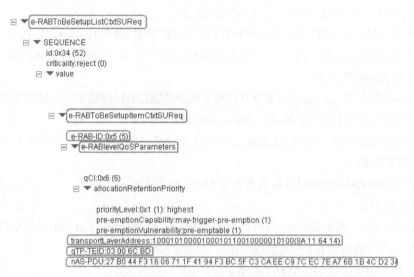

图4-42　E-RAB Setup Request消息

必选子信元：

① E-RAB ID：该信元唯一标识特定UE的无线接入承载，在每个S1连接上E-RAB ID唯一；

② E-RAB Level QoS Parameters：定义了应用于一个E-RAB的QoS，包含QCI和Allocation and Retention Priority两个子信元；

③ Transport Layer Address：定义了一个IP地址，用于传输层解析；

④ GTP-TEID：定义了GTP隧道端点标识，用于eNB和服务网关之间的用户面传输。

可选子信元：

⑤ NAS-PDU：在建立默认承载时携带的是Activate Default EPS Bearer Context Request消息或在建立专用承载时候携带的是Activate Dedicated EPS Bearer Context Request消息，因为在E-RAB建立时同时需要UE激活E-RAB，否则建好了也不能使用。

Activate Dedicated EPS Bearer Context Request消息如图4-43所示。

专用承载建立的时候会指明这个专用承载关联的默认承载ID。

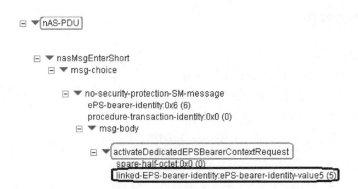

图4-43　Activate Dedicated EPS Bearer Context Request消息

（2）E-RAB Setup Response主要关注的信元：
- 如果建立成功，其E-RAB列表应该包含在E-RAB Setup List IE中。
- 如果建立失败，其E-RAB列表应该包含在E-RAB Failed to Setup List IE中。

2．E-RAB修改流程

如图4-44所示，E-RAB修改过程旨在使对于给定的UE，其已经建立E-RAB的修改有效。成功和失败都在E-RAB Modify Response中响应MME。

E-RAB修改的流程和建立的流程关注的信元含义一样，只是信元的名称有变化。

（1）请求消息

请求修改的E-RAB的列表包含在E-RAB to be Modified List中。

（2）响应消息

如果修改成功，那么其E-RAB的列表包含在E-RAB Modify List IE中；如果修改失败，那么E-RAB的列表包含在E-RAB Failed to Modify List IE中。

3．E-RAB释放流程（MME主动）

如图4-45所示，E-RAB释放过程旨在对于给定UE，释放其已经建立的E-RAB。

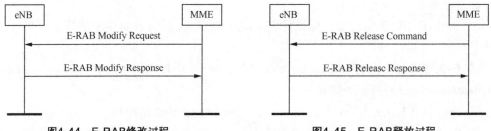

图4-44　E-RAB修改过程　　　　　图4-45　E-RAB释放过程

eNB释放E-RAB成功与失败均在E-RAB Release Response消息中反馈。

E-RAB释放的流程和建立的流程关注的信元含义是一样的，只是信元的名称有变化。

（1）请求消息

请求释放的E-RAB的列表包含在E-RAB to be Released List中。

（2）响应消息

如果释放成功，那么其E-RAB的列表包含在E-RAB Release List中；如果释放失败，那么其E-RAB的列表包含在E-RAB Failed to Release List中。

4. E-RAB释放流程（eNB主动）

如图4-46所示，不同于MME主动释放E-RAB流程，主要在于基站给MME主动发送了E-RAB Released Indication消息，包含了E-RAB Released List IE信元，随后MME告诉基站释放E-RAB Released List IE信元中的E-RAB。

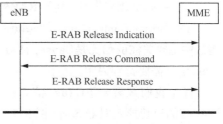

图4-46　eNB主动释放E-RAB过程

注：如果eNB想要移掉所有剩余的E-RAB，例如，对于用户处于不活动状态（User Inactivity）的情况，将使用UE上下文释放请求过程替代。

4.1.4　上下文管理

1. 初始上下文建立流程

初始上下文建立的目的在于建立全面必要的初始UE上下文，包含E-RAB上下文、安全密钥、切换限制列表、UE无线性能以及UE安全性能等。

如图4-47所示，上下文建立请求中的E-RAB to be Setup List至少有一个E-RAB建立成功的流程。

如图4-48所示，上下文建立请求中的E-RAB to be Setup List所有E-RAB都建立失败的流程。

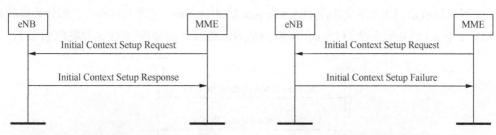

图4-47　成功的初始上下文建立过程　　　　图4-48　失败的初始上下文建立过程

（1）Initial Context Setup Request消息中主要关注的信元。

① E-RAB to be Setup List：同承载管理中承载建立请求中的E-RAB to be Setup List信元，区别在于NAS-PDU的子信元是可选的，因为初始上下文里的EPS承载一般在UE和MME上都是激活的。

② UE Security Capabilities：UE的安全能力。

③ Security Key：安全密钥。

④ UE Radio Capability：UE的无线能力。

⑤ CS Fallback Indicator：指示基站本次业务是CS域需要进行回滚。

⑥ SRVCC Operation Possible：指示基站UE和MME都支持SRVCC。

（2）Initial Context Setup Response消息中主要关注的信元和E-RAB Setup Response主要关注的信元一样。

- 如果建立成功，其E-RAB列表应该包含在E-RAB Setup List IE中。
- 如果建立失败，其E-RAB列表应该包含在E-RAB Failed to Setup List IE中。

（3）Initial Context Setup Failure消息中主要关注的信元是Cause，针对cause信元需要特别说明。

首先我们来看一下Cause信元：图4-49的S1切换定时器超时；图4-50的无线连接失败；图4-51的正常释放。

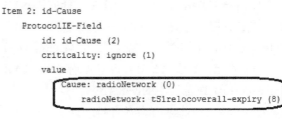

```
Item 2: id-Cause
    ProtocolIE-Field
        id: id-Cause (2)
        criticality: ignore (1)
        value
            Cause: radioNetwork (0)
                radioNetwork: tS1relocoverall-expiry (8)
```

图4-49　Cause示例一

```
Item 2: id-Cause
    ProtocolIE-Field
        id: id-Cause (2)
        criticality: ignore (1)
        value
            Cause: radioNetwork (0)
                radioNetwork: radio-connection-with-ue-lost (21)
```

图4-50　Cause示例二

```
Item 1: id-Cause
    ProtocolIE-Field
        id: id-Cause (2)
        criticality: ignore (1)
        value
            Cause: nas (2)
                nas: normal-release (0)
```

图4-51　Cause示例三

这个Cause包含两部分：一部分是协议层信息，另一部分是具体的原因。

协议层包含三种类型：无线网络、传输网络、NAS。

2. 上下文修改流程

如图4-52所示，UE上下文修改（UE Context Modification）过程的目的在于部分地修改建立的UE上下文[例如安全密钥（Security Key）或者无线接入类型/频率优先权签约模板]。

图4-52　UE上下文修改流程

3. 上下文建立释放流程（MME主动）

如图4-53所示，UE上下文释放（UE Context Release）过程的目的在于使得MME能够命令释放掉与UE相关的逻辑连接，这基于各种原因，例如，完成UE和EPC之间的传输，或者成功完成切换，或者完成取消切换，或者当UE已经发起建立新的与UE相关的逻辑S1连接之后，检测到与同一UE相关的逻辑S1连接有两种，那么就要释放掉旧的与UE相关的逻辑S1连接。

4. 上下文建立释放流程（基站主动）

如图4-54所示，UE上下文释放请求（UE Context Release Request）过程的目的在于由于E-UTRAN产生的原因（例如"TX2RELOCOverall超时"），eNB能够请求MME释放与UE

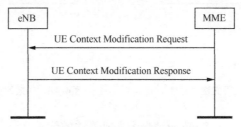

相关的逻辑S1连接。

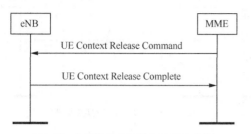

图4-53　MME主动释放UE上下文流程

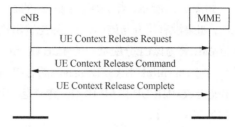

图4-54　基站主动释放UE上下文过程

4.1.5　NAS消息管理

关于NAS消息本身包含哪些信元已经在前面章节介绍过，在此主要介绍S1-MME接口的eNB UE S1AP ID IE和MME S1AP ID IE是怎么建立的。

Initial UE Message消息带上了基站为该用户分配的eNB UE S1AP ID，但没有携带MME S1AP ID这个信元，因为这个信元待MME为该用户分配。

1. 初始UE消息

如图4-55所示，当eNB已经从无线接口接收到RRC连接上传输的第一条UL NAS消息，并要向上传递给MME时，eNB将调用NAS传输过程，并且向MME传输初始UE消息，第一条UL NAS消息包含移动性管理中的附着请求、去附着请求、跟踪区更新请求、业务请求消息。

图4-55　初始UE消息

如图4-56所示的附着请求消息，包含5个信元，依次是eNB UE S1AP ID、NAS、TAI、eCGI、RRC建立原因。

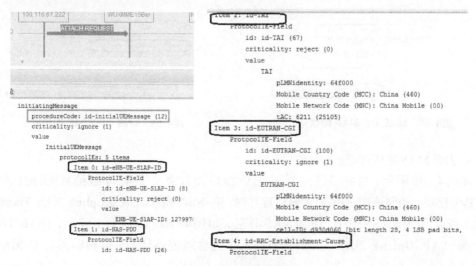

图4-56　附着请求消息

2. 下行NAS消息传送

如图4-57所示，当MME收到基站的初始UE消息时，如果没有建立与该UE相关的逻辑S1连接，那么该MME将为该UE分配唯一的MME UE S1AP ID，并包含于Downlink NAS Transport消息中，通过在eNB处接收MME UE S1AP ID IE，建立起与该UE相关的逻辑S1连接。

图4-57 下行NAS消息

比如在附着请求的业务过程中，MME给UE发的Authentication Request消息就是一条下行NAS消息，这条消息中携带了MME为UE分配唯一的MME UE S1AP ID，如图4-58所示。

这条消息还包含了基站为UE分配的eNB UE S1AP ID，如图4-59所示，eNB UE S1AP ID就是初始UE消息中基站为UE分配的ID，结合第4.1.5节中的初始UE消息即附着请求消息可以看到，eNB UE S1AP ID信元的值相同。

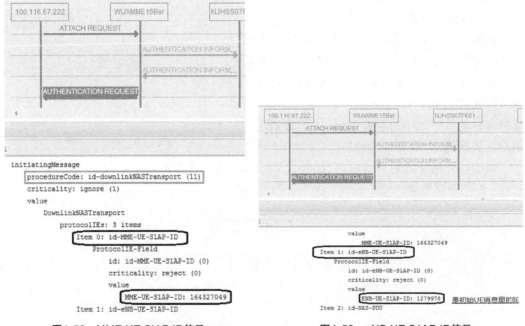

图4-58 MME UE S1AP ID信元   图4-59 eNB UE S1AP ID信元

3. 上行NAS消息传送

如图4-60所示，当eNB已经通过无线接口接收到一条要传递给MME的NAS消息，其中存在一条与该UE相关的逻辑S1连接时，该eNB将向MME发送Uplink NAS Transport消息，包含作为NAS-PDU IE的NAS消息，如图4-61和图4-62所示。该eNB将在每一条S1AP Uplink NAS Transport消息中包含当前小区的TAI和ECGI，如图4-63所示。

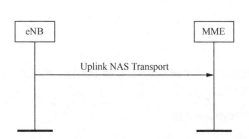

图4-60 上行NAS消息

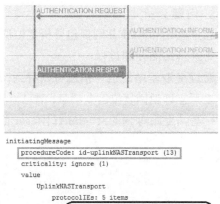

图4-61 上行NAS消息的信元示例一

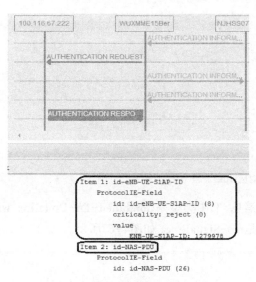

图4-62 上行NAS消息的信元示例二

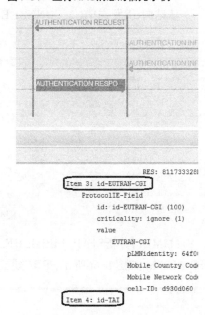

图4-63 上行NAS消息的信元示例三

4.1.6 应用实例一

为了更好地理解S1AP协议,通过下面的一个案例可以了解到S1AP ID的概念对于S1-MME接口问题的处理有着深远的意义,比如,如何关联一个VoLTE用户的空口信令、无线信号质量和核心侧信令,都是依赖于这对S1AP ID。

1. 问题现象

某日某地的4G基站出现很多S1复位告警信息。

2. 问题分析

通过基站和MME共同抓包分析定位原因，具体分析过程如下。

（1）基站侧处理过程

通过提取基站的信令信息可以看到，S1-MME口的Reset信令过程是MME收到初始UE消息之后立即返回复位信令消息，消息流程如下。

- 基站上跟踪到的S1-MME口Reset信令流程，如图4-64所示。

信令跟踪管理　查看结果-20140409_111348

消息序号	采集时间	时间差(秒)	标准接口消息类型	消息方向	S1接口标识	呼叫标识	PLMN	消息
92897	04/09/2014 15:20:26 (586)	+14808	S1AP_INITIAL_CONTEXT_SETUP...	发送到MME	0	1564118	46000	20 09 00 27 0
92898	04/09/2014 15:20:26 (526)	+14808	S1AP_HANDOVER_NOTIFY	发送到MME	0	538435029	46000	00 02 40 2A 0
92899	04/09/2014 15:20:26 (601)	+14808	S1AP_UL_NAS_TRANS	发送到MME	0	538435029	46000	00 0D 40 5D 0
92900	04/09/2014 15:20:26 (628)	+14808	S1AP_PAGING	接收自MME	0	N/A	N/A	00 0A 40 27 0
92901	04/09/2014 15:20:26 (618)	+14808	S1AP_DL_NAS_TRANS	接收自MME	0	538435029	46000	00 0B 40 33 0
92902	04/09/2014 15:20:26 (657)	+14808	S1AP_INITIAL_UE_MSG	发送到MME	0	1564119	46000	00 0C 40 53 0
92903	04/09/2014 15:20:26 (918)	+14808	S1AP_RESET	接收自MME	0	N/A	N/A	00 0E 00 16 0
92904	04/09/2014 15:20:26 (919)	+14808	S1AP_RESET_ACK	发送到MME	0	N/A	N/A	20 0E 00 10 0

图4-64　S1-MME口的Reset流程

- 基站上跟踪到Reset事件对应的Uu口信令；RRC信令请求及建立正常；S1复位后，基站向UE发送RRC_CONN_REL消息，如图4-65所示。

信令跟踪管理　查看结果-20140409_111348　查看结果-20140409_111405

消息序号	采集时间	标准接口消息类型	消息方向	小区标识	CPU标识	呼叫标识	PLMN	消息内容
262859	04/09/2014 15:20:26 (846)	RRC_CONN_REQ	接受自UE	4	1541	1564119	N/A	04 54 C8 84 5E 83 16
262860	04/09/2014 15:20:26 (848)	RRC_CONN_SETUP	发送到UE	4	1541	1564119	N/A	03 68 12 98 08 FD CE 01 83 B0 BA 08 6E 8B FF 52 57 30 C2 98 D9 80 10 38 6
262861	04/09/2014 15:20:26 (866)	RRC_CONN_SETUP_CMP	接受自UE	4	1541	1564119	N/A	02 22 20 D1 1E C8 38 07 48 72 0B F6 64 F0 00 D1 1E C6 F9 00 25 03 80 19 E
262862	04/09/2014 15:20:26 (999)	RRC_CONN_RECFG	发送到UE	4	1540	1564118	46000	01 26 02 05 16 CC 4F 26 A1 80 46 CE 01 01 75 08
262863	04/09/2014 15:20:27 (37)	RRC_CONN_RECFG_CMP	接受自UE	4	1540	1564118	46000	02 16 00
262864	04/09/2014 15:20:27 (97)	RRC_MEAS_RPRT	接受自UE	4	1540	1564118	46000	02 08 01 9C 54
262865	04/09/2014 15:20:27 (99)	RRC_CONN_RECFG	发送到UE	4	1540	1564118	46000	01 20 10 15 40 82 10 4A E7 52 F1 04 13 04 D4 BC 61 04 CA 95 2F 01 01 40 2
262866	04/09/2014 15:20:27 (130)	RRC_CONN_RECFG	发送到UE	4	1539	538435029	46000	01 20 02 05 16 CC 4E 7C A1 80 46 CE 00 81 25 08
262867	04/09/2014 15:20:27 (142)	RRC_CONN_RECFG_CMP	接受自UE	4	1540	1564118	46000	02 10 00
262868	04/09/2014 15:20:27 (154)	RRC_CONN_RECFG_CMP	接受自UE	4	1539	538435029	46000	02 10 00
262869	04/09/2014 15:20:27 (299)	RRC_PAGING	发送到UE	3	1038	N/A	N/A	05 40 01 6C 0C 5F 7B 60
262870	04/09/2014 15:20:27 (299)	RRC_PAGING	发送到UE	4	1038	N/A	N/A	05 40 01 6F 0A 16 1E 70
262871	04/09/2014 15:20:27 (335)	RRC_CONN_REL	发送到UE	4	1540	1564113	46000	01 28 02
262872	04/09/2014 15:20:27 (390)	RRC_CONN_REL	发送到UE	4	1541	1564119	46000	01 28 02
262873	04/09/2014 15:20:27 (567)	RRC_MEAS_RPRT	接受自UE	4	1540	1564112	46000	02 08 01 A8 68
262874	04/09/2014 15:20:27 (569)	RRC_CONN_RECFG	发送到UE	4	1540	1564112	46000	01 20 10 15 40 82 10 4C A9 52 F1 04 12 B9 D4 BC 61 04 C1 35 2F 01 01 40 2

图4-65　对应Uu口流程

S1-MME口分析S1AP-Initial_UE_MSG消息；TAU类型是Combined-TA-Updating with IMSI-Attach，如图4-66所示，RRC建立原因是mo-Signalling，如图4-67所示。

```
S1ap-Msg
  initiatingMessage
    procedureCode: ---- 0xc(12) ---- ***00000,00001100
    criticality: ---- ignore(1) ---- 01******
    value
      initialUEMessage
        protocolIEs
          SEQUENCE
            id: ---- 0x8(8) ---- 00000000,00001000
            criticality: ---- reject(0) ---- 00******
            value
              eNB-UE-S1AP-ID: ---- 0x552f5d(5582685) ---- 10000000,01010101,00101111,01011101
          SEQUENCE
            id: ---- 0x1a(26) ---- 00000000,00011010
            criticality: ---- reject(0) ---- 00******
            value
              nAS-PDU
```

图4-66　TAU类型

```
⊟-NAS-MESSAGE
  ⊟-no-security-protection-MM-message
    ⊟-msg-body
      ⊟-trackingAreaUpdateRequest
        ⊟-nAS-key-set-identifierASME
          ├-tsc:---- native-security-context(0) ---- 0*******
          └-nAS-key-set-identifier:---- no-key(7) ---- *111****
        ⊟-ePS-update-type
          ├-active-flag:---- no-bearer-establishment-requested(0) ---- ****0***
          └-ePS-update-type-Value:---- combined-TA-updating-with-IMSI-attach(2) ---- *****010
        ⊟-old-GUTI
          ├-type-of-identity:---- guti(6) ---- *****110
          ├-odd-or-even-indic:---- even-number-and-also-when-the-EPS-Mobile-Identity-is-used(0) ---- ****0***
          ├-spare:---- 0xf(15) ---- 1111****
          └-guti-body
            ├-mcc-mnc:---- 0x64f000(6615040) ---- 01100100,11110000,00000000
            ├-mME-Group-ID:---- 0xd11e(53534) ---- 11010001,00011110
            ├-mME-Code:---- 0xc6(198) ---- 11000110
            └-mTMSI:---- 0xf9002503(4177536259) ---- 11111001,00000000,00100101,00000011
```

图4-66 TAU类型（续）

```
                    └-mTMSI:---- 0xf9002503(4177536259) ---- 11111001,00000000,00100101,00000011
⊟-SEQUENCE
  ├-id:---- 0x43(67) ---- 00000000,01000011
  ├-criticality:---- reject(0) ---- 00******
  └-value
    ⊟-tAI
      ├-pLMNidentity:---- 0x64F000 ---- 01100100,11110000,00000000
      └-tAC:---- 0x5143 ---- 01010001,01000011
⊟-SEQUENCE
  ├-id:---- 0x64(100) ---- 00000000,01100100
  ├-criticality:---- ignore(1) ---- 01******
  └-value
    ⊟-eUTRAN-CGI
      ├-pLMNidentity:---- 0x64F000 ---- 01100100,11110000,00000000
      └-cell-ID:---- '0101001000110010010000000100'B ---- 01010010,00110010,01000000,0100****
⊟-SEQUENCE
  ├-id:---- 0x86(134) ---- 00000000,10000110
  ├-criticality:---- ignore(1) ---- 01******
  └-value
    └-rRC-Establishment-Cause:---- mo-Signalling(3) ---- 0011****
```

图4-67 RRC建立原因

从上面的消息过程可以看到复位事件的发生过程，如图4-68所示。

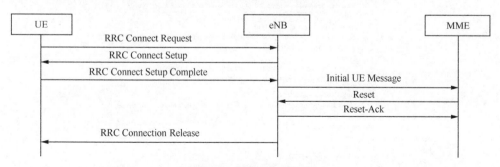

图4-68 完整的复位流程

通过基站的S1-MME和Uu两个接口消息跟踪，可以确认Reset事件是MME认为UE的初始化请求消息异常，至于原因是什么，尚需MME进一步确认。

（2）MME侧处理过程

MME发给eNB的S1AP-Reset消息，复位原因是"未指定"，如图4-69所示，S1AP-Reset消息中的eNB-UE-S1AP-ID=5217145。

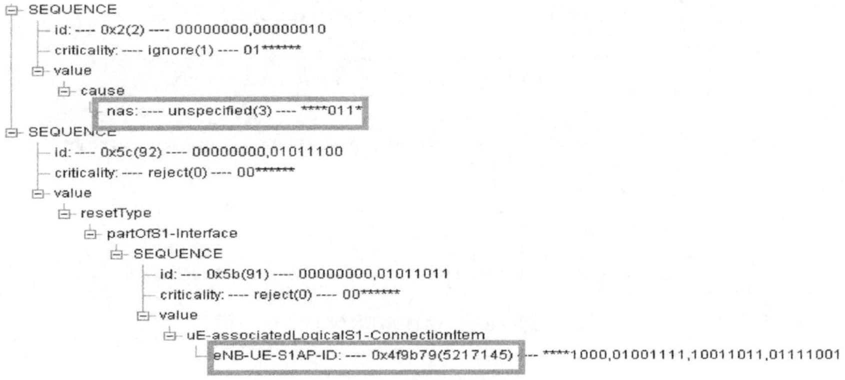

图4-69 Reset消息的关键信元

那MME给eNB发送的Reset消息是针对eNB给MME发送的哪条消息的响应呢？我们可以根据Reset消息中的eNB-UE-S1AP-ID字段找到其对应的S1AP-Initial-UE-Message消息。图4-70所示为eNB发给MME的S1AP-Initial-UE-Message消息，其中的NAS消息是TAU流程。

图4-70 初始UE消息的关键信元

由上面消息可以看到用户的业务场景是在从3G网络位置区46000D11E路由区0重选到4G网络跟踪区460005143出现了S1接口复位问题。

S1接口复位消息产生的场景。

分析MME上该用户的日志信息,发现S1ap Reset过程如下。

① UE离开4G网络后,SGSN并没有通知到用户原来所在的MME该UE已经离开了4G网络,MME上还有该UE的上下文、承载等信息。

② UE在4G网络的承载没有删除,所以PGW还能接收到业务服务器的下行数据分组,并发往SGW,SGW发现没有该UE的S1-U口承载则通知MME,MME发现用户处于空闲态则寻呼该UE。

③ 在MME寻呼UE的过程中UE发起了TAU,MME收到UE的TAU后,根据TAU中携带的2G/3G网络相关信息向SGSN发送查询消息(SGSN Context Request),SGSN返回的SGSN Context Response消息中携带了UE的IMSI信息。

④ MME发现这个IMSI的UE已经在4G网络下。

⑤ 因为寻呼还在进行中,且寻呼器还没有超时,所以MME忽略了该用户的TAU,同时发S1-Reset消息到基站eNB,以告诉基站这个TAU消息在MME上处理异常,从而基站释放了该UE的空口RRC连接。

3. 问题原因

S1接口复位消息产生的原因分析。

① UE登记在4G网络上,在移动过程中从4G信号强的地方到了4G信号弱的地方,从而重选到了2G/3G的网络。

② UE从4G网络向2G/3G网络移动发生RAU。

③ SGSN通过DNS解析到该用户原先所处的MME的地址,发SGSN Context Request消息给该MME,但实际用户所处的W**MME13并没有接收到SGSN的SGSN Context Request,所以MME不会转换MM Context及EPS Bearer,当PGW受到业务服务器侧发给该UE的数据分组时转发给SGW,SGW仍会通知MME有下行数据下发。

④ MME收到Downlink Data通知。

⑤ MME会寻呼该UE。

⑥ 在MME寻呼用户的过程中UE正在从2G/3G网络返回4G网络。

过程①~⑥如图4-71所示。

⑦ UE从2G/3G网络返回4G网络,并向用户原来在4G网络附着的W**MME13发送TAU请求。

⑧ MME向SGSN发送SGSN Context Request消息。

⑨ SGSN向MME发送SGSN Context Response消息,MME根据响应消息发现IMSI在MME中已有并且调度过程在继续,MME侧认为EPC出现异常并通过重置过程解决。

⑩ MME向UE发送S1AP Reset消息。

过程⑦~⑩如图4-72所示。

从上面的过程可以看到关键的一个问题,就是当用户从4G网络移动到2G/3G网络的RAU过程中,UE原先所处的MME为什么没有收到SGSN的SGSN Context Request消息?

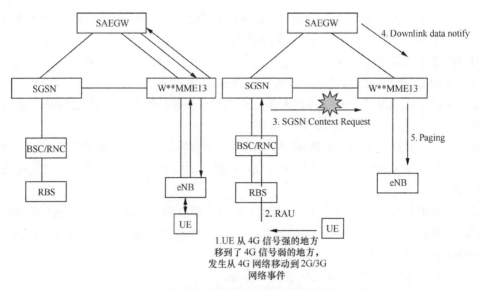

图4-71　UE从4G网络移动到2G/3G网络的业务过程

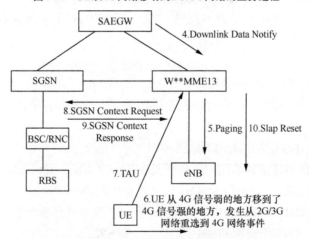

图4-72　UE从2G/3G网络返回4G网络的业务过程

下面就针对这个问题进行详细的分析。

SGSN对所有MME的Gn解析进行了检查,结果如表4-4所示。

表4-4　SGSN上解析到的MME Gn地址信息

网元	MMEGI	MMEC	SGSN上解析到的MME Gn地址	MME实际的Gn IP地址
W**MME01	33419	28	221.***.***.130	221.***.***.130
W**MME13	33419	22	221.***.***.3/221.177.***.130	221.***.***.3
W**MME14	33419	24	221.***.***.11	221.***.***.11
S**MME24	33421	58	221.***.***.4	221.***.***.4
S**MME25	33421	60	221.***.***.12	221.***.***.12

从表4-4可以看到,SGSN解析W**MME13得到221.***.***.3和221.***.***.130两个Gn

地址，而实际上W**MME13的Gn地址为221.***.***.3，221.***.***.130是W**MME01的Gn地址。

根据这个信息可以看到UE从W**MME13向其他SGSN发起RAU时，SGSN通过DNS解析得到两个Gn地址，而Gn地址的使用是轮询的，如果采用221.***.***.3，则W**MME13能接收到SGSN发来的SGSN Context Request，后续过程就能正常处理，不会发生本案例中所述的S1口复位事件。

如果SGSN采用221.***.***.130，则SGSN Context Request发送给W**MME01，而W**MME01没有该用户的任何信息，因此，路由区更新（RAU, Route Area Update）会失败，UE会重新附着到SGSN上，这样SGSN和W**MME13上就都有了该UE的信息，当UE重新发起TAU到W**MME13时就会发生S1接口复位的故障，因为W**MME13上已有该UE相关信息，MME认为此用户的业务出现异常需要复位来重置该UE的所有信息。

同样，对于UE Attach情况下的S1ap Reset事件是类似的。

S1接口复位消息问题产生的根本原因。

发生S1ap Reset的根源是SGSN解析的W**MME13的Gn地址多了指向W**MME01的Gn地址，出现这种情况可能是由于W**MME01是测试局，修改了MMEGI和MMEC后没有将DNS中原有的记录删除造成的。

4. 解决方案

修改DNS配置，删除W**MME13 Gn地址记录中多余的221.***.***.130，然后观察S1ap Reset情况，同时注意清除所有SGSN的缓存。

5. 问题延伸

UE由4G网络重选或重定向到3G网络后，SGSN上根据用户RAU中的LAC和RAC两个参数通过DNS获取两个Gn口地址（W**MME13和W**MME01），当SGSN随机选择到W**MME01的Gn口地址时（出现了图4-71中的第3步描述情况），W**MME13没有收到SGSN的SGSN Context Request请求，用户的业务承载还在LTE上，当PGW还在向SGW发下行数据分组时，MME就会尝试去寻呼用户，在寻呼的过程中，如果收到TAU就不会处理，同时会向eNB发S1 Reset消息。

注：4G到3G的RAU消息中的旧LAC和旧RAC是由W**MME13的MMEGI和MMEC形成的；3G到4G的TAU消息中的旧GUTI是由用户之前所在SGSN分配的P-TMSI和所处的LAC RAC形成的。

从上面的案例处理过程可以看到，当处理网络疑难问题时，需要对各个接口的信令流程很熟悉，用户在使用网络业务时都会经过哪些网元，经过各个网元的时候都是用哪些信令消息来表达自己的业务请求，对应网元又是用哪些信令消息来回应我们的业务请求。

4.1.7 应用实例二

1. 问题现象

在CSFB语音解决方案调测过程中，出现iPhone-5c用户在某些区域登不上4G网络，登在3G网络上。

2. 问题分析

问题复现的测试网络如图4-73所示。

在MME上跟踪用户消息，发现用户在4G网络上发起了附着请求，且核心网侧给终端返回了EPS附着接受但联合位置更新失败，因而，可以看出来4G信号是没有问题的，终端也无问题，4G网络的数据配置疏漏导致用户联合位置更新失败，而iPhone-5c是语音优先的，当发现当前网络不能提供CS语音业务时，要按照协议规范重新搜索3G网络。

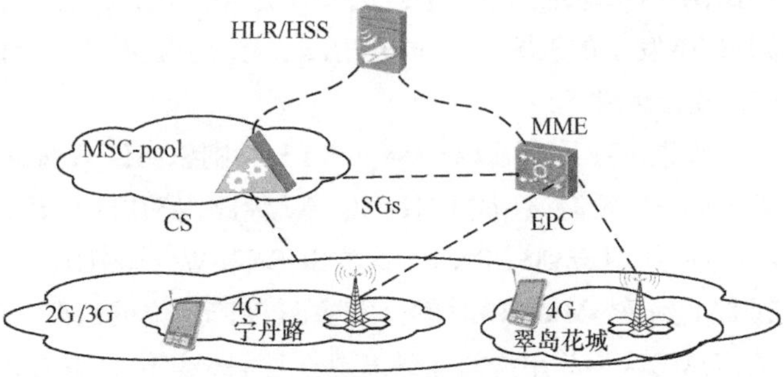

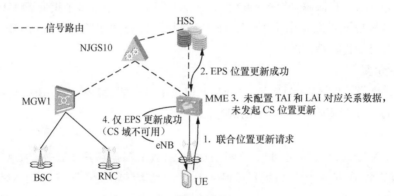

图4-73 测试网络

联合位置更新失败。

（1）流程如图4-74所示

图4-74 联合位置更新失败流程

（2）联合位置更新请求

我们从UE发起的TAU-Req消息可以看出是联合位置更新请求，如图4-75所示。

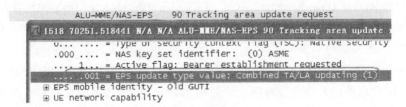

图4-75 TAU类型

（3）MME未发起CS域位置更新（联合位置更新失败）

MME返回的TAU-Accept中带了CS Domain Not Avaliable的EMM原因，如图4-76所示。

EMM原因是"CS Domain Not Available"，按照3GPP TS 24.301对这个原因值描述是：The UE shall not attempt combined attach or combined tracking area Update procedure with

114

current PLMN until switching off the UE or the UICC containing the USIM is removed。(UE 不再在当前PLMN网络尝试联合附着或联合跟踪更新，直到这个用户关机或拨出当前的 USIM卡)

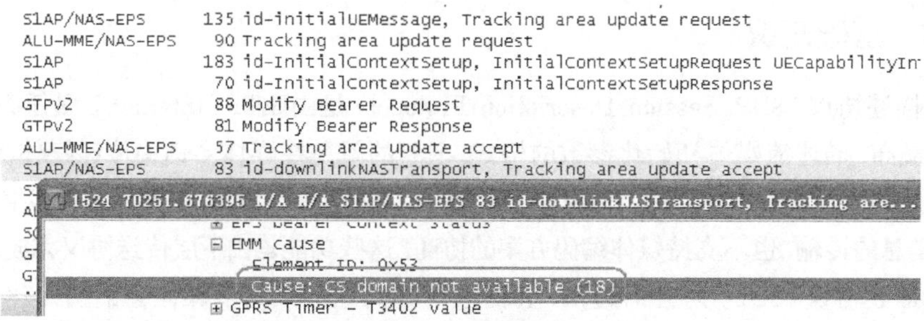

图4-76　EMM原因

因此，除了开机重启，终端将不再尝试登录LTE网络。测试的现象也是这样，iPhone 5C 从翠岛花城到宁丹路，依然无法登录LTE网络，重启后可以登录。

3. 问题原因

按照3GPP协议TS23.221的7.2a Domain selection for UE originating sessions/calls章节描述：如果用户设置为"语音业务优先"，需确保语音业务是可实现的。CSFB和IMS/CS语音业务的用户设置为"语音业务优先"，如果不能在E-UTRAN网络实现语音业务，需要使能E-UTRAN，并重选到GERAN或UTRAN网络（比如，CSFB和IMS语音业务均不支持，或者配置了任何语音业务均不能使用）。用户设置为"语音业务优先"，当联合位置更新CS域位置失败时，就需要返回2G/3G网络以保证语音功能优先。

"语音优先"设置可从用户的附着请求消息中看到，如图4-77所示。

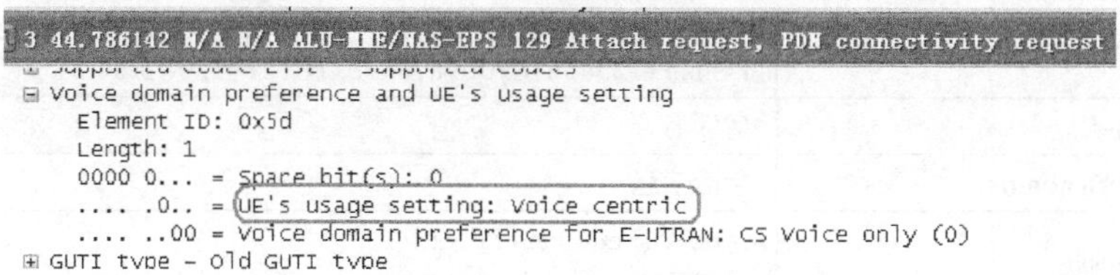

图4-77　语音功能标示

4. 解决方案

在MME上增加该区域的TAI与LAI的对应关系表，用户联合位置更新成功。

5. 问题延伸

从此问题的分析过程可以看出，CSFB终端在4G网络附着时会带着联合位置更新标识并传给网络侧，网络侧首先进行PS域网络的位置更新，再进行CS域网络的位置更新，如果CS域网络位置更新失败，则会在TAU-Accept消息中将CS域位置更新失败原因带给用户，用户会根据不同的失败原因做相应的动作，本次案例的失败导致用户禁止使用4G网络而重选2G/3G网络进行附着。

4.2 SDP协议

4.2.1 基础知识

会话描述协议（SDP, Session Description Protocol）是由IETF（Internet工程任务组）作为RFC4566颁布，描述流媒体初始化参数的格式。其目的就是在媒体会话中传递媒体流信息，允许会话描述的接收者去参与会话。该协议定义了会话描述的统一格式，但并不定义多播地址的分配和SDP消息的传输，也不支持媒体编码方案的协商，这些功能均由下层传送协议完成。

会话描述协议（SDP）为会话通知、会话邀请和其他形式的多媒体会话初始化等提供了多媒体会话描述。

SDP文本信息包括：
- 会话名称和意图；
- 会话持续时间；
- 构成会话的媒体；
- 有关接收媒体的信息（地址等）。

SDP协议字段

SDP信息是文本信息，采用UTF-8编码中的ISO 10646字符集。SDP会话描述如表4-5所示（标注*符号的表示可选字段）。

表4-5　SDP会话描述

会话描述	格式及举例
v=(protocolversion)	v=0
o=(owner/creatorandsessionidentifier)	o=<用户名><会话id><版本><网络类型><地址类型><地址> o=sname12345678900987654321IN IP4126.15.64.3
s=(sessionname)	会话名
i=*(sessioninformation)	会话信息
e=*(emailaddress)	e=zte@isi.edu(generaltext) 或e=Mr.Wang<wang@zte.com>
p=*(phonenumber)	p=+86-0755-26773000-7110(wang) orp=+16172536011
c=*(connectioninformation-如已经包含在所有媒体中，则该行不需要)	c=<网络类型><地址信息><多点会议包括TTL连接地址:<basemulticast SIP的address>/<ttl>/<numberofaddresses> c=INIP4224.2.13.23/127 c=INIP4224.2.1.1/127/3
b=*(bandwidthinformation)	b=<修改量（CTConferenceTotal IASApplication-specificMax）>:<带宽值（kb/s）> b=CT:120
一个或更多时间描述	
z=*(timezoneadjustments)	时区调整

续表

会话描述	格式及举例
k=*(encryptionkey)	k=<方法>:<密钥>或k=<方法>
a=*(zeroormoresessionattributelines)	a=<属性>或a=<属性>:<值>
时间描述	
t=(timethesessionisactive)	<开始时间><结束时间>,单位秒,十进制NTP t=28733974682873404969
r=*(zeroormorerepeattimes)	<重复时间><活动持续时间以开始时刻为参考的偏移列表>单位秒 r=604800366690000或写成r=7d1h025h
媒体描述	
m=(medianameandtransportaddress)	m=<媒体><端口><传送><格式列表> m=audio49170RTP/AVP03 协议为RTP,剖面为AVP,参考rtp-parameters.txt
i=*(mediatitle)	媒体称呼
c=*(connectioninformation)	如已经包含在会话级描述则为可选
b=*(bandwidthinformation	同c
k=*(encryptionkey)	会话级为默认值,同c
a=*(zeroormoremediaattributelines)	两种形式:(也同c)(见后说明)a=<attribute>如: a=recvonly a=<attribute>:<value>

说明:
(1) V、o、s、t、m为必需的,其他项为可选;
(2) 如果SDP语法分析器不能识别某一类型(Type),则整个描述丢失;
(3) 如果"a="的某属性值不理解,则予以丢失;
(4) 整个协议区分大小写;
(5) "="两侧不允许有空格;
(6) 会话级的描述就是媒体级描述的默认值;
(7) 所有格式均为<type>=<value>。

4.2.2 SIP电话中的应用

SDP用于构建Invite和200 OK响应消息的消息体,供主/被叫用户交换媒体信息。

1. 媒体流的配置

(1) 主/被叫的媒体描述必须完全与主/被叫的第m个媒体流("m=")对应,都包含"a=rtpmap",目的是易于适应静态净荷类型到动态净荷类型的转换。

(2) 如果被叫不想接收主叫提出的某个媒体流,则在响应中设置该媒体流的端口号为0,并且必须返回对应的媒体流行。

2. 单播SDP值的设定

(1) 若只发媒体流,端口号无意义,应设为0。

(2) 每个媒体流的净载荷类型列表应传送两个信息:能接收/发送的编译码和用以标识这些编译码的RTP净载荷类型号。

(3) 若某一媒体流,主/被叫没有公共的媒体格式,被叫仍然要求返回媒体流的"m="

行,端口号为0,同时,不列净载荷类型。

(4)如果所有媒体流均无公共的媒体格式,则被叫回送400响应(坏请求),并加入304警告头字段(无媒体类型)。

3. 多播操作

(1)接收和发送的多播地址是相同的。

(2)被叫不允许改变媒体流的只发、只收或收/发特性。

(3)如果被叫不支持多播,则回送400响应和330警告(多播不可用)。

4. 延时媒体流

由于主叫可能实际上是一个和其他协议(如H.323)互通的协议网关,与S要求呼叫建立后进行媒体协商,这样,主叫可以先发不带SDP的Invite,通过ACK或重新发一个Invite请求修改被叫的会话描述(SDP)。

5. 媒体流保持

如果要求对方进入保持状态,即暂时停止发送一个或多个媒体流,则可以用Re-Invite,会话描述与原来的请求或响应中的描述相同,只是"c="为"0.0.0.0",并且Re_Invite中的Cseq需要递增。

6. 对应于SIP中有三个实体字段

(1)Content-Type: 指明消息体类型,有两种:①Application/SDP表示是SDP会话描述;②Text/HTML表示是普通文本或HTML格式的描述。

(2)Content-Encoding: 补充说明消息体类型,使用户可以采用压缩编码编辑消息体。

(3)Content-Length: 给出消息体的字节数。

4.2.3 VoLTE实例

以下是典型VoLTE被叫用户振铃后主叫早释的呼叫流程。

主叫UE1: 178XXXXXXXX,被叫UE2: 760(家庭亲情号)且签约了视频彩铃业务,主叫用户登记在NJPSBC15BHW上。

呼叫过程:主叫拨号,被叫侧网络给主叫用户播放视频彩铃,主叫在收看视频彩铃过程中挂机、被叫未应答。

整体流程如图4-78所示。

1. 主叫拨号

```
Session Initiation Protocol
(Invite)
    Request-Line: Invite
tel:760;phone-context=ims.mnc007.
mcc460.3gppnetwork.org SIP/2.0
```

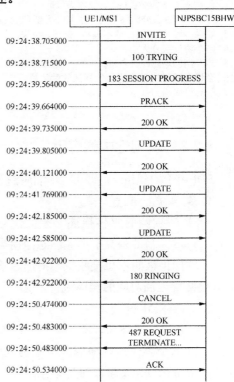

图4-78 一次完整的VoLTE业务流程

```
        Method: Invite
        Request-URI: tel:760;phone-context=ims.mnc007.mcc460.3gppnetwork.org
   Message Header
        From: <sip:+8617*****8860@js.ims.mnc000.mcc460.3gppnetwork.
org>;tag=aejcb9L
        To: "760"<tel:760;phone-context=ims.mnc007.mcc460.3gppnetwork. org>
        P-Preferred-Identity: <sip:+861785128xxxx@js.ims.mnc000.mcc460.
3gppnetwork.org>
        Contact: <sip:+8617*****8860@[****:****:****:****:*:*:****:****]:31825>;
+sip.instance="<urn:gsma:imei:86803403-737042-0>";+g.3gpp.icsi-ref=
"urn%3Aurn-7%3A3gpp-service.ims.icsi.mmtel";audio;video;+g.3gpp.mid-
call;+g.3gpp.srvcc-alerting;+g.3gpp.ps2cs-srvcc-orig-pre-alerting
        Accept-Contact: *;+g.3gpp.icsi-ref="urn%3Aurn-7%3A3gpp-service.
ims.icsi.mmtel"
        P-Access-Network-Info: 3GPP-E-UTRAN-TDD;utran-cell-id-3gpp=
4600051A1D546B03
        P-Preferred-Service: urn:urn-7:3gpp-service.ims.icsi.mmtel
        P-Early-Media: supported
        Supported: 100rel,histinfo,join,norefersub,precondition,replaces,
timer,sec-agree
        Allow: Invite,ACK,OPTIONS,BYE,CANCEL,UPDATE,INFO,PRACK,NOTIFY,MES
SAGE,REFER
        Accept: application/sdp,application/3gpp-ims+xml
        Session-Expires: 1800
        Min-SE: 90
        Route:***********************************************************
*********************************************************
        Require: sec-agree
        Proxy-Require: sec-agree
     Security-Verify: ipsec-3gpp;alg=hmac-sha-1-96;prot=esp;mod= trans;
ealg=null;spi-c=2545605770;spi-s=4136901965;port-c=9950; port-s=9900
        Call-ID: ddjcb9Lnj@[****:****:****:****:*:*:****:****]
        CSeq: 1 Invite
        Max-Forwards: 70
        User-Agent: IM-client/OMA1.0 HW-Rto/V1.0
        Via: SIP/2.0/UDP [****:****:****:****:*:*:****:****]:31825;branch=z9h
G4bKbfjcb9LnjGLnjOfdamVm;rport
        Content-Type: application/sdp//表示是SDP会话描述、主叫用户侧媒体信息
        Content-Length: 814//消息体长度为814Byte
   Message Body
      Session Description Protocol
        Session Description Protocol Version (v): 0//版本为0
        Owner/Creator, Session Id (o): rue 3308 3308 IN IP6 ****:****:
****:****:*:*:****:****   //会话源:用户名rue,会话标识3308,版本3308,网络类型
internet,地址类型Ipv6,地址主叫ip****:****:****:****:*:*:****:****
        Session Name (s): -
        Connection Information (c): IN IP6 ****:****:****:****:*:*:****:****
//连接数据:网络类型internet,地址类型Ipv6,连接地址****:****:****:****:*:*:****:***
        Bandwidth Information (b): AS:49//RTP流总带宽49Kbit/s
        Bandwidth Information (b): RR:1837//接收的RTCP流带宽1837bit/s
        Bandwidth Information (b): RS:612//发送的RTCP流带宽612bit/s
        Time Description, active time (t): 0 0//无开始和结束时间
        Media Description, name and address (m): audio 31016 RTP/AVP
```

107 106 105 104 101 102//媒体格式:媒体类型audio,端口号31016,传送层协议RTP/AVP,格式列表为 107 106 105 104 101 102
    Bandwidth Information (b): AS:49
    Bandwidth Information (b): RR:1837
    Bandwidth Information (b): RS:612
    Media Attribute (a): rtpmap:107 AMR-WB/16000/1
    Media Attribute (a): fmtp:107 mode-change-capability=2;max-red=0 //净荷类型107,编码名AMR-WB,抽样速度为16kHz
    Media Attribute (a): rtpmap:105 AMR/8000/1
    Media Attribute (a): fmtp:105 mode-change-capability=2;max- red=0

    Media Attribute (a): rtpmap:101 telephone-event/16000
    Media Attribute (a): fmtp:101 0-15

    Media Attribute (a): rtpmap:102 telephone-event/8000
    Media Attribute (a): fmtp:102 0-15

    Media Attribute (a): ptime:20//媒体打包的时长为20ms
    Media Attribute (a): maxptime:240//媒体打包的时长最大为240ms
    Media Attribute (a): sendrecv//收发模式为发送接收
    Media Attribute (a): curr:qos local none
    Media Attribute (a): curr:qos remote none
    //当前的状态是本地和远端均为没有资源
    Media Attribute (a): des:qos mandatory local sendrecv
    Media Attribute (a): des:qos optional remote sendrecv
    //请求的状态是本地一定为发送接收、远端的发送接收是可选的

2. 临时响应100 Trying消息

  Status-Line: SIP/2.0 100 Trying
    Message Header
    Via: SIP/2.0/UDP [****:****:****:****:****:****:****:****]:31825;branch=z9hG4bKbfjcb9LnjGLnjOfdamVm;rport=31409
    Call-ID: ddjcb9Lnj@[****:****:****:****:*:*:****:****]
    From: <sip:+8617*****8860@js.ims.mnc000.mcc460.3gppnetwork.org>;tag=aejcb9L
    To: "760"<tel:760;phone-context=ims.mnc007.mcc460.3gppnetwork. org>
    CSeq: 1 Invite
    Content-Length: 0

3. 针对Invite的响应183消息

  Status-Line: SIP/2.0 183 Session Progress
  Message Header
    Via: SIP/2.0/UDP [****:****:****:****:****:****:****:****]:31825;branch=z9hG4bKbfjcb9LnjGLnjOfdamVm;rport=31409
    Record-Route: <sip:[****:****:****:****:****:****:****:****]:9900;lr;Hpt=8f52_116;CxtId=3;TRC=ffffffff-ffffffff;X-HwB2bUaCookie=4635>
   Record-Route URI: sip:[****:****:****:****:****:****:****:****]:9900;lr;Hpt=8f52_116;CxtId=3;TRC=ffffffff-ffffffff;X-HwB2bUaCookie=4635
    Call-ID: ddjcb9Lnj@[****:****:****:****:*:*:****:****]
    From: <sip:+8617*****8860@js.ims.mnc000.mcc460.3gppnetwork.org>;tag=aejcb9L
    To: "760"<tel:760;phone-context=ims.mnc007.mcc460.3gppnetwork. org>;tag=03k1lz2w

                SIP to tag: 03k1lz2w
         CSeq: 1 Invite
         Allow: Invite,UPDATE,BYE,PRACK,INFO,OPTIONS,CANCEL,SUBSCRIBE,ACK,REFER,NOTIFY,REGISTER,PUBLISH,MESSAGE
         Contact: <sip:[2409:8095:0500:0000:0000:0000:0000:012F]:9900;Hpt=8f52_16;CxtId=3;TRC=ffffffff-ffffffff>;+g.3gpp.icsi-ref="urn%3Aurn-7%3A3gpp-service.ims.icsi.mmtel"
         Require: precondition,100rel
         RSeq: 1
         P-Early-Media: gated
         Feature-Caps: *;+g.3gpp.srvcc;+g.3gpp.mid-call;+g.3gpp.srvcc-alerting;+g.3gpp.ps2cs-srvcc-orig-pre-alerting
         Recv-Info: g.3gpp.state-and-event-info
         Content-Length: 522
         Content-Type: application/sdp//被叫侧的媒体信息
     Message Body
         Session Description Protocol
             Session Description Protocol Version (v): 0
             Owner/Creator, Session Id (o):-125499876 125499876 IN IP6 2409:8095:0500:0000:0000:0000:0000:0131
             Session Name (s): SBC call
             Connection Information (c): IN IP6 2409:8095:0500:0000:0000:0000:0000:0131
             Time Description, active time (t): 0 0
             Media Description, name and address (m): audio 25158 RTP/AVP 107 101
             Bandwidth Information (b): AS:49
             Bandwidth Information (b): RS:612
             Bandwidth Information (b): RR:1837
             Media Attribute (a): rtpmap:107 AMR-WB/16000
             Media Attribute (a): fmtp:107 mode-change-capability=2;max-red=0
             Media Attribute (a): ptime:20
             Media Attribute (a): maxptime:240
             Media Attribute (a): sendrecv
             Media Attribute (a): des:qos mandatory local sendrecv
             Media Attribute (a): curr:qos local none
             Media Attribute (a): des:qos mandatory remote sendrecv
             Media Attribute (a): curr:qos remote none
             Media Attribute (a): conf:qos remote sendrecv
             Media Attribute (a): rtpmap:101 telephone-event/16000
             Media Attribute (a): fmtp:101 0-15

4. 针对183的响应Prack消息

   Request-Line: PRACK sip:[2409:8095:500::12f]:9900;Hpt=8f52_16;CxtId=3;TRC=ffffffff-ffffffff SIP/2.0
     Message Header
         From: <sip:+8617*****8860@js.ims.mnc000.mcc460.3gppnetwork.org>;tag=aejcb9L
         To: "760"<tel:760;phone-context=ims.mnc007.mcc460.3gppnetwork.org>;tag=03k1lz2w
                SIP to tag: 03k1lz2w

```
            Route:************************************************
*******************************************
            Call-ID: ddjcb9Lnj@[****:****:****:****:*:*:****:****]
            CSeq: 2 PRACK
            Max-Forwards: 70
            User-Agent: IM-client/OMA1.0 HW-Rto/V1.0
            Supported: 100rel,histinfo,join,norefersub,precondition,repla
ces,timer
            P-Access-Network-Info: 3GPP-E-UTRAN-TDD;utran-cell-id-3gpp=
4600051A1D546B03
            Via: SIP/2.0/UDP [****:****:****:****:*:*:****:****]:31825;branch=z9h
G4bKcgjcb9LnjGLnjOfda0wo;rport
            RAck: 1 1 Invite
            Content-Length: 0
```

5. Prack的应答消息

```
    Status-Line: SIP/2.0 200 OK
    Message Header
            Via: SIP/2.0/UDP [****:****:****:****:****:****:****:****]:31825;branc
h=z9hG4bKcgjcb9LnjGLnjOfda0wo;rport=31409
            Call-ID: ddjcb9Lnj@[****:****:****:****:*:*:****:****]
            From: <sip:+8617*****8860@js.ims.mnc000.mcc460.3gppnetwork.
org>;tag=aejcb9L

            To: "760"<tel:760;phone-context=ims.mnc007.mcc460.3gppnetwork.
org>;tag=03k1lz2w
                SIP to tag: 03k1lz2w
            CSeq: 2 PRACK
            Content-Length: 0
```

6. 主叫用户的Update消息

```
    Request-Line: UPDATE sip:[2409:8095:500::12f]:9900;Hpt=8f52 _ 16;CxtId=3
;TRC=ffffffff-ffffffff SIP/2.0
            From: <sip:+8617*****8860@js.ims.mnc000.mcc460.3gppnetwork.
org>;tag=aejcb9L
            To: "760"<tel:760;phone-context=ims.mnc007.mcc460.3gppnetwork.
org>;tag=03k1lz2w
                SIP to tag: 03k1lz2w
            Contact: <sip:+8617*****8860@[****:****:****:****:*:*:****:****]:
31825>;+sip.instance="<urn:gsma:imei:86803403-737042-0>";+g.3gpp.icsi-
ref="urn%3Aurn-7%3A3gpp-service.ims.icsi.mmtel";audio;video;+g.3gpp.mid-
call;+g.3gpp.srvcc-alerting;+g.3gpp.ps2cs-srvcc-orig-pre-alerting
            P-Access-Network-Info: 3GPP-E-UTRAN-TDD;utran-cell-id-
3gpp=4600051A1D546B03
            Supported: 100rel,histinfo,join,norefersub,precondition,repla
ces,timer,sec-agree
            Require: precondition,sec-agree
            Allow: Invite,ACK,OPTIONS,BYE,CANCEL,UPDATE,INFO,PRACK,NOTIFY,
MESSAGE,REFER
            Proxy-Require: sec-agree
            Security-Verify: ipsec-3gpp;alg=hmac-sha-1-96;prot=esp;
mod=trans;ealg=null;spi-c=2545605770;spi-s=4136901965;port-
c=9950;port-s=9900
```

```
        Route:************************************************
******************************************************
            Call-ID: ddjcb9Lnj@[****:****:****:****:*:*:****:****]
            CSeq: 3 UPDATE
            Max-Forwards: 70
            User-Agent: IM-client/OMA1.0 HW-Rto/V1.0
            Via: SIP/2.0/UDP [****:****:****:****:*:*:****:****]:31825;branch=z9h
G4bKdhjcbDQ9IaQ9IwfdamUm;rport
                Transport: UDP
                Sent-by Address: ****:****:****:****:*:*:****:****
                Sent-by port: 31825
                Branch: z9hG4bKdhjcbDQ9IaQ9IwfdamUm
                RPort: rport
            Content-Type: application/sdp//更新主叫用户侧的媒体信息
            Content-Length: 503
        Message Body
            Session Description Protocol
                Session Description Protocol Version (v): 0
                Owner/Creator, Session Id (o): rue 3308 3309 IN IP6 2409:8805:
3024:2f13:1:1:54b5:17f5
                Bandwidth Information (b): AS:49
                Bandwidth Information (b): RR:1837
                Bandwidth Information (b): RS:612
                Time Description, active time (t): 0 0
                Media Description, name and address (m): audio 31016 RTP/
AVP 107 101
                Bandwidth Information (b): AS:49
                Bandwidth Information (b): RR:1837
                Bandwidth Information (b): RS:612
                Media Attribute (a): rtpmap:107 AMR-WB/16000/1
                Media Attribute (a): fmtp:107 mode-change-capability=2;max- red=0
                Media Attribute (a): rtpmap:101 telephone-event/16000
                Media Attribute (a): fmtp:101 0-15
                Media Attribute (a): ptime:20
                Media Attribute (a): maxptime:240
                Media Attribute (a): sendrecv
                Media Attribute (a): curr:qos local sendrecv
                Media Attribute (a): curr:qos remote none//远端目前状态未知
                Media Attribute (a): des:qos mandatory remote sendrecv//请
求远端状态为发送接收
```

7. Update的应答消息

```
    Status-Line: SIP/2.0 200 OK
        Status-Code: 200
        Resent Packet: False
    Message Header
        Via: SIP/2.0/UDP [****:****:****:****:****:****:****:****]:31825;branc
h=z9hG4bKdhjcbDQ9IaQ9IwfdamUm;rport=31409
            Transport: UDP
            Sent-by Address: ****:****:****:****:****:****:****:****
            Sent-by port: 31825
            Branch: z9hG4bKdhjcbDQ9IaQ9IwfdamUm
            RPort: 31409
```

```
            Call-ID: ddjcb9Lnj@[****:****:****:****:*:*:****:****]
            From: <sip:+8617*****8860@js.ims.mnc000.mcc460.3gppnetwork.
org>;tag=aejcb9L
                SIP from address: sip:+8617*****8860@js.ims.mnc000.mcc460.
3gppnetwork.org
                    SIP from address User Part: +8617*****8860
                    E.164 number (MSISDN): 8617*****8860
                        Country Code: China (People's Republic of) (86)
                    SIP from address Host Part: js.ims.mnc000.mcc460.
3gppnetwork.org
                SIP from tag: aejcb9L
            To: "760"<tel:760;phone-context=ims.mnc007.mcc460.3gppnetwork.
org>;tag=03k1lz2w
                SIP to tag: 03k1lz2w
            CSeq: 3 UPDATE
                Sequence Number: 3
                Method: UPDATE
            Contact: <sip:[****:****:****:****:****:****:****:****]:9900;Hpt=8f52
_16;CxtId=3;TRC=ffffffff-ffffffff>;+g.3gpp.icsi-ref="urn%3Aurn-7%3A3gpp-
service.ims.icsi.mmtel"
                Contact URI: sip:[2409:8095:0500:0000:0000:0000:0000:012F]:99
00;Hpt=8f52_16;CxtId=3;TRC=ffffffff-ffffffff
                    Contact URI Host Part: [2409:8095:0500:0000:0000:0000:00
00:012F]
                    Contact URI Host Port: 9900
                    Contact URI parameter: Hpt=8f52_16
                    Contact URI parameter: CxtId=3
                    Contact URI parameter: TRC=ffffffff-ffffffff
                Contact parameter: +g.3gpp.icsi-ref="urn%3Aurn-7%3A3gpp-
service.ims.icsi.mmtel"\r\n
            Require: precondition
            Supported: 100rel,replaces,precondition
            P-Early-Media: gated
            Content-Length: 530
            Content-Type: application/sdp//被叫侧更新的媒体信息
        Message Body
            Session Description Protocol
                Session Description Protocol Version (v): 0
                Owner/Creator, Session Id (o):-125499876 125499877 IN IP6 2409:
8095:0500:0000:0000:0000:0000:0131
                Session Name (s): SBC call
                Connection Information (c): IN IP6 2409:8095:0500:0000:0000
:0000:0000:0131
                Time Description, active time (t): 0 0
                Media Description, name and address (m): audio 25158 RTP/
AVP 107 101
                Bandwidth Information (b): AS:49
                Bandwidth Information (b): RS:612
                Bandwidth Information (b): RR:1837
                Media Attribute (a): rtpmap:107 AMR-WB/16000
                Media Attribute (a): fmtp:107 mode-change-capability=2;
max-red=0
                Media Attribute (a): ptime:20
```

            Media Attribute (a): maxptime:240
            Media Attribute (a): sendrecv
            Media Attribute (a): des:qos mandatory local sendrecv
            Media Attribute (a): curr:qos local sendrecv
            Media Attribute (a): des:qos mandatory remote sendrecv
            Media Attribute (a): curr:qos remote sendrecv
            Media Attribute (a): conf:qos remote sendrecv
            Media Attribute (a): rtpmap:101 telephone-event/16000
            Media Attribute (a): fmtp:101 0-15

8. 被叫侧的Update消息

    Request-Line: UPDATE sip:+8617*****8860@[****:****:****:****:****:****:****:****]:31825 SIP/2.0
    Message Header
        Via: SIP/2.0/UDP [****:****:****:****:****:****:****:****]:9900;branch=z9hG4bKefjhegs6fifgajsagkwg7eeid;Role=3;Hpt=8f52_36;TRC=ffffffff-ffffffff
        Call-ID: ddjcb9Lnj@[****:****:****:****:*:*:****:****]
        From: "760"<tel:760;phone-context=ims.mnc007.mcc460.3gppnetwork.org>;tag=03k1lz2w
            SIP from tag: 03k1lz2w
        To: <sip:+8617*****8860@js.ims.mnc000.mcc460.3gppnetwork.org>;tag=aejcb9L
        CSeq: 1 UPDATE
        Contact: <sip:[****:****:****:****:****:****:****:****]:9900;Dpt=edca-200;Hpt=8f52_16;CxtId=3;TRC=ffffffff-ffffffff>
        Max-Forwards: 63
        Supported: timer,precondition
        P-Early-Media: sendrecv,gated
        P-Asserted-Identity: <tel:760;phone-context=ims.mnc007.mcc460.3gppnetwork.org>
        Content-Length: 1355
        Content-Type: application/sdp//被叫侧更新的媒体信息
    Message Body
        Session Description Protocol
            Session Description Protocol Version (v): 0
            Owner/Creator, Session Id (o): - 125499876 125499878 IN IP6 2409:8095:0500:0000:0000:0000:0000:0131
            Session Name (s): SBC call
            Connection Information (c): IN IP6 2409:8095:0500:0000:0000:0000:0000:0131
            Time Description, active time (t): 0 0
                Session Start Time: 0
                Session Stop Time: 0
            Media Description, name and address (m): audio 25158 RTP/AVP 107 101 111 112 113 18 8 0 97
                Media Attribute (a): content:g.3gpp.cat//3GPP协议规定的彩铃业务属性
            Media Attribute (a): rtpmap:107 AMR-WB/16000
            Media Attribute (a): rtpmap:101 telephone-event/16000
            Media Attribute (a): ptime:20
            Media Attribute (a): fmtp:101 0-15
            Media Attribute (a): maxptime:240

```
                Media Attribute (a): fmtp:107 mode-change-capability=2;
max-red=0
                Media Attribute (a): curr:qos remote none
                Media Attribute (a): des:qos optional remote sendrecv
                Media Attribute (a): conf:qos remote sendrecv
                Media Attribute (a): curr:qos local sendrecv
                Media Attribute (a): des:qos optional local sendrecv
                Media Attribute (a): rtpmap:111 EVS/16000
                Media Attribute (a): fmtp:111 br=9.6-128;bw=swb;mode-
change-capability=2;cmr=0;dtx=0;ch-aw-recv=-1;max-red=0
                 Media Attribute (a): rtpmap:112 EVS/16000
                 Media Attribute (a): fmtp:112 br=5.9-128;bw=wb;mode-
change-capability=2;cmr=0;dtx=0;ch-aw-recv=-1;max-red=0
                Media Attribute (a): fmtp:113 mode-change-capability=2;
max-red=0
                Media Attribute (a): rtpmap:18 G729/8000
                Media Attribute (a): fmtp:18 annexb=no
                Media Attribute (a): rtpmap:8 PCMA/8000
                Media Attribute (a): rtpmap:0 PCMU/8000
                Media Attribute (a): rtpmap:97 telephone-event/8000
                Media Attribute (a): fmtp:97 0-15
                Media Description, name and address (m): video 52784 RTP/
AVP 114//被叫侧增加了视频媒体信息
                Media Attribute (a): content:g.3gpp.cat
                Media Attribute (a): rtpmap:114 H264/90000
                Media Attribute (a): fmtp:114 max-br=960;profile-level-
id=42C01E;packetization-mode=1;sprop-parameter-sets=Z0LAHtkAoD2hAAADAA
EAAAMAPA8WLkg=,aMuAjLI=
                Media Attribute (a): framerate:30
                Media Attribute (a): framesize:114 640-480
                Media Attribute (a): sendonly
                Media Attribute (a): curr:qos remote none
                Media Attribute (a): des:qos optional remote recv
                Media Attribute (a): conf:qos remote recv
                Media Attribute (a): curr:qos local send
                Media Attribute (a): des:qos optional local send
```

9. Update的响应200 OK消息

```
    Status-Line: SIP/2.0 200 OK
     Message Header
        From: "760"<tel:760;phone-context=ims.mnc007.mcc460.3gppnetwork.
org>;tag=03k1lz2w
             SIP from tag: 03k1lz2w
        To: <sip:+8617*****8860@js.ims.mnc000.mcc460.3gppnetwork.
org>;tag=aejcb9L
        Contact: <sip:+8617*****8860@[****:****:****:****:*:*:****:
****]:31825>;+g.3gpp.icsi-ref="urn%3Aurn-7%3A3gpp-service.ims.icsi.
mmtel";audio;video;+g.3gpp.mid-call;+g.3gpp.srvcc-alerting;+g.3gpp.
ps2cs-srvcc-orig-pre-alerting
        P-Access-Network-Info: 3GPP-E-UTRAN-TDD;utran-cell-id-
3gpp=4600051A1D546B03
        Supported: 100rel,histinfo,join,norefersub,precondition,repla
ces,timer
        Allow: Invite,ACK,OPTIONS,BYE,CANCEL,UPDATE,INFO,PRACK,NOTIFY,
```

MESSAGE,REFER
         Require: precondition
         Call-ID: ddjcb9Lnj@[****:****:****:****:*:*:****:****]
         CSeq: 1 UPDATE
             Sequence Number: 1
             Method: UPDATE
         User-Agent: IM-client/OMA1.0 HW-Rto/V1.0
         Via: SIP/2.0/UDP [****:****:***::***]:9900;branch=z9hG4bKefjhegs6fifgajsagkwg7eeid;Role=3;Hpt=8f52＿36;TRC=ffffffff-ffffffff
             Transport: UDP
             Sent-by Address: ****:****:***::***
             Sent-by port: 9900
             Branch: z9hG4bKefjhegs6fifgajsagkwg7eeid
             Role=3
             Hpt=8f52＿36
             TRC=ffffffff-ffffffff
         Content-Type: application/sdp
         Content-Length: 862
      Message Body
         Session Description Protocol
             Session Description Protocol Version (v): 0
             Owner/Creator, Session Id (o): rue 3308 3310 IN IP6 ****:****:****:****:*:*:****:****
             Session Name (s): -
             Connection Information (c): IN IP6 ****:****:****:****:*:*:****:****
             Bandwidth Information (b): AS:995//视频和音频媒体的总RTP带宽为995kbit/s
             Bandwidth Information (b): RR:7837//视频和音频媒体的总RTCP接收带宽为7837bit/s
             Bandwidth Information (b): RS:8612//视频和音频媒体的总RTCP发送带宽为8612bit/s
             Time Description, active time (t): 0 0
             Media Description, name and address (m): audio 31016 RTP/AVP 107 101
             Bandwidth Information (b): AS:49//音频媒体的RTP带宽为49kbit/s
             Bandwidth Information (b): RR:1837//音频媒体的RTCP接收带宽为1837bit/s
             Bandwidth Information (b): RS:612//音频媒体的RTCP发送带宽为612bit/s
             Media Attribute (a): rtpmap:107 AMR-WB/16000/1
             Media Attribute (a): fmtp:107 mode-change-capability=2;max-red=0
             Media Attribute (a): rtpmap:101 telephone-event/16000
             Media Attribute (a): fmtp:101 0-15
             Media Attribute (a): ptime:20
             Media Attribute (a): maxptime:240
             Media Attribute (a): sendrecv
             Media Attribute (a): curr:qos local none
             Media Attribute (a): curr:qos remote sendrecv
             Media Attribute (a): des:qos mandatory local sendrecv
             Media Attribute (a): des:qos optional remote sendrecv
             Media Description, name and address (m): video 37078 RTP/

　　　　AVP 114//主叫用户的视频媒体信息
　　　　　　　　　Bandwidth Information (b): AS:946//视频媒体的RTP带宽为946kbit/s
　　　　　　　　　Bandwidth Information (b): RR:6000//视频媒体的RTCP接收带宽为6000bit/s
　　　　　　　　　Bandwidth Information (b): RS:8000//视频媒体的RTCP发送带宽为8000bit/s
　　　　　　　　Media Attribute (a): rtpmap:114 H264/90000
　　　　　　　　Media Attribute (a): fmtp:114 profile-level-id=42C01E; packetization-mode=1; max-br=960; sprop-parameter-sets=Z0LAHtsCgPRA, aMqPIA==
　　　　　　　　Media Attribute (a): recvonly//模式修改为仅接收
　　　　　　Media Attribute (a): curr:qos local none//本地目前的状态是无资源
　　　　　　　　Media Attribute (a): curr:qos remote send
　　　　　　　　Media Attribute (a): des:qos mandatory local sendrecv//请求本地的状态是一定要发送接收
　　　　　　　　Media Attribute (a): des:qos optional remote send//请求远端的状态是可以发送
　　　　　　　　Media Attribute (a): des:qos mandatory remote recv//请求远端的状态是一定要为接收

10. 主叫用户的Update消息

　　　Request-Line: UPDATE sip:[****:****:****::***]:9900;Dpt=edca-200;Hpt=8f52_16;CxtId=3;TRC=ffffffff-ffffffff SIP/2.0
　　　Message Header
　　　　From: <sip:+8617*****8860@js.ims.mnc000.mcc460.3gppnetwork.org>;tag=aejcb9L
　　　　To: "760"<tel:760;phone-context=ims.mnc007.mcc460.3gppnetwork.org>;tag=03k1lz2w
　　　　SIP to tag: 03k1lz2w
　　　　Contact: <sip:+8617*****8860@[****:****:****:****:*:*:****:****]:31825>;+sip.instance="<urn:gsma:imei:86803403-737042-0>";+g.3gpp.icsi-ref="urn%3Aurn-7%3A3gpp-service.ims.icsi.mmtel";audio;video;+g.3gpp.mid-call;+g.3gpp.srvcc-alerting;+g.3gpp.ps2cs-srvcc-orig-pre-alerting
　　　　P-Access-Network-Info: 3GPP-E-UTRAN-TDD;utran-cell-id-3gpp=4600051A1D546B03
　　　　Supported: 100rel,histinfo,join,norefersub,precondition,replaces,timer,sec-agree
　　　　Allow: Invite,ACK,OPTIONS,BYE,CANCEL,UPDATE,INFO,PRACK,NOTIFY,MESSAGE,REFER
　　　　Require: sec-agree
　　　　Proxy-Require: sec-agree
　　　　Security-Verify: ipsec-3gpp;alg=hmac-sha-1-96;prot=esp;mod=trans;ealg=null;spi-c=2545605770;spi-s=4136901965;port-c=9950;port-s=9900
　　　　Route:***
　　　　Call-ID: ddjcb9Lnj@[****:****:****:****:*:*:****:****]
　　　　CSeq: 4 UPDATE
　　　　Max-Forwards: 70
　　　　User-Agent: IM-client/OMA1.0 HW-Rto/V1.0
　　　　Via: SIP/2.0/UDP [****:****:****:****:*:*:****:****]:31825;branch=z9hG4bKaijcbDQ9IaQ9IwfdaeMo;rport
　　　　Content-Type: application/sdp//主叫用户再次更新自己的媒体信息

```
            Content-Length: 870
        Message Body
            Session Description Protocol
                Session Description Protocol Version (v): 0
                Owner/Creator, Session Id (o): rue 3308 3311 IN IP6 2409:
8805:3024:2f13:1:1:54b5:17f5
                Session Name (s): -
                Connection Information (c): IN IP6 ****:****:****:****:*:*:****:
****
                Bandwidth Information (b): AS:995
                Bandwidth Information (b): RR:7837
                Bandwidth Information (b): RS:8612
                Time Description, active time (t): 0 0
                Media Description, name and address (m): audio 31016 RTP/
AVP 107 101
                Bandwidth Information (b): AS:49
                Bandwidth Information (b): RR:1837
                Bandwidth Information (b): RS:612
                Media Attribute (a): rtpmap:107 AMR-WB/16000/1
                Media Attribute (a): fmtp:107 mode-change-capability=2;
max-red=0
                Media Attribute (a): rtpmap:101 telephone-event/16000
                Media Attribute (a): fmtp:101 0-15
                Media Attribute (a): ptime:20
                Media Attribute (a): maxptime:240
                Media Attribute (a): sendrecv
                Media Attribute (a): curr:qos local sendrecv
                Media Attribute (a): curr:qos remote sendrecv
                Media Attribute (a): des:qos mandatory local sendrecv
                Media Attribute (a): des:qos optional remote sendrecv
                Media Description, name and address (m): video 37078 RTP/
AVP 114
                Bandwidth Information (b): AS:946
                Bandwidth Information (b): RR:6000
                Bandwidth Information (b): RS:8000
                Media Attribute (a): rtpmap:114 H264/90000
                Media Attribute (a): fmtp:114 profile-level-id=42C01E;
packetization-mode=1; max-br=960; sprop-parameter-sets=Z0LAHtsCgPRA,
aMqPIA==
                Media Attribute (a): recvonly
                Media Attribute (a): curr:qos local sendrecv//目前本地的状态
是发送接收
                Media Attribute (a): curr:qos remote send//目前远端的状态是发送
                Media Attribute (a): des:qos mandatory local sendrecv
                Media Attribute (a): des:qos optional remote send
                Media Attribute (a): des:qos mandatory remote recv
```

11. 被叫侧针对主叫Update的响应200 OK消息

```
Status-Line: SIP/2.0 200 OK
Message Header
        Via: SIP/2.0/UDP [****:****:****:****:****:****:****:****]:31825;
        Call-ID: ddjcb9Lnj@[****:****:****:****:*:*:****:****]
        From: <sip:+8617*****8860@js.ims.mnc000.mcc460.3gppnetwork.
```

```
org>;tag=aejcb9L
            To: "760"<tel:760;phone-context=ims.mnc007.mcc460.3gppnetwork.
org>;tag=03k1lz2w
            SIP to tag: 03k1lz2w
            CSeq: 4 UPDATE
            Contact: <sip:[****:****:****:****:****:****:****:****]:9900;Hpt=8f52
_16;CxtId=3;TRC=ffffffff-ffffffff>
            Supported: 100rel,replaces,precondition,histinfo
            P-Early-Media: sendrecv,gated
            Content-Length: 739
            Content-Type: application/sdp//被叫侧更新后的媒体信息
    Message Body
            Session Description Protocol
            Session Description Protocol Version (v): 0
            Owner/Creator, Session Id (o): - 125499876 125499879 IN IP6
2409:8095:0500:0000:0000:0000:0000:0131
            Session Name (s): SBC call
            Connection Information (c): IN IP6 ****:****:****:****:****:
****:****:****
            Time Description, active time (t): 0 0

            Media Description, name and address (m): audio 25158 RTP/
AVP 107 101
            Media Attribute (a): content:g.3gpp.cat
            Media Attribute (a): rtpmap:107 AMR-WB/16000
            Media Attribute (a): ptime:20
            Media Attribute (a): maxptime:240
            Media Attribute (a): fmtp:107 mode-change-capability=2;
max-red=0
            Media Attribute (a): curr:qos remote sendrecv//目前远端的状
态为发送接收
            Media Attribute (a): des:qos mandatory remote sendrecv//请
求远端的状态是一定为发送接收
            Media Attribute (a): curr:qos local sendrecv//目前本地的状态
为发送接收
            Media Attribute (a): des:qos optional local sendrecv//请求
的本地状态为发送接收可选
            Media Attribute (a): rtpmap:101 telephone-event/16000
            Media Attribute (a): fmtp:101 0-15
            Media Description, name and address (m): video 52784 RTP/
AVP 114
            Media Attribute (a): content:g.3gpp.cat
            Media Attribute (a): rtpmap:114 H264/90000
            Media Attribute (a): fmtp:114 max-br=960;profile-level-
id=42C01E;packetization-mode=1;sprop-parameter-sets=Z0LAHtkAoD2hAAADAA
EAAAMAPA8WLkg=,aMuAjLI=
            Media Attribute (a): framerate:30
            Media Attribute (a): framesize:114 640-480
            Media Attribute (a): sendonly
```

12. 被叫侧的振铃消息180 Ringing

```
    Status-Line: SIP/2.0 180 Ringing
    Message Header
```

         Via: SIP/2.0/UDP [****:****:****:****:****:****:****:****]:31825;branch=z9hG4bKbfjcb9LnjGLnjOfdamVm;rport=31409
         Record-Route: <sip:[****:****:****:****:****:****:****:****]:9900;lr;Hpt=8f52_116;CxtId=3;TRC=ffffffff-ffffffff;X-HwB2bUaCookie=4635>
           Record-Route URI: sip:[****:****:****:****:****:****:****:****]:9900;lr;Hpt=8f52_116;CxtId=3;TRC=ffffffff-ffffffff;X-HwB2bUaCookie= 4635
         Call-ID: ddjcb9Lnj@[****:****:****:****:*:*:****:****]
         From: <sip:+8617*****8860@js.ims.mnc000.mcc460.3gppnetwork.org>;tag=aejcb9L
         To: "760"<tel:760;phone-context=ims.mnc007.mcc460.3gppnetwork.org>;tag=03k1lz2w
          SIP to tag: 03k1lz2w
         CSeq: 1 Invite
         Allow: Invite,UPDATE,BYE,PRACK,INFO,OPTIONS,CANCEL,SUBSCRIBE,ACK,REFER,NOTIFY,REGISTER,PUBLISH,MESSAGE
         Contact: <sip:[****:****:****:****:****:****:****:****]:9900;Hpt=8f52_16;CxtId=3;TRC=ffffffff-ffffffff>
         P-Early-Media: sendrecv
         Feature-Caps: *;+g.3gpp.srvcc;+g.3gpp.mid-call;+g.3gpp.srvcc-alerting;+g.3gpp.ps2cs-srvcc-orig-pre-alerting
         Recv-Info: g.3gpp.state-and-event-info
         Content-Length: 0

13. 主叫用户收看视频彩铃8s后主动挂机

    Request-Line: CANCEL tel:760;phone-context=ims.mnc007.mcc460.3gppnetwork.org SIP/2.0
    Message Header
         From: <sip:+8617*****8860@js.ims.mnc000.mcc460.3gppnetwork.org>;tag=aejcb9L
         To: "760"<tel:760;phone-context=ims.mnc007.mcc460.3gppnetwork.org>
         Route:**
         Reason: SIP;cause=487;text="request terminated"
         Supported: 100rel,histinfo,join,norefersub,precondition,replaces,timer,sec-agree
         Security-Verify: ipsec-3gpp;alg=hmac-sha-1-96;prot=esp; mod=trans;ealg=null;spi-c=2545605770;spi-s=4136901965;port-c=9950;port-s=9900
         Call-ID: ddjcb9Lnj@[****:****:****:****:*:*:****:****]
         CSeq: 1 CANCEL
         Max-Forwards: 70
         User-Agent: IM-client/OMA1.0 HW-Rto/V1.0
         Via: SIP/2.0/UDP [****:****:****:****:*:*:****:****]:31825;branch= z9hG4bKbfjcb9LnjGLnjOfdamVm;rport
         Content-Length: 0

14. Cancel的响应200 OK消息

    Status-Line: SIP/2.0 200 OK
    Message Header
         Via: SIP/2.0/UDP [****:****:****:****:****:****:****:****]:31825;branch=z9hG4bKbfjcb9LnjGLnjOfdamVm;rport=31409
           Call-ID: ddjcb9Lnj@[2409:8805:3024:2f13:1:1:54b5:17f5]
         From: <sip:+8617*****8860@js.ims.mnc000.mcc460.3gppnetwork.org>;tag=aejcb9L

```
        To: "760"<tel:760;phone-context=ims.mnc007.mcc460.3gppnetwork.
org>;tag=c6ehgiha
                SIP to tag: c6ehgiha
        CSeq: 1 CANCEL
        Content-Length: 0
```

15. 网络侧终止了本次通话

```
    Status-Line: SIP/2.0 487 Request Terminated
    Message Header
        Via: SIP/2.0/UDP [****:****:****:****:****:****:****:****]:31825;branc
h=z9hG4bKbfjcb9LnjGLnjOfdamVm;rport=31409
        Call-ID: ddjcb9Lnj@[2409:8805:3024:2f13:1:1:54b5:17f5]
        From: <sip:+8617*****8860@js.ims.mnc000.mcc460.3gppnetwork.
org>;tag=aejcb9L
        To: "760"<tel:760;phone-context=ims.mnc007.mcc460.3gppnetwork.
org>;tag=03k1lz2w
                SIP to tag: 03k1lz2w
        CSeq: 1 Invite
        Warning: 399 [****:****:****:****:****:****:****:****] "SS250200F156L921
[00000] Cancel received on initial invite"
        Content-Length: 0
```

16. 主叫用户确认终止通话

```
    Request-Line: ACK tel:760;phone-context=ims.mnc007.mcc460.3gppnetwork.
org SIP/2.0
    Message Header
        To: "760"<tel:760;phone-context=ims.mnc007.mcc460.3gppnetwork.
org>;tag=03k1lz2w
                SIP to tag: 03k1lz2w
        From: <sip:+8617*****8860@js.ims.mnc000.mcc460.3gppnetwork.
org>;tag=aejcb9L
        CSeq: 1 ACK
        Call-ID: ddjcb9Lnj@[****:****:****:****:*:*:****:****]
        Route:***************************************************************
*************************************************
        Max-Forwards: 70
        Via: SIP/2.0/UDP [****:****:****:****:*:*:****:****]:31825;branch=z9h
G4bKbfjcb9LnjGLnjOfdamVm;rport
        Supported: 100rel,histinfo,join,norefersub,precondition,repla
ces,timer
        Content-Length: 0
```

4.2.4 现网案例

SDP协议对于我们掌握VoLTE语音质量问题的处理有着至关重要的作用，理论知识是实践的前提，同时实践又会进一步加深我们对理论的理解。下面就用一个语音质量问题的案例来帮助我们更好地了解SDP协议。

一用户通话过程中突然听不到对方的声音了，我们从他的信令流程可以看到，在被叫应答之后他给网络侧重新发起了一个Invite消息，流程如图4-79所示。

第二条Invite消息都带了什么信息？如图4-80所示，这个参数是本次主叫用户听不到声音的根本原因。

第 4 章 VoLTE核心网网络接口协议及特性

图4-79 一次业务两条Invite消息的流程

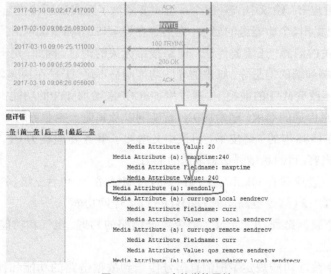

图4-80 SDP中的媒体属性

这条消息是告诉网络侧,现在将主叫侧的媒体修改为"只发送"模式,此时主叫用户的感知是听不到声音。

我们可能第一次遇到这样的信令,也许看不到这样一个细节。随着经验的积累和理论学习,我们在SDP中的各个参数中可以立即锁定能解决问题的参数。

4.3 SIP协议

4.3.1 基础知识

首先我们来对传统的7号信令的结构做个简单的概述,7号信令网结构见图4-81。

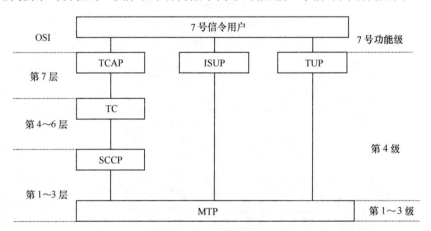

图4-81 传统7号信令网协议栈

在1980年"黄皮书"建议中,7号信令系统主要考虑了完成通话传送与接续控制有关的信息要求,所以只提出4个功能级的要求。但后来在发展ISDN和智能网时,不仅需要传送与电路之间接续有关的消息,还需要传送与电路接续无关的消息,例如,用于维护管理、面向ISDN用户之间的端到端的信息等。原来的MTP功能明显不足,于是在1984年的"红皮书"中增加SCCP,即在不改变MTP的前提下,通过增加SCCP来增加MTP的功能,满足面向连接和无连接端到端信息传递的要求。随着ISDN、智能网以及其他一些业务的发展,仅增加SCCP仍显不足,于是在1988年的"蓝皮书"协议中又增加了事务处理能力(TC)及其应用部分(TCAP)等一些内容,目的是增强信息传送的能力。

MTP协议层一般承载在64kbit/s或2Mbit/s的TDM链路上,包含三级,即MTP-1(信令数据链路功能)、MTP-2(信令链路功能)和MTP-3(信令网功能)。

MTP-1:信令数据链路功能定义了信令数据链路的物理、电气和功能特性,确定与数据链路的连接方法。

MTP-2:信令数据功能规定了把消息信号传送到数据链路的功能和程序,它包括信号单元分界、信号单元的定位、差错检测、差错校正、初始定位和处理机故障处理。

MTP-3：信令网功能规定了关于信令网操作及管理的功能和过程，定义了信令点之间传递消息的功能和程序。

TUP：电话用户部分（TUP）协议功能为基本通话过程中电路交换网络连接的建立、管理和释放提供了骨干通信功能，以便提供远程电信服务。

ISUP：综合业务数字网用户部分协议功能能完成电话用户部分（TUP）和数据用户部分（DUP）的功能，是在TUP功能上发展而来的。

详细的TUP协议规范请参考ITU-T Q.723，ISUP协议规范请参考ITU-T Q.763。

TUP、ISUP协议具体的内容在本次叙述中不再进行详细的描述，因为随着通信网络的IP化，电话业务新的上层应用协议（BICC协议）已经代替TUP/ISUP，下面针对BICC协议将进行简单介绍，TUP/ISUP是类似的。

BICC协议栈结构见图4-82。

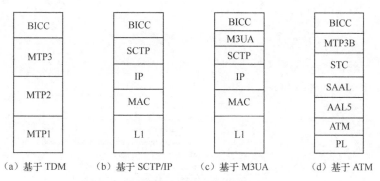

图4-82　BICC协议栈

可以看到，BICC协议依然可以承载在传统的TDM链路上，但实际网络中大多数是基于SCTP/IP上的。

以一次通话的完整BICC消息流程为例，让大家对BICC协议有个感官的认识，学习任何一个协议都需要较长时间的积累，你才能真正明白协议为什么要这么规定，才能明白协议是怎么样为实现业务而服务的。

下面是一次主叫用户听"被叫是空号"的呼叫全流程，如图4-83所示。

第一条信令是IAM消息，这个消息的作用是主叫用户方告知被叫用户方，本次业务是哪个主叫用户呼叫哪个被叫用户且标注为是语音业务还是视频业务，具体的结构见图4-84和图4-85。

第二、三、四条的APM信令是为了给主、被叫用户所在网络之间交互媒体面相关信息用的，比如第三条的APM信令消息

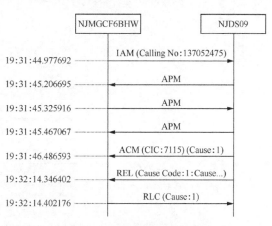

图4-83　"被叫为空号"的流程

中携带的主叫用户所在网络的媒体地址是10.40.***.**，端口号是58048，如图4-86所示。

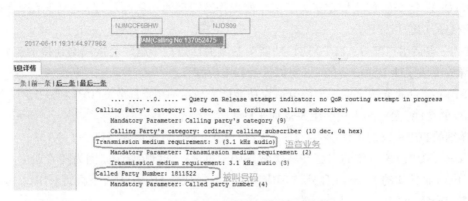

图4-84　语音业务属性和被叫号码信息

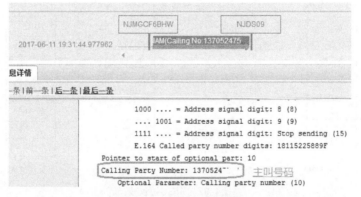

图4-85　主叫用户号码信息

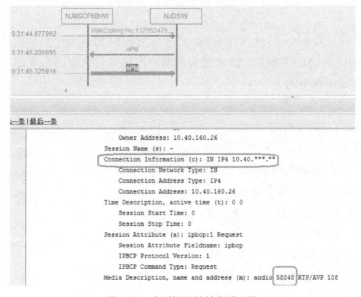

图4-86　主叫侧IP地址和端口号

第四条的APM信令中携带的被叫用户所在网络的媒体地址是10.40.***.*，端口号是39620，如图4-87所示。

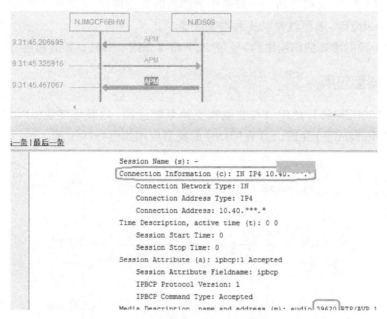

图4-87　被叫侧IP地址和端口号

第五条信令是被叫用户所在网络告知主叫用户，您拨打的被叫号码是未分配的（如图4-88所示），即主叫用户会听到"空号"的录音通知，空号音的录音通知是从媒体地址10.40.***.*+端口号39620传送给媒体地址10.40.***.**+端口号58048的，这样我们大致知道了当拨打一个号码是空号时，在信令里是怎么一个流程了。

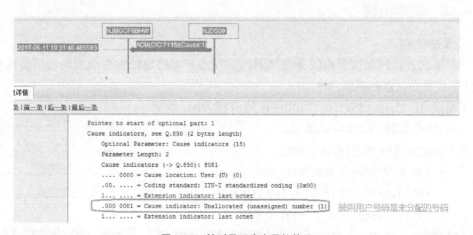

图4-88　被叫号码为空号的信元

随着互联网业务的发展，Internet标准和协议在风格上遵循其一贯坚持的简练、开放、兼容和可扩展等原则，SIP协议借鉴了Internet标准和协议的设计思想，充分注意到Internet

开放而复杂的网络环境下的安全问题，同时也充分考虑了对传统公共电话网的各种业务，包括IN业务和ISDN业务的支持，SIP协议是一个在IP网络上进行多媒体通信的应用层控制协议，它被用来创建、修改和终结一个或多个参加者的会话进程，这些会话包括Internet多媒体会议、Internet电话、远程教育以及远程医疗等。

SIP有别于我们传统通信网络的7号信令，下面将介绍本书最重要的角色——SIP。

4.3.2 典型应用

Soft X 3000通过SIP/SIP-T与其他软交换系统互通，以及与其他SIP域设备（如SIP Phone，SIP Softphone等）互通，SIP在NGN中的典型应用如图4-89所示。

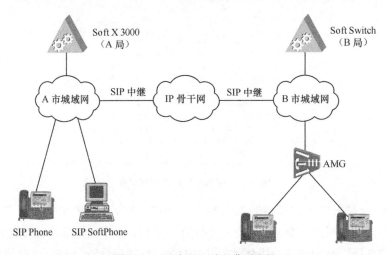

图4-89　SIP在NGN中的典型应用

4.3.3 基本流程

1. 注册流程

用户每次开机时都需要向服务器注册，当SIP客户端的地址发生改变时也需要重新注册。注册信息必须定期刷新。

下面以SIP Phone向Soft X 3000注册的流程为例，说明SIP用户的注册流程，如图4-90所示。

在下面的实例中，我们有以下约定：
- Soft X 3000的IP地址为191.169.150.30；
- SIP Phone的IP地址为191.169.150.251；
- SIP Phone向Soft X 3000请求登记。

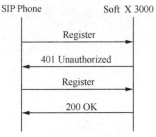

图4-90　SIP实体和SIP服务器之间的登记流程

（1）事件1：SIP Phone向Soft X 3000发起注册请求，汇报其已经开机或重启动。下面是登记请求消息编码的示例。

```
REGISTER sip:191.169.150.30 SIP/2.0
From: sip:6540012@191.169.150.30;tag=16838c16838
```

```
To: sip:6540012@191.169.150.30;tag=946e6f96
Call-Id: 1-reg@191.169.150.251
Cseq: 2762 REGISTER
Contact: sip:6540012@191.169.150.251
Expires: 100
Content-Length: 0
Accept-Language: en
Supported: sip-cc, sip-cc-01, timer
User-Agent: Pingtel/1.2.7 (VxWorks)
Via: SIP/2.0/UDP 191.169.150.251
```

第1行：请求起始行，登记请求消息，表示终端向IP地址为191.169.150.30的Soft X 3000发起登记。SIP版本号为2.0。

第2行：From字段，指明该登记请求消息是由Soft X 3000（IP地址：191.169.150.30）控制的SIP Phone发起的。

第3行：To字段，指明登记请求接收方的地址。此时，登记请求的接收方为IP地址为191.169.150.30的Soft X 3000。

第4行：Call-ID字段。该字段唯一标识一个特定的邀请，全局唯一。Call-ID为"1-reg@191.169.150.251"，191.169.150.251为发起登记请求的SIP Phone的IP地址，1-reg为本地标识。

第5行：Cseq字段，此时用于将登记请求和其触发的响应相关联。

第6行：Contact字段，在登记请求中的Contact字段指明用户可达位置，表示SIP Phone当前的IP地址为"191.169.150.251"，电话号码为"6540012"。

第7行：表示该登记生存期为100s。

第8行：表明此请求消息的消息体的长度为空，即此消息不带会话描述。

第9行：表示原因短语、会话描述或应答消息中携带的状态应答内容的首选语言为英语。

第10行：表示发送该消息的UA实体支持sip-cc、sip-cc-01以及timer扩展协议。timer表示终端支持session-timer扩展协议。

第11行：发起请求的用户终端的信息。此时为SIP Phone的型号和版本。

第12行：Via字段。该字段用于指示该请求历经的路径。"SIP/2.0/UDP"表示发送的协议，协议名为"SIP"，协议版本为2.0，传输层为UDP；"191.169.150.251"表示该请求消息发送方SIP终端IP地址为191.169.150.251。

（2）事件2：Soft X 3000返回401 Unauthorized（无权）响应，表明Soft X 3000端要求对用户进行认证，并且通过WWW-Authenticate字段携带Soft X 3000支持的认证方式Digest和Soft X 3000域名"test.com"，产生本次认证的Nonce，并且通过该响应消息将这些参数返回给终端从而发起对用户的认证过程。

```
SIP/2.0 401 Unauthorized
From: <sip:6540012@191.169.150.30>;tag=16838c16838
To: <sip:6540012@191.169.150.30>;tag=946e6f96
```

```
CSeq: 2762 REGISTER
Call-ID: 1-reg@191.169.150.251
Via: SIP/2.0/UDP 191.169.150.251
WWW-Authenticate: Digest realm="test.com",nonce="200361722310491179922"
Content-Length: 0
```

(3) 事件3：SIP Phone重新向Soft X 3000发起注册请求，携带Authorization字段，包括认证方式Digest、SIP Phone的用户标识（此时为电话号码）、Soft X 3000的域名、Nonce、URI和Response（SIP Phone收到401 Unauthorized响应后根据服务器端返回的信息和用户配置等信息采用特定的算法生成加密的响应）字段。下面是登记请求消息编码的示例。

```
REGISTER sip:191.169.150.30 SIP/2.0
From: sip:6540012@191.169.150.30;tag=16838c16838
To: sip:6540012@191.169.150.30;tag=946e6f96
Call-Id: 1-reg@191.169.150.251
Cseq: 2763 REGISTER
Contact: sip:6540012@191.169.150.251
Expires: 100
Content-Length: 0
Accept-Language: en
Supported: sip-cc, sip-cc-01, timer
User-Agent: Pingtel/1.2.7 (VxWorks)
Authorization: Digest USERNAME="6540012", REALM="huawei.com",
NONCE="200361722310491179922", RESPONSE="b7c848831dc489f8dc663112b21ad
3b6", URI="sip:191.169.150.30"
Via: SIP/2.0/UDP 191.169.150.251
```

(4) 事件4：Soft X 3000收到SIP Phone的注册请求，首先检查Nonce的正确性，如果和在401 Unauthorized响应中产生的Nonce相同，则通过；否则，直接返回失败。然后，Soft X 3000会根据Nonce、用户名、密码（服务器端可以根据本地用户信息获取用户的密码）、URI等采用和终端相同的算法生成响应消息，并且对此响应和请求消息中的响应进行比较，如果二者一致，则用户认证成功，否则认证失败。此时，Soft X 3000返回200 OK响应消息，表明终端认证成功。

```
SIP/2.0 200 OK
From: <sip:6540012@191.169.150.30>;tag=16838c16838
To: <sip:6540012@191.169.150.30>;tag=946e6f96
CSeq: 2763 REGISTER
Call-ID: 1-reg@191.169.150.251
Via: SIP/2.0/UDP 191.169.150.251
Contact: <sip:6540012@191.169.150.251>;expires=3600
Content-Length: 0
```

2. 呼叫流程

在同一Soft X 3000控制下的两个SIP用户之间的成功呼叫，呼叫流程应用实例如图4-91所示。

在下面的实例中，我们有以下约定：

- Soft X 3000的IP地址为191.169.200.61;
- SIP PhoneA的IP地址为191.169.150.101;

- SIP PhoneB的IP地址为191.169.150.100；
- SIP PhoneA为主叫，SIP PhoneB为被叫，主叫先挂机；
- SIP PhoneA的电话号码为1000，SIP PhoneB的电话号码为1001。

（1）事件1：SIP PhoneA发Invite请求到Soft X 3000，请求Soft X 3000邀请SIP PhoneB加入会话。SIP PhoneA还通过Invite消息的会话描述，将自身的IP地址：191.169.150.101、端口号：8766、静荷类型、静荷类型对应的编码等信息传送给Soft X 3000。

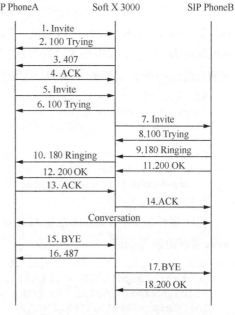

图4-91　SIP实体之间的SIP呼叫流程

```
Invite sip:1001@191.169.200.61 SIP/2.0
From: sip:1000@191.169.200.61;tag=1c12674
To: sip:1001@191.169.200.61
Call-Id: call-973598097-16@191.169.150.101
Cseq: 1 Invite
Contact: sip:1000@191.169.150.101
Content-Type: application/sdp
Content-Length: 203
Accept-Language: en
Allow: Invite, ACK, CANCEL, BYE, REFER, OPTIONS, NOTIFY, REGISTER, SUBSCRIBE
Supported: sip-cc, sip-cc-01, timer
User-Agent: Pingtel/1.2.7 (VxWorks)
Via: SIP/2.0/UDP 191.169.150.101

v=0
o=Pingtel 5 5 IN IP4 191.169.150.101
s=phone-call
c=IN IP4 191.169.150.101
t=0 0
m=audio 8766 RTP/AVP 0 96 8
a=rtpmap:0 pcmu/8000/1
a=rtpmap:96 telephone-event/8000/1
a=rtpmap:8 pcma/8000/1
```

（2）事件2：Soft X 3000给SIP PhoneA回100 Trying表示已经接收到请求消息，正在对其进行处理。

```
SIP/2.0 100 Trying
From: <sip:1000@191.169.200.61>;tag=1c12674
To: <sip:1001@191.169.200.61>
CSeq: 1 Invite
Call-ID: call-973598097-16@191.169.150.101
Via: SIP/2.0/UDP 191.169.150.101
Content-Length: 0
```

（3）事件3：Soft X 3000给SIP PhoneA发407 Proxy Authentication Required响应，表明Soft X 3000端要求对用户进行认证，并且通过Proxy-Authenticate字段携带Soft X 3000支持的认证方式Digest和Soft X 3000域名"test.com"，产生本次认证的Nonce，并且通过该响应消息将这些参数返回给终端，从而发起对用户的认证过程。

```
SIP/2.0 407 Proxy Authentication Required
From: <sip:1000@191.169.200.61>;tag=1c12674
To: <sip:1001@191.169.200.61>;tag=de40692f
CSeq: 1 Invite
Call-ID: call-973598097-16@191.169.150.101
Via: SIP/2.0/UDP 191.169.150.101
Proxy-Authenticate: Digest realm="test.com",nonce="1056131458"
Content-Length: 0
```

（4）事件4：SIP PhoneA发送ACK消息给Soft X 3000，证实已经收到Soft X 3000对于Invite请求的最终响应。

```
ACK sip:1001@191.169.200.61 SIP/2.0
Contact: sip:1000@191.169.150.101
From: <sip:1000@191.169.200.61>;tag=1c12674
To: <sip:1001@191.169.200.61>;tag=de40692f
Call-Id: call-973598097-16@191.169.150.101
Cseq: 1 ACK
Accept-Language: en
User-Agent: Pingtel/1.2.7 (VxWorks)
Via: SIP/2.0/UDP 191.169.150.101
Content-Length: 0
```

（5）事件5：SIP PhoneA重新发送Invite请求到Soft X 3000，携带Proxy-Authorization字段，包括认证方式Digest、SIP Phone的用户标识（此时为电话号码）、Soft X 3000的域名、Nonce、URI和Response（SIP PhoneA收到407响应后根据服务器端返回的信息和用户配置等信息采用特定的算法生成加密的响应）字段。

```
Invite sip:1001@191.169.200.61 SIP/2.0
From: sip:1000@191.169.200.61;tag=1c12674
To: sip:1001@191.169.200.61
Call-Id: call-973598097-16@191.169.150.101
Cseq: 2 Invite
Contact: sip:1000@191.169.150.101
Content-Type: application/sdp
Content-Length: 203
Accept-Language: en
Allow: Invite, ACK, CANCEL, BYE, REFER, OPTIONS, NOTIFY, REGISTER, SUBSCRIBE
Supported: sip-cc, sip-cc-01, timer
User-Agent: Pingtel/1.2.7 (VxWorks)
Proxy-Authorization: DIGEST USERNAME="1000", REALM="test.com", NONCE="1056131458", RESPONSE="1b5d3b2a5441cd13c1f2e4d6a7d5074d", URI="sip:1001@191.169.200.61"
Via: SIP/2.0/UDP 191.169.150.101

v=0
o=Pingtel 5 5 IN IP4 191.169.150.101
```

```
s=phone-call
c=IN IP4 191.169.150.101
t=0 0
m=audio 8766 RTP/AVP 0 96 8
a=rtpmap:0 pcmu/8000/1
a=rtpmap:96 telephone-event/8000/1
a=rtpmap:8 pcma/8000/1
```

（6）事件6：Soft X 3000给SIP PhoneA回100 Trying表示已经接收到请求消息，正在对其进行处理。

```
SIP/2.0 100 Trying
From: <sip:1000@191.169.200.61>;tag=1c12674
To: <sip:1001@191.169.200.61>
CSeq: 2 Invite
Call-ID: call-973598097-16@191.169.150.101
Via: SIP/2.0/UDP 191.169.150.101
Content-Length: 0
```

（7）事件7：Soft X 3000向SIP PhoneB发送Invite消息，请求SIP PhoneB加入会话，并且通过该Invite请求消息携带SIP PhoneA的会话描述给SIP PhoneB。

```
Invite sip:1001@191.169.150.100 SIP/2.0
From: <sip:1000@191.169.200.61>;tag=1fd84419
To: <sip:1001@191.169.150.100>
CSeq: 1 Invite
Call-ID: 1746ac508a14feaaccb35e4a35ea1768@sx3000
Via: SIP/2.0/UDP 191.169.200.61:5061;branch=z9hG4bK8fd4310b0
Contact: <sip:1000@191.169.200.61:5061>
Supported: 100rel,100rel
Max-Forwards: 70
Allow: Invite,ACK,CANCEL,OPTIONS,BYE,REGISTER,PRACK,INFO,UPDATE,SUBSCRIBE,NOTIFY,MESSAGE,REFER
Content-Length: 183
Content-Type: application/sdp

v=0
o=Huawei SoftX3000 1073741833 1073741833 IN IP4 191.169.200.61
s=Sip Call
c=IN IP4 191.169.150.101
t=0 0
m=audio 8766 RTP/AVP 0 8
a=rtpmap:0 PCMU/8000
a=rtpmap:8 PCMA/8000
```

（8）事件8：SIP PhoneB给Soft X 3000回100 Trying表示已经接收到请求消息，正在对其进行处理。

```
SIP/2.0 100 Trying
From: <sip:1000@191.169.200.61>;tag=1fd84419
To: <sip:1001@191.169.150.100>;tag=4239
Call-Id: 1746ac508a14feaaccb35e4a35ea1768@sx3000
Cseq: 1 Invite
Via: SIP/2.0/UDP 191.169.200.61:5061;branch=z9hG4bK8fd4310b0
Contact: sip:1001@191.169.150.100
```

```
User-Agent: Pingtel/1.0.0 (VxWorks)
CONTENT-LENGTH: 0
```

(9)事件9:SIP PhoneB振铃,并回180 Ringing响应通知Soft X 3000。

```
SIP/2.0 180 Ringing
From: <sip:1000@191.169.200.61>;tag=1fd84419
To: <sip:1001@191.169.150.100>;tag=4239
Call-Id: 1746ac508a14feaaccb35e4a35ea1768@sx3000
Cseq: 1 Invite
Via: SIP/2.0/UDP 191.169.200.61:5061;branch=z9hG4bK8fd4310b0
Contact: sip:1001@191.169.150.100
User-Agent: Pingtel/1.0.0 (VxWorks)
CONTENT-LENGTH: 0
```

(10)事件10:Soft X 3000回180 Ringing响应给SIP PhoneA,SIP PhoneA听回铃音。

```
SIP/2.0 180 Ringing
From: <sip:1000@191.169.200.61>;tag=1c12674
To: <sip:1001@191.169.200.61>;tag=e110e016
CSeq: 2 Invite
Call-ID: call-973598097-16@191.169.150.101
Via: SIP/2.0/UDP 191.169.150.101
Contact: <sip:1001@191.169.200.61:5061;transport=udp>
Content-Length: 0
```

(11)事件11:SIP PhoneB给Soft X 3000回200 OK响应表示其发过来的Invite请求已经被成功接收、处理,并且通过该消息将自身的IP地址:191.169.150.101、端口号:8766、静荷类型、静荷类型对应的编码等信息传送给Soft X 3000。

```
SIP/2.0 200 OK
From: <sip:1000@191.169.200.61>;tag=1fd84419
To: <sip:1001@191.169.150.100>;tag=4239
Call-Id: 1746ac508a14feaaccb35e4a35ea1768@sx3000
Cseq: 1 Invite
Content-Type: application/sdp
Content-Length: 164
Via: SIP/2.0/UDP 191.169.200.61:5061;branch=z9hG4bK8fd4310b0
Session-Expires: 36000
Contact: sip:1001@191.169.150.100
Allow: Invite, ACK, CANCEL, BYE, REFER, OPTIONS, NOTIFY
User-Agent: Pingtel/1.0.0 (VxWorks)

v=0
o=Pingtel 5 5 IN IP4 191.169.150.100
s=phone-call
c=IN IP4 191.169.150.100
t=0 0
m=audio 8766 RTP/AVP 0 8
a=rtpmap:0 pcmu/8000/1
a=rtpmap:8 pcma/8000/1
```

(12)事件12:Soft X 3000给SIP PhoneA回200 OK响应表示其发过来的Invite请求已经被成功接收、处理,并且将SIP PhoneB的会话描述传送给SIP PhoneA。

```
SIP/2.0 200 OK
```

```
From: <sip:1000@191.169.200.61>;tag=1c12674
To: <sip:1001@191.169.200.61>;tag=e110e016
CSeq: 2 Invite
Call-ID: call-973598097-16@191.169.150.101
Via: SIP/2.0/UDP 191.169.150.101
Contact: <sip:1001@191.169.200.61:5061;transport=udp>
Content-Length: 183
Content-Type: application/sdp

v=0
o=Huawei Soft X 3000 1073741834 1073741834 IN IP4 191.169.200.61
s=Sip Call
c=IN IP4 191.169.150.100
t=0 0
m=audio 8766 RTP/AVP 0 8
a=rtpmap:0 PCMU/8000
a=rtpmap:8 PCMA/8000
```

(13)事件13：SIP PhoneA发送ACK消息给Soft X 3000，证实已经收到Soft X 3000对于Invite请求的最终响应。

```
ACK sip:1001@191.169.200.61:5061;transport=UDP SIP/2.0
Contact: sip:1000@191.169.150.101
From: <sip:1000@191.169.200.61>;tag=1c12674
To: <sip:1001@191.169.200.61>;tag=e110e016
Call-Id: call-973598097-16@191.169.150.101
Cseq: 2 ACK
Accept-Language: en
User-Agent: Pingtel/1.2.7 (VxWorks)
Via: SIP/2.0/UDP 191.169.150.101
Content-Length: 0
```

(14)事件14：Soft X 3000发送ACK消息给SIP PhoneB，证实已经收到SIP PhoneB对于Invite请求的最终响应。

此时，主、被叫双方都知道了对方的会话描述，启动通话。

```
ACK sip:1001@191.169.150.100 SIP/2.0
From: <sip:1000@191.169.200.61>;tag=1fd84419
To: <sip:1001@191.169.150.100>;tag=4239
CSeq: 1 ACK
Call-ID: 1746ac508a14feaaccb35e4a35ea1768@sx3000
Via: SIP/2.0/UDP 191.169.200.61:5061;branch=z9hG4bK44cfc1f25
Max-Forwards: 70
Content-Length: 0
```

(15)事件15：SIP PhoneA挂机，发送BYE消息给Soft X 3000，请求结束本次会话。

```
BYE sip:1001@191.169.200.61:5061;transport=UDP SIP/2.0
From: sip:1000@191.169.200.61;tag=1c12674
To: sip:1001@191.169.200.61;tag=e110e016
Call-Id: call-973598097-16@191.169.150.101
Cseq: 4 BYE
Accept-Language: en
Supported: sip-cc, sip-cc-01, timer
User-Agent: Pingtel/1.2.7 (VxWorks)
```

```
Via: SIP/2.0/UDP 191.169.150.101
Content-Length: 0
```

(16)事件16：Soft X 3000给SIP PhoneA回487响应，表明请求终止。

```
SIP/2.0 487 Request Terminated
From: <sip:1000@191.169.200.61>;tag=1c12674
To: <sip:1001@191.169.200.61>;tag=e110e016
CSeq: 4 BYE
Call-ID: call-973598097-16@191.169.150.101
Via: SIP/2.0/UDP 191.169.150.101
Content-Length: 0
```

(17)事件17：Soft X 3000收到SIP PhoneA发送来的BYE消息，知道A已挂机，为SIP PhoneB发送BYE请求，请求结束本次会话。

```
BYE sip:1001@191.169.150.100 SIP/2.0
From: <sip:1000@191.169.200.61>;tag=1fd84419
To: <sip:1001@191.169.150.100>;tag=4239
CSeq: 2 BYE
Call-ID: 1746ac508a14feaaccb35e4a35ea1768@sx3000
Via: SIP/2.0/UDP 191.169.200.61:5061;branch=z9hG4bKf5dbf00dd
Max-Forwards: 70
Content-Length: 0
```

(18)事件18：SIP PhoneB挂机，给Soft X 3000反馈200 OK响应，表明已经成功结束会话。

```
SIP/2.0 200 OK
From: <sip:1000@191.169.200.61>;tag=1fd84419
To: <sip:1001@191.169.150.100>;tag=4239
Call-Id: 1746ac508a14feaaccb35e4a35ea1768@sx3000
Cseq: 2 BYE
Via: SIP/2.0/UDP 191.169.200.61:5061;branch=z9hG4bKf5dbf00dd
Contact: sip:1001@191.169.150.100
Allow: Invite, ACK, CANCEL, BYE, REFER, OPTIONS, NOTIFY
User-Agent: Pingtel/1.0.0 (VxWorks)
CONTENT-LENGTH: 0
```

4.3.4 关键特性

1. 可靠性机制

（1）对于Invite/ACK请求、响应消息的可靠性机制

① 基于不可靠传送协议（如UDP）——请求消息的可靠性机制。

- 采用重发机制。
- 每次重发的间隔时间成指数增长，设其初始间隔时间为T1，则下一间隔时间为 2×T1，依此类推……
- 当客户机收到中间响应、最终响应时，或当它总共重发了7次请求消息后，客户机停止重发请求消息。

② 基于不可靠传送协议（如UDP）——响应消息的可靠性机制。

- 采用重发机制。

- 若为中间响应,则在收到重发的请求消息后重发该响应;若为最终响应,则每次重发的间隔时间成指数增长,设其初始间隔时间为T1,则下一间隔时间为2×T1,依此类推……直至T2为止。
- 当服务器收到ACK请求时,或当它总共重发了7次响应消息后,服务器停止重发响应消息。

③ 基于可靠传送协议(如TCP)——请求消息的可靠性机制。
- 若客户机在规定的时间内未收到任何响应,则它放弃该请求消息。

④ 基于可靠传送协议(如TCP)——响应消息的可靠性机制。
- 采用重发机制。
- 若为中间响应,则在收到重发的请求消息后重发该响应;若为最终响应,则每次重发的间隔时间成指数增长,设其初始间隔时间为T1,则下一间隔时间为2×T1,依此类推……直至T2为止。
- 当服务器收到ACK请求时,或当它总共重发了7次响应消息后,服务器停止重发响应消息。

(2)对于其他请求、响应消息的可靠性机制

① 基于不可靠传送协议(如UDP)——请求消息的可靠性机制。
- 采用重发机制。
- 每次重发的间隔时间成指数增长,设其初始间隔时间为T1,则下一间隔时间为2×T1,依此类推……直至T2为止,此后重发请求消息的间隔时间均为T2,T1、T2的缺省值分别为500ms和4s。
- 客户机收到中间响应后,其重发请求消息的间隔时间为T2。
- 当客户机收到最终响应时,或当它总共重发了11次请求消息后,客户机停止重发请求消息。

② 基于不可靠传送协议(如UDP)——响应消息的可靠性机制。
- 采用重发机制。
- 服务器收到重发的请求消息后重发该响应。
- 当服务器发送最终响应后,由于它不能确定客户机是否收到了该响应,因而该响应消息至少应被保存10×T2 s。

③ 基于可靠传送协议(如TCP)。
- 若客户机在规定的时间内未收到任何响应,则它放弃该请求消息。

2. 消息特性

SIP在VoLTE业务分析中是很关键的一环,虽然SIP是文本格式的,我们也能看明白其基本含义,但它在业务流程中真正起到什么作用,还需要结合实际应用案例来进一步理解。

由于VoLTE业务牵涉IMS、PS、CS、终端等多个域,一般来说都会建立一套信令监测系统来辅助网络优化和故障处理,然而信令监测系统是外置的分析平台,总会存在缺少信令数据的问题,那我们就需要借助于SIP的各个头域来判断是信令平台丢失了信令还是业务本身就没有信令的问题。

（1）Max-Forwards头域的作用

比如分析到下面这条BYE消息时，怎么来确认它是SBC主动发送的还是用户发给SBC再转发给S-CSCF的。我们需要借助于Max-Forwards这个头域来判断，Max-Forwards=69（如图4-92所示）表示经过SBC时已经是第二跳了，因此说明这个BYE消息是UE发送给SBC的。

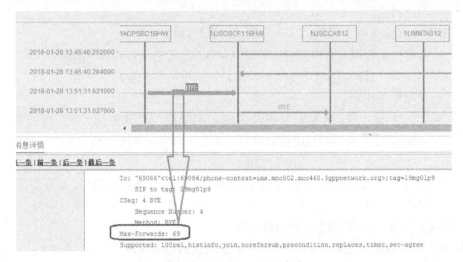

图4-92　Max-Forwards头域

图4-93的消息表明，当SBC收到Rx口ASR消息的时候提早释放本次通话，接着向S-CSCF发送BYE消息以便IMS业务控制域释放本次呼叫，我们可以看到BYE消息中Max-Foxwards=70，即表明这个BYE消息是SBC主动发出来的，不是转发用户发过来的。

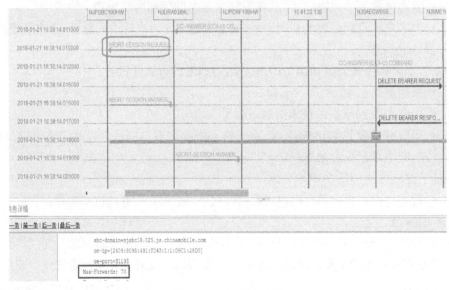

图4-93　BYE消息示例

（2）Cseq头域的作用

如果需要判断图4-94所示流程中用户在发送BYE消息之前主叫UE有没发过修改媒体

的Invite或Update消息给网络侧,我们就需要结合这个字段来辅助分析。

我们需要把主叫用户发送给被叫用户的请求消息的Cseq头域一条条地列出来,从顺序号可以看出,主叫用户发送BYE消息之前是没有发过其他请求消息给网络侧的,如图4-95所示。

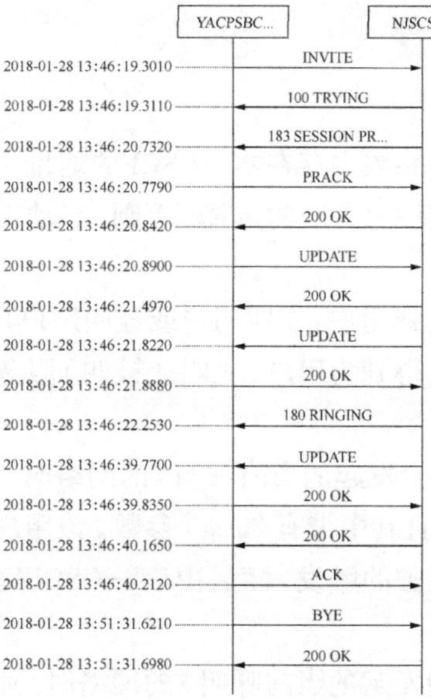

图4-94 一次业务流程示例 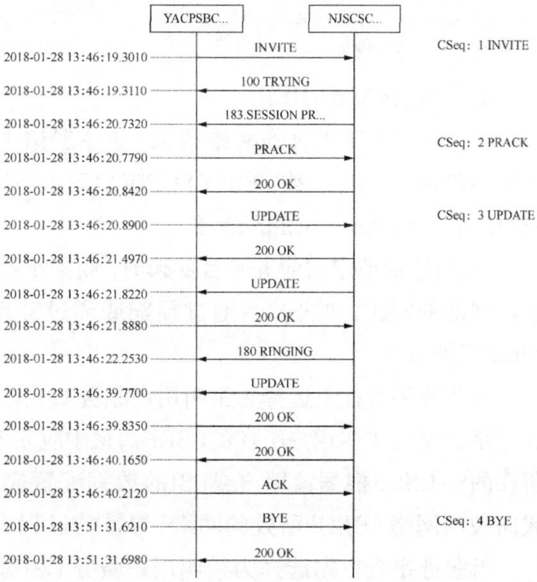　　　　图4-95 一次业务流程的Cseq头域

当看到图4-96所示的一次业务流程的各个消息中的Cseq头域时,我们会发现主叫侧修改过一次媒体信息。

图4-96 一次业务流程示例

Cseq头域序列:
```
CSeq: 1 Invite
CSeq: 2 PRACK
CSeq: 3 UPDATE
CSeq: 4 Invite
CSeq: 5 BYE
```

(3) Route头域的作用

① 当I-CSCF接收到初始请求(非注册请求)时,如Route域中存在本I-CSCF的地址,且其中包括"orig"参数,则I-CSCF应启动主叫用户的查询及S-CSCF的选择;否则,启动被叫用户的查询及S-CSCF的选择。

② 当始发请求由业务平台发起时,业务平台面临如何选择用户(主叫用户或被叫用户)所在网络的问题。业务平台通过预配或通过Sh接口查询,可得到为用户(主叫或被叫)服务的CSCF地址。

当业务平台首先选择为主叫用户服务(相对于该业务平台发起的当前呼叫)的网络时,业务平台发往主叫用户所在的CSCF消息中应带有Route域,且其中带有"orig"参数。该用户所在的S-CSCF根据该用户或PSI的数据配置完成主叫侧业务的触发,随后由该S-CSCF完成向被叫网络(B用户所处的网络)寻址的过程。

当业务平台首先选择为被叫用户服务(相对于业务平台发起的当前呼叫)的网络时,业务平台发往被叫用户所在的CSCF消息中带有Route域,但无"orig"参数。

(4) Session-Expires、Min-SE头域的作用

Session-Expires、Min-SE头域都以秒为单位。

在收到200 OK(Invite)后,若refresher=UAC,则启动刷新、超时两个定时器,时长分别是Session-Expires/2和Session-Expires。若refresher=UAS,则启动超时定时器。

Session Timer协商过程主要涉及以下几个重要参数。

① 在Supported头域中携带timer值,表示网元支持Session Timer机制。

② Session-Expires头域:此头域用于传送会话刷新的时间间隔以及进行刷新协商,可以包括在Invite、Update及其2XX应答中。头域中最小时间间隔为90s。

头域由两部分组成:refresher参数和刷新时长Session-Expire。

其中,refresher参数表示更新的执行者,包括UAC和UAS两种取值,发送请求方称为UAC,接收请求方称为UAS。

- Session-Expire头域参数表示刷新时长。
- 请求中的Session-Expire头域:刷新时长表示UAC建议的刷新时长,刷新方可以不携带此头域,如果携带则表示指定了刷新方。
- 响应中的Session-Expire头域:刷新时长表示协商后的刷新时长。

③ Min-SE头域:此头域用于指示最小的会话刷新间隔。此值最小为90s。除422应答外,其他的应答中严禁包括此头域。该头域在请求消息中携带,表示UAC支持的最小刷新时长。UAS返回的响应中的实际刷新时长不能小于该头域值。

第 5 章
VoLTE业务流程

5.1 VoLTE基本概念

5.1.1 域选

由于支持VoLTE的UE可以有多种模式，在不同的信号强度覆盖下可以附着在不同的网络，如有时附着在2G/3G网络，有时附着在LTE网络，甚至可以同时附着于两个网络，因此，支持VoLTE的UE在呼叫时就要选择接入其中一个网络进行语音通话，选择接入网络的过程称为域选。

当作为主叫时，由UE根据保存的注册网络信息完成域选，即UE选择一个满足接入条件的无线基站及完成注册的网络进行主叫业务。

当作为被叫时，由网络侧查询用户数据库获取注册网络信息，完成域选，即当主叫用户呼叫UE时，网络侧会进行用户当前所在是CS域还是IMS域的选择，在当前网络下，CS域指的是UE接入2G/3G网络，IMS域指的是UE接入4G网络。

3GPP协议标准中，网络侧完成域选的功能实体被称为T-ADS（Terminating Access Domain Selection），T-ADS功能一般集成在SCCAS中。

1. 基本概念

VoLTE的通话模型是多样化的，可以是主、被叫均为VoLTE终端，也可以一方为VoLTE终端，一方为CSFB等中端。在众多通话模型中，有两种通话模型：主叫侧在VoLTE网络，而被叫侧为CSFB用户以及驻留在CS网络的VoLTE用户，两者最终都是在CS域接听电话，那么这两种模型有什么不同呢？

这就涉及在VoLTE网络中域选的概念，主要涉及两个节点和两个选择。

（1）第一个节点S-CSCF与第一个选择ENUM。主叫流程到达第一个节点——S-CSCF，所谓"兵马未动，粮草先行"，S-CSCF并不急于转发呼叫请求，而是先"询问"ENUM，

ENUM会告诉它,被叫是非VoLTE用户还是VoLTE用户并指示S-CSCF下一跳地址。如果是CSFB用户,则ENUM会指示S-CSCF把会话流程交给被叫侧的MGCF;而如果是VoLTE用户,则ENUM会指示S-CSCF把会话流程交给被叫侧的ICSCF,然后通过一系列查找转给相应的S-CSCF,如图5-1所示。

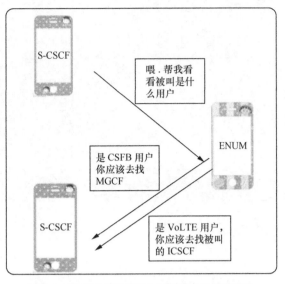

（2）第二个选择SCCAS。对于被叫侧的S-CSCF而言,它需要将Invite消息转发给SCCAS,由SCCAS来完成被叫网络域选。但SCCAS目前只知道自己的用户是VoLTE用户,并不知道驻留在哪个网络。因此,SCCAS需要再去"询问"HSS,根

图5-1 被叫用户是否为VoLTE用户的判断流程

据HSS提供的信息来做出第二个选择——选择被叫用户目前适合在CS域还是LTE网络下通话,HSS会提供被叫用户最近注册的网络信息,由SCCAS来选择最终的域选网络,如果是CS域,则SCCAS找到被叫侧的MGCF,MGCF转发呼叫请求到第二个节点MSC,如图5-2所示。

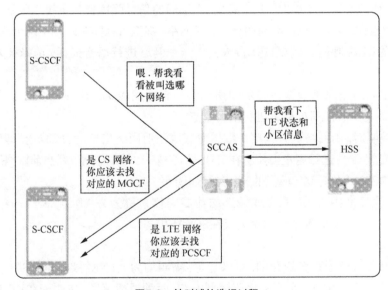

图5-2 被叫域的选择过程

而对于CSFB而言,流程已经走到了MGCF,于是直接转发呼叫请求到第二个节点MSC。

（3）第二个节点MSC。流程到这里已经不需要做出选择了,对于VoLTE而言,MSC已经知道被叫用户在CS域了,因此,直接通过层层转发找到被叫用户即可;但对于CSFB而言,MSC需要通知被叫用户从4G回落到2G,因此,需要先联合4G侧的MME使

被叫用户回落，再完成呼叫。

2．实现方式

T-ADS域选的典型组网如图5-3所示。

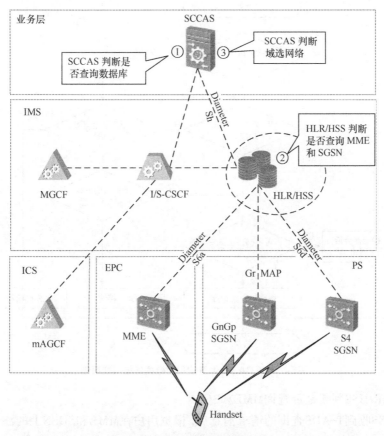

图5-3　T-ADS域选组网

（1）在域选过程中，SCCAS首先判断自己是否有被叫UE的接入域信息，如果没有，则查询数据库。对于正处于业务过程的UE来说，SCCAS会有UE的接入域信息。

（2）SCCAS发送T-ADS查询消息给HLR/HSS，HLR/HSS根据自己存储的信息决定是否向MME和SGSN发送T-ADS查询，HLR/HSS获取UE当前的接入域信息并返回SCCAS。

（3）SCCAS根据这些信息来判断UE当前所在网络，完成被叫域选。

由于当前现网绝大多数厂商的GnGp SGSN都不支持Gr（MAP协议）接口的T-ADS查询，因此，就需要通过其他方式来完成对GnGp SGSN的域选判断。一般的解决方案是通过在HLR/HSS中打开GnGp SGSN注册信息判断功能，判断是否存在GnGp SGSN注册信息，如果存在则UE在CS域，如果不存在则UE在IMS域。

3．关键点

（1）SCCAS判断是否查询用户数据库

当SCCAS收到入局Invite消息时，需要根据用户信息和网络配置判断是否向HLR/HSS

查询被叫用户T-ADS信息，具体的判断原则如图5-4所示。若判断出需要查询，则向HLR/HSS发送用户T-ADS信息查询请求。

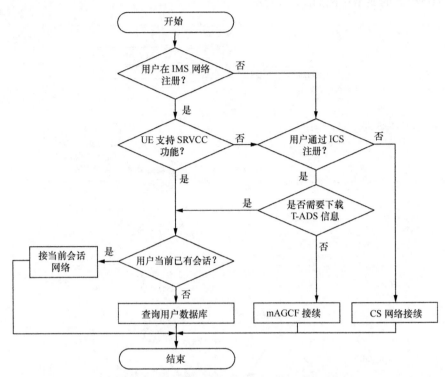

图5-4　SCCAS是否查询用户数据库的判断原则

（2）HLR/HSS判断是否查询MME和SGSN

HLR/HSS收到T-ADS查询的请求消息后，根据用户在MME和SGSN上的注册情况和网络配置，判断是否向MME和SGSN查询用户的T-ADS信息，具体判断原则如表5-1所示。如果满足判断条件，则根据对应动作进行下一步处理。

表5-1　HLR/HSS是否查询MME和SGSN的判断原则

条件		动作
用户在GnGp SGSN上注册，且在HSS上打开GnGp SGSN注册信息判断功能		HLR/HSS直接向SCCAS返回UDA消息，其中携带的IMSVoiceOverPSSessionSupport为IMS-VOICE-OVER-PS-NOT-SUPPORTED，表明UE不支持语音通过PS承载
用户在MME和IS4 SGSN上都未注册		HLR/HSS不查询MME或S4 SGSN，直接向SCCAS返回T-ADS信息，携带的IMSVoiceOverPSSessionSupport为IMS-VOICE-OVER-PS-SUPPORT-UNKNOWN，表明不确定UE是否支持语音通过PS承载
用户只在MME或S4 SGSN其中一个网元上注册	HLR/HSS上记录该网元的IMSVoiceOverPSSessions为NOT SUPPORT	HLR/HSS不查询MME或S4 SGSN，直接向SCCAS返回T-ADS信息，携带的IMSVoiceOverPSSessionSupport为IMS-VOICE-OVER-PS-NOT-SUPPORTED，表明UE不支持语音通过PS承载

续表

条件		动作
用户只在MME或S4 SGSN其中一个网元上注册	HLR/HSS上记录该网元的IMSVoiceOverPSSessions为SUPPORT	HLR/HSS根据本地配置的T-ADS查询策略,决定是否向MME发送T-ADS查询请求。(注:T-ADS查询策略没有设置为"NOQUERY"时,HLR/HSS向MME发送T-ADS查询请求)
用户同时在MME和S4 SGSN上注册	HLR/HSS上记录MME和S4 SGSN的IMSVoiceOverPSSessions都为NOT SUPPORT	HLR/HSS不查询MME或S4 SGSN,直接向SCCAS返回T-ADS信息,携带的IMSVoiceOverPSSessionSupport为IMS-VOICE-OVER-PS-NOT-SUPPORTED,表明UE不支持语音通过PS承载
	其他情况下的处理	HLR/HSS向MME和S4 SGSN发送T-ADS查询请求

(3) SCCAS判断域选网络

SCCAS收到HLR/HSS返回的UDA消息,并根据消息中携带的T-ADS信息判断域选到哪个网络,具体判断原则如图5-5所示。

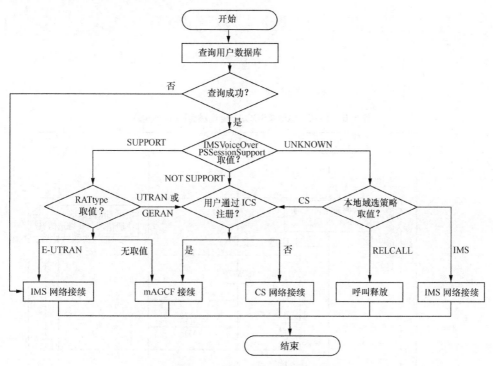

图5-5 基于T-ADS的域选原则

4. 实现过程

以融合HLR/HSS场景为例说明T-ADS域选的实现过程,SCCAS通过Sh接口查询融合HLR/HSS,获取用户T-ADS信息。

典型组网如图5-6所示,消息流程如图5-7所示。

流程1~2: I/S-CSCF收到入局Invite消息,根据用户的iFC模板数据,触发SCCAS。

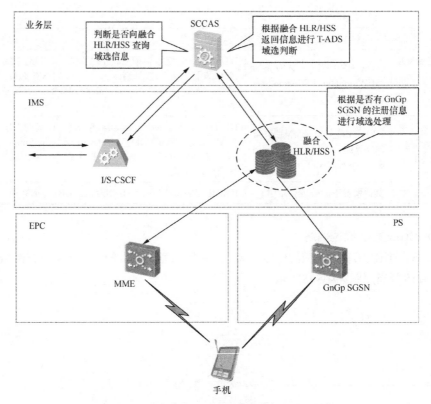

图5-6 T-ADS域选（SCCAS查询融合HLR/HSS）

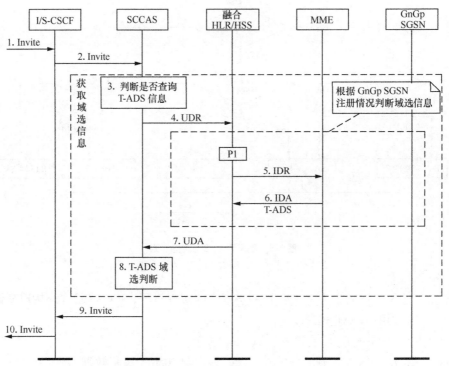

图5-7 T-ADS域选流程（SCCAS查询融合HLR/HSS）

流程3：SCCAS根据判断原则判断是否向融合HLR/HSS查询被叫用户的接入域选择T-ADS信息（SCCAS查询融合HLR/HSS是为了判断域选到哪个网络，如果在查询融合HLR/HSS之前就能判断域选到哪个网络，则无须发起查询）。

流程4：SCCAS向融合HLR/HSS发送UDR消息，请求获取被叫用户的T-ADS信息。UDR消息如图5-8所示。

其中，关键参数如下。

- publicIdentity：携带用户标识IMPU。
- dataReference：取值为"tads""ueSrvccCapData"等，表示请求T-ADS、UE的SRVCC能力等信息。

P1：融合HLR/HSS收到UDR消息后，根据被叫用户在GnGp SGSN上的注册情况，按照判断原则判断是否查询MME，以获取被叫用户的T-ADS信息。

流程5~6：若P1中判断出需要查询MME，则融合HLR/HSS通过IDR消息向MME查询被叫用户的T-ADS信息。

流程7：融合HLR/HSS根据MME返回的IDA消息将T-ADS信息通过UDA消息返回给SCCAS。

IDA消息如图5-9所示。

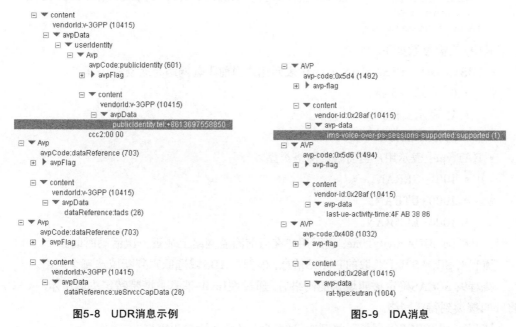

图5-8　UDR消息示例　　　　　　　图5-9　IDA消息

其中，关键参数如下。

- ims-voice-over-ps-sessions-supported：指示当前用户所在网络是否支持PS语音。
- last-ue-activity-time：指示UE最近一次活动时间。
- rat-type：指示接入网类型。

注：如果返回的IDA消息中未携带上述三个参数，则融合HLR/HSS认为该T-ADS信息无效。

融合HLR/HSS判断流程如表5-2所示。

表5-2 融合HLR/HSS判断流程

条件	动作
由于超时或其他网络问题导致融合HLR/HSS未收到有效的T-ADS查询响应	融合HLR/HSS向SCCAS返回T-ADS信息，携带IMSVoiceOverPSSessionSupport为IMS-VOICE-OVER-PS-SUPPORT-UNKNOWN，表明不确定UE是否支持语音通过PS承载
融合HLR/HSS只收到MME或S4 SGSN其中一个网元返回的有效T-ADS查询响应	融合HLR/HSS向SCCAS返回T-ADS信息，携带收到的IMSVoiceOverPSSessionSupport、RATtype、LastUEActivityTime
融合HLR/HSS收到MME和S4 SGSN返回的有效T-ADS查询响应	融合HLR/HSS根据返回消息中携带的LastUEActivityTime，选择位置更新时间最近的一个T-ADS响应返回给SCCAS，携带收到的IMSVoiceOverPSSessionSupport、RATtype、LastUEActivityTime

融合HLR/HSS返回UDA消息给SCCAS，其中包含的T-ADS信息示例如下。

```
<TADSinformation>
    <IMSVoiceOverPSSessionSupport>1</IMSVoiceOverPSSessionSupport>
    <RATtype>1004</RATtype>
    <Extension>
        <LastUEActivityTime>2011-05-31T13:20:00.000Z</LastUEActivityTime>
    </Extension>
</TADSinformation>
```

其中，关键参数如下。

- IMSVoiceOverPSSessionSupport：表示用户当前附着网络是否支持PS语音。
    - 0：表示不支持。
    - 1：表示支持。
    - 2：表示能力未知。
- RATtype：表示用户当前附着网络类型。
    - 1001：GERAN。
    - 1000：UTRAN。
    - 1004：EUTRAN。
    - LastUEActivityTime：表示用户在当前附着网络上最近一次活动时间。

流程8：SCCAS基于获取的T-ADS信息，根据T-ADS域选原则判断域选哪个网络。

流程9：SCCAS确定被叫域选的网络后，通过在Invite消息中携带特定头域指示S-CSCF将呼叫接续到特定网络。

流程10：S-CSCF根据指示将呼叫接续到特定网络的被叫用户。

5.1.2 锚定

锚定（Anchoring）是指在4G网络建设阶段，由于4G网络覆盖的范围有限，当LTE终端用户漫游到只有2G/3G网络的覆盖时，无法正常享受到IMS网络提供的业务。于是，通过锚定的方式，将在CS网络接入下的用户锚定到IMS网络进行业务处理，从而为用户提供IMS业务服务。同样，2G/3G用户也可以通过锚定的方式接入到IMS网络，享受IMS网络提供的补充业务和智能业务。

1. 场景分类

锚定方案分为主叫锚定和被叫锚定，其应用场景如下。

（1）被叫锚定

被叫用户在CS网络接入，且签约了IMS网络业务，或被叫用户在LTE网络接入，当呼叫入局到GMSC Server时，则需要通过锚定功能将呼叫请求路由到IMS网络进行被叫业务触发。

VoLTE用户为被叫时，既有可能位于TD-LTE/EPC/IMS网络，又有可能位于2G/3G网络；如果VoLTE用户从2G/3G用户转为VoLTE用户时采取的是不更换MSISDN手机号码策略，即VoLTE用户与2G/3G用户混用MSISDN号码，则主叫局无法仅根据被叫MSISDN号码决定后续呼叫路由，且无法保证被叫VoLTE用户补充业务体验一致性，故引入被叫锚定方案。

（2）主叫锚定

主叫用户在CS网络接入，且签约了IMS网络业务，则需要通过锚定功能将呼叫请求路由到IMS网络进行主叫业务触发。

考虑到主叫用户的补充业务在现网比较少，现网一般采取主叫不锚定、被叫锚定策略，这里主要讲述被叫锚定的基本原理和实现流程。

2. 基本原理

被叫锚定是指当CS域用户呼叫VoLTE用户时，需要将被叫用户的业务控制权从CS域锚定回IMS域。

GMSC（CS域寻址被叫用户的交换机）根据在HLR中签约的T-CSI触发到锚定服务器上获取IMRN，将呼叫路由到IMS，T-CSI是基于单用户签约的数据。

IMRN获取方式支持号段方式和前缀方式。

（1）IMRN号段方式

Anchor AS在规划的IMRN号段中分配一个IMRN，并以IMRN作为索引存储本次锚定的呼叫信息。当呼叫路由到IMS网络后，由Anchor AS根据IMRN完成呼叫信息和被叫号码的还原。

IMRN是IMS网络规划的E.164号码，由"路由+随机索引"部分组成。例如，路由部分是"86755"，随机索引部分在"001~999"取值，即IMRN号码在"86755001~86755999"随机取值。

（2）IMRN前缀方式

Anchor AS在原被叫号码前增加IMRN锚定前缀，在进入IMS网络前，由MGCF删除锚定前缀，完成被叫号码的还原，或者在呼叫路由到IMS网络后，由Anchor AS根据IMRN和主叫号码完成呼叫信息和被叫号码的还原。

IMRN号码的组成形式为"+CC（国家码）-被叫锚定前缀-NDC（国内目的码）-SN（用户号码）"。例如：被叫号码为86139*****0001，锚定前缀为123，则Anchor AS通过前缀方式分配的IMRN号码为86123139*****0001。

两种方式的优缺点对比如表5-3所示。

表5-3 两种方式的优缺点对比

IMRN号码获取方式	优点	缺点
IMRN号段方式	适用于主被叫锚定场景	需要占用现网部分号码资源作为IMRN号码
IMRN前缀方式	不需要占用现网号码资源	添加前缀后的号码长度可能会超过部分网元可识别长度
	在不需要Anchor AS进行呼叫信息还原的情况下，可在进入IMS网络前，由MGCF删除锚定前缀，完成被叫号码的还原，提高呼叫路由效率	仅适用于被叫锚定场景

一般现网选择的是IMRN前缀方式。

3. 实现流程

如图5-10所示，业务锚定的实现流程如下。

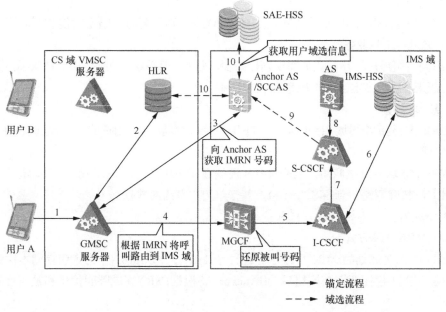

图5-10 锚定流程

流程1~2：用户A呼叫用户B，GMSC服务器向HLR发送SRI消息，HLR判断签约数据包含T-CSI，则将T-CSI通过SRI RSP消息返回给GMSC服务器，其中携带Anchor AS地址。

流程3：GMSC服务器发送IDP消息到Anchor AS，智能获取IMRN号码，Anchor AS通过Connect消息返回IMRN。

流程4~5：GMSC服务器根据IMRN将呼叫请求路由到MGCF，MGCF根据IMRN将呼叫请求路由到I-CSCF，在出局前，MGCF将被叫锚定前缀删除，完成被叫号码的还原。其中，Route头域未携带"orig"参数。

流程6：由于Invite消息未携带"orig"参数，I-CSCF识别为被叫流程，I-CSCF向IMS-HSS发送LIR消息，为用户A选择一个可以提供服务的S-CSCF。

流程7~9：I-CSCF发送呼叫请求到S-CSCF，S-CSCF根据本地保存的锚定用户签约

iFC模板数据,触发其他AS。其他AS触发业务后,S-CSCF将呼叫请求路由到SCCAS,完成T-ADS域选处理。

5.1.3 SRVCC

1. 基本概念

单一无线语音呼叫连续(SRVCC, Single Radio Voice Call Continuity)业务是指用户在通话过程中从E-UTRAN(Evolved Universal Terrestrial Radio Access Network)漫游到UTRAN(UMTS Terrestrial Radio Access Network)/GERAN(GSM EDGE Radio Access Network)时,经过UE和网络设备的切换过程,保持用户的通话不中断。

SRVCC切换分为bSRVCC(振铃前SRVCC)、aSRVCC(振铃中SRVCC)、eSRVCC(增强型SRVCC)等,如表5-4所示。

表5-4 SRVCC类型

通称	3GPP版本	描述
Basic SRVCC(基本SRVCC)	Rel 8	从E-UTRAN到UTRAN/GERAN呼叫连续性
bSRVCC(振铃前SRVCC)	Rel 10	振铃前阶段分组交换到电路交换呼叫转移
aSRVCC(振铃阶段SRVCC)	Rel 10	振铃阶段分组交换到电路交换呼叫转移
eSRVCC(增强型SRVCC)	Rel 10	增强型SRVCC(支持MSC服务器辅助MID调用特征)
vSRVCC(视频SRVCC)	Rel 11	视频业务SRVCC
rSRVCC(反向SRVCC)	Rel 11	从UTRAN/GERAN 切换到 E-UTRAN

当终端和网络都支持vSRVCC后,视频呼叫才可以支持SRVCC切换。

当终端和网络都支持rSRVCC后,终端才能够在通话状态下由2G/3G网络切换回LTE网络。

网元会根据自己掌握的信息做出判断,并执行当前版本所支持的转接类型,也许这种转接最后的结果会掉话(比如SCCAS把b当成a,至于到底是b还是a,取决于网元的具体实现逻辑,它能够处理就好,强制在全局做出一个严格的认定可能并没有现实的意义)。

SCCAS已经收到180,则可以确定是aSRVCC,但是SCCAS的逻辑是,振铃必须在双方资源预留完成之后。因为有彩铃业务过程的存在,之后SCCAS又收到Update(更新消息),此时Remote侧(远端)的资源还没有完成预留,如果此时发生SRVCC,SCCAS会认为是bSRVCC。

除了彩铃,呼叫等待也会发生类似的情况,因为它们都是先Update再返回180。SCCAS在主叫侧返回的183中携带了Feature-Caps信息,这表明支持aSRVCC但不支持bSRVCC,因此发送取消会话,携带原因为"No appropriate session for SRVCC/eSRVCC"的信息。

2. 解决方案

在LTE没有发展到完全覆盖阶段,要保持语音业务的连续性,也就是单射频UE在IMS控制的VoIP语音和CS语音之间的无缝切换。与其他切换技术比较,SRVCC切换方案(目前商用为增强型eSRVCC方案)更加成熟,为大多数主流运营商所采用,但需要部署IMS及升级改造EPC相关网元、为保证语音业务连续性（如表5-5所示），当通话过程中离开LTE覆盖区，SRVCC（Single Radio Voice Call Continuity）作为VoLTE的关键技术，其主要处理单射频UE在LTE网络和2G/3G网络之间移动的情况。

表5-5 SRVCC功能现网网元改造信息

网元	VoLTE+SRVCC功能要求
MSC	支持Sv接口
MME(SGSN)	支持Sv接口，处理向CS域的切换
eNB	支持SRVCC切换，软件升级
IMS	语音建立在IMS上，需要IMS网络
UE	支持IMS应用，支持SRVCC能力
性能	IMS的呼叫，优化切换时延
切换	无线网络间的切换，对系统间进行合理规划和算法支持
无线覆盖	LTE覆盖连续，邻区网优规划合理配置

SRVCC包括EPC、CS以及IMS三大模块，为了实现不中断的语音呼叫，需要三个模块协同工作。其中，电路域的MSC需要升级为增强的MSC（eMSC），以便支持从MME发来的切换过程，支持IMS到CS的切换并关联CS切换和从IMS域到CS域的域转移；EPC中的MME需要从PS承载中分离出语音和非语音部分，对语音承载部分发起SRVCC切换，非语音承载可进行PS—PS切换、挂起或局间传递。

3. 业务流程

SRVCC切换也是为了让用户享受到一个连续的语音清晰的业务，当LTE信号覆盖全面时，是不需要做SRVCC切换的，只要做LTE系统内切换即可，这和传统切换一样。当LTE覆盖有空洞时，就需要SRVCC切换来弥补语音业务连续性的问题，由于VoLTE业务的特性，从LTE网络到2G/3G网络切换时需要将接入域的相关信息告知IMS业务控制域，由此SRVCC的切换过程相对较为复杂。

（1）SRVCC切换流程如图5-11所示，简要描述如下。

① eNB根据测量报告发起向UTRAN/GERAN的SRVCC切换过程。
② MME发送PS到CS的切换请求到Enhanced MSC（eMSC）。
③ Enhanced MSC向目的MSC发起切换准备消息。
④ MSC向UTRAN/GERAN发送切换请求，接收响应。
⑤ 建立eMSC和MSC之间的承载。
⑥ Enhanced MSC向IMS域发起会话建立请求并路由到SCCAS。
⑦ SCCAS发起新会话到远端用户，并将媒体流切换到MGW上。
⑧ SCCAS释放IMS会话分支（旧会话资源）。
⑨ eMSC返回切换响应经MME给eNB，eNB发送切换命令给用户。
⑩ 终端接入UTRAN/GERAN，与目的MSC建立承载。

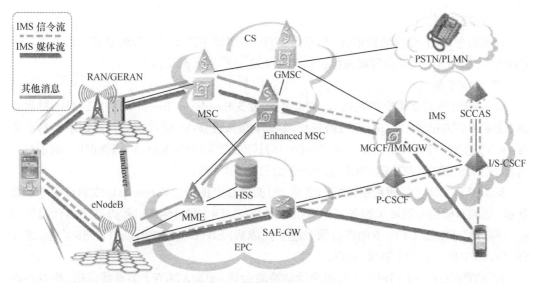

图5-11 SRVCC切换示意

SRVCC切换前后的信令和承载修改过程如图5-12所示。

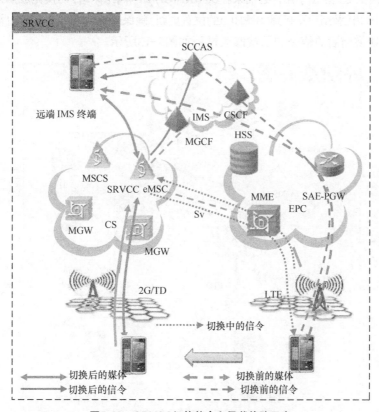

图5-12 SRVCC切换信令和承载修改示意

(2) eSRVCC切换流程

eSRVCC切换流程可以简单地分为以下三个部分。

① 切换判断。

eNB根据UE上传的测量报告（包括E-UTRAN网络下的小区信号测量报告以及邻近的UTRAN/GERAN网络的信号测量报告），判断是否进行接入网切换。

② 切换准备。

a. eNB判断需要切换接入网后，向源MME发送Handover Required消息。MME根据消息中的eSRVCC指示，将QCI=1的语音承载和其他承载分离，同时根据切换请求消息中的Target ID选择一个SRVCC IWF，通过Sv接口向其发起PS to CS Request切换请求。该消息中携带了C-MSISDN以及之前ATCF为UE分配的STN-SR号码。

b. SRVCC IWF收到切换请求消息后，根据消息中携带的Target ID，找到目标MSC服务器（切换目标侧所属MSC服务器），然后在SRVCC IWF和目标MSC服务器间执行切换流程。目标侧UTRAN/GERAN网络的承载建立完成后，SRVCC IWF根据STN-SR号码，建立SRVCC IWF和ATCF/ATGW的承载。

c. ATCF根据C-MSISDN关联用户待切换的会话，更新ATGW上的承载信息，将本端媒体面切换为UTRAN/GERAN网络的承载，并通知SCCAS更新UE的接入域信息。

③ 切换后的处理：由于用户之前未在UTRAN/GERAN网络附着，切换完成后，在呼叫未释放前，SRVCC IWF代替用户发起到CS域HLR的位置更新，确保后续的呼叫能正确地路由到被叫。

eSRVCC切换前后的信令和承载修改过程如图5-13所示。

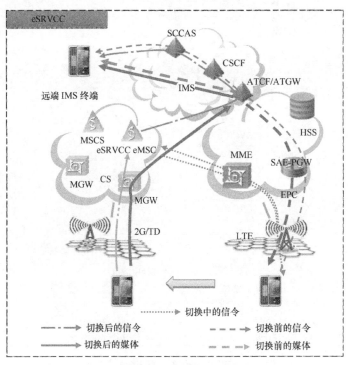

图5-13　eSRVCC切换信令和承载修改示意

切换前的信令传送路径示意：本端UE—LTE基站—4G核心网—ATCF—IMS核心网（包含SCCAS）—远端UE。

切换前的媒体传送路径示意：本端UE—4G基站—4G核心网—ATGW—远端UE。

切换后的信令传送路径示意：本端UE—2G或3G基站—CS域核心网—e-MSC—ATCF—IMS核心网（包含SCCAS）—远端UE。

切换后的媒体传送路径示意：本端UE—2G或3G基站—CS域核心网—MGW—ATGW—远端UE。

4. 关键参数

（1）STN-SR，会话转移号码（SRVCC, Session Transfer Number for SRVCC）。如果当前网络支持SRVCC特性，则在用户签约时，由SAE-HSS为其分配一个STN-SR号码。该号码用于SRVCC IWF寻址SCCAS，请求从PS域到CS域的会话切换。如果当前网络支持eSRVCC，则由ATCF分配STN-SR号码，替换掉SAE-HSS上签约的STN-SR号码，即在eSRVCC流程中，STN-SR用于SRVCC-IWF寻址ATCF，使切换后的会话和远端会话在ATCF/ATGW上关联。

（2）C-MSISDN，关联的MSISDN（Correlation MSISDN）。如果当前网络支持SRVCC/eSRVCC特性，则在用户签约时，由HSS为其分配一个C-MSISDN号码。该号码与用户的MSISDN号码关联，用于SCCAS（SRVCC特性）或ATCF（eSRVCC特性）匹配用户当前待切换的会话。在实际使用中，C-MSISDN即为用户的MSISDN。

（3）ATU-STI（Access Transfer Update – Session Transfer Identifier，接入切换会话更新标识）。在eSRVCC特性中，该号码由SCCAS分配，用于切换过程中ATCF寻址SCCAS。

（4）Mid-call切换，指会话处于保持（Hold）状态时，Hold业务方发生SRVCC/eSRVCC切换（用户A保持连接用户B，用户A发生切换）。

（5）振铃态切换，指会话的一方处于振铃状态，尚未应答，本方或另外一方发生SRVCC/eSRVCC切换。

（6）激活状态会话，指被叫UE已经应答的会话，即主、被叫其中一方已经发送或接收了2xx响应的会话。

（7）激活的语音媒体成分，指UE上存在着属性为"Recvonly"或者"Sendrecv"的语音媒体。

（8）最近一个激活状态，且具有激活的语音媒体成分的会话，指UE上最近已经应答的，且存在着属性为"Recvonly"或者"Sendrecv"的语音媒体。

例如，用户A呼叫用户B，然后用户A保持连接用户B。此时用户A和用户B的会话中用户A的媒体属性为"Sendonly"。之后，用户A呼叫用户C，用户C应答。此时用户A和用户C的会话对于用户A而言，就是"最近一个激活状态，且具有激活的语音媒体成分的会话"。

在eSRVCC切换中，当SRVCC IWF向ATCF发起切换请求时，ATCF通过C-MSISDN关联用户"最近一个激活状态，且具有激活的语音媒体成分的会话"，进行SDP协商和修改，并向SCCAS发起此会话的切换请求。

5. 时延特性

语音业务从基于IMS的VoLTE切换到2G/3G的CS域，以保证语音业务的连续性，此过程即为SRVCC。

（1）单信道语音连续（Signal Radio Voice Call Continuity）业务SRVCC，为使用LTE接入的IMS语音服务网络提供单信道语音连续性解决方案。SRVCC在UE从LTE移动到CS时，建立CS域呼叫分支,并通过SCCAS锚点将CS分支和原IMS到呼叫对端分支连接,从而形成完整的呼叫链,保证IMS域呼叫能够在切换后继续进行。通过SRVCC方案,4G终端可以通过单信道模式,从LTE切换到CS。

(2)eSRVCC(Enhanced SRVCC),在SRVCC的基础上,增加ATCF网元,作为SCCAS的前置网元,替代SCCAS作为信令面锚点。和ATCF网元配合的还有ATGW网元,其作为媒体面锚点使用。这从以下两个方面优化了SRVCC。

① ATCF位于服务网络,而SCCAS位于归属网络,ATCF更接近终端,减少了MSC到IMS的承载建立时间。

② 增加的ATGW作为媒体面锚点,避免到远端的对端分支更新(Remote Leg Update)过程,这样可以提高切换成功率,同时降低切换时间。

(3)eSRVCC切换时延。SRVCC方案切换中断时延大,切换性能有待提升,R10定义的eSRVCC方案相对于SRVCC方案的增强在于减少了切换时长(切换时长小于300ms),使用户获得更好的通话体验,进一步提升了切换性能、降低了业务中断时延;SRVCC媒体的切换点是对端网络设备(如对端UE),影响切换时长的主要因素是会话切换后需要在IMS网络中创建新的承载。

SRVCC与eSRVCC从切换流程来看基本类似,在网络架构(如图5-14所示)方面,后者相比于前者新增的ATCF/ATGW网元主要功能是优化了切换时延,如图5-15所示。

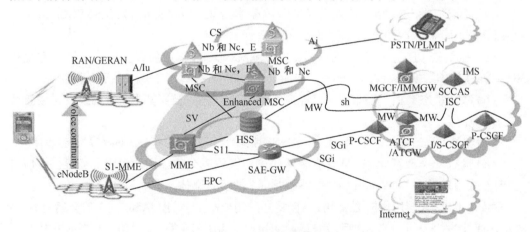

图5-14 eSRVCC网络架构

SRVCC技术采用归属地SCCAS网元作为信令/媒体锚点,而在eSRVCC组网中新增加了ATCF(Access Transfer Control Function)/ATGW(Access Transfer Gateway)逻辑网元作为本地信令/媒体锚点,使eSRVCC媒体切换点更靠近本端的设备,经过IMS域的所有会话都锚定在ATCF上,只需要创建UE与ATGW之间的承载通道,对端设备与ATGW之间的媒体流还是通过原承载通道传输,这样其创建新承载通道的消息交互路径明显短于SRVCC方案,可有效减少切换时长,避免语音中断情况的发生。在呼叫从EPC切换到CS后,增加MSC和ATCF交互,完成会话切换。ATCF是逻辑网元,3GPP标准规定其可以部署在P-CSCF、IBCF、MSCS等网元中。

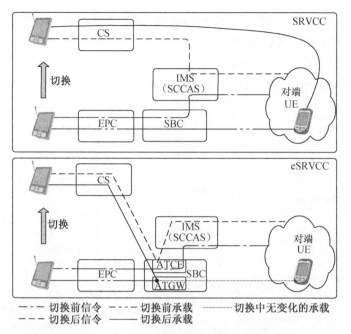

图5-15　SRVCC/eSRVCC切换前后承载路径

终端不区分SRVCC和eSRVCC，均看作SRVCC，附着过程中终端上报SRVCC能力，并存储在HSS中；是否支持eSRVCC是由拜访地和归属地的网络部署决定的，只有当拜访地和归属地均支持eSRVCC时，终端才能进行eSRVCC切换，否则执行SRVCC切换。

5.1.4　CS Retry

5.1.4.1　基本概念

VoLTE用户作为被叫用户，且呼叫被域选到IMS域后，由于被叫终端不在IMS域内或专用承载建立失败等原因而导致该呼叫不能在IMS域被接续，SCCAS支持尝试从CS域进行接续。

CS Retry流程分为以下两种情况。

（1）CS Retry普通流程。

SCCAS在没有收到被叫的18X消息时收到OXX响应，或者没有收到任何消息，但CS Retry定时器超时后触发CS Retry流程。

（2）专有承载建立失败下的CS Retry流程。

SCCAS在已经收到了18X消息以后，收到特定的OXX消息或等待200（for Update）响应，CS Retry定时器超时后触发CS Retry流程。

说明：

① 触发CS Retry的原因值一般包括400（未发现目的号码）、404、408（请求超时）、410（离线）、480（暂时不可达）、488、500、503（服务器不可达）、504（服务超时）、580。

② CS Retry定时器推荐配置为EPC网络寻呼时长加1~2s。一般来说，现网MME配置的

寻呼次数为3，CS Retry定时器时长要大于MME设置的总寻呼时长，如图5-16所示。

5.1.4.2 CS Retry普通流程

CS Retry普通流程如图5-17所示。

主要描述被叫侧的呼叫请求流程，如图5-18所示。

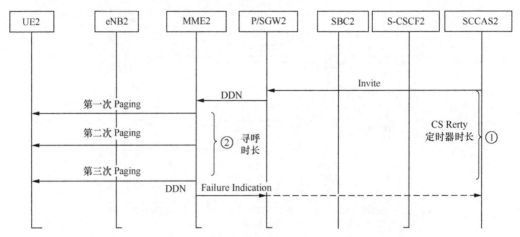

图5-16 CS Retry定时器与寻呼时长的示意图

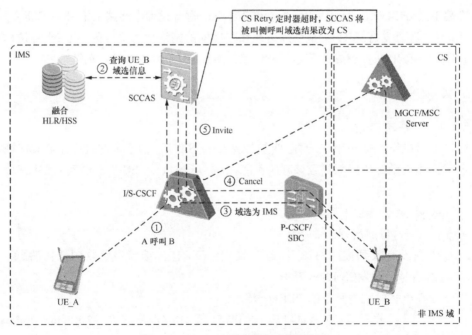

图5-17 CS Retry普通流程功能示意图

具体呼叫流程见以下1、2、3~5、6a~8a或6b~8b、9~11。

流程1：UE_A呼叫UE_B，向用户提供业务的IMS网络的I-CSCF收到Invite消息。

流程2：I-CSCF收到请求（Invite）消息后，做如下处理。

- I-CSCF向融合HLR/HSS中的IMS-HSS发送LIR消息，请求获取为用户B注册的

S-CSCF地址。
- IMS-HSS向I-CSCF返回LIA响应,携带S-CSCF地址。
- I-CSCF经过S-CSCF将Invite消息发到SCCAS。

流程3～5: SCCAS将Invite消息从IMS域通过SBC尝试发给UE_B。其后触发CS Retry的处理流程取决于CS Retry定时器。

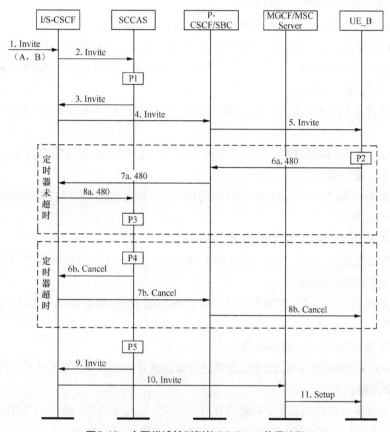

图5-18 主要描述被叫侧的CS Retry普通流程

- 当定时器未超时,SCCAS收到480消息→6a～8a。
- 当定时器超时,SCCAS未收到480消息→6b～8b。

SCCAS在触发CS Retry后将Invite消息中的PANI头域修改为3PTC,用于指示S-CSCF直接将呼叫接续至UE_B。

Invite Tel:+66859877906 SIP/2.0

......

P-Access-Network-Info: 3PTC

备注:触发CS Retry的SIP状态码可以在SCCAS网元上的参数"触发CS Retry的SIP状态码"进行配置,这里以SIP状态码480为例。

流程6a～8a: SCCAS收到480消息后,停掉CS Retry定时器。在确认触发CS Retry的SIP

状态码为480后，SCCAS触发CS Retry，将被叫侧呼叫域选结果改为CS域，并将Invite消息落地在CS域，再转步骤9。

流程6b～8b： SCCAS发送取消（Cancel）消息给UE_B，并将域选结果修改为CS域的Invite消息落地在CS域，再转步骤9。

流程9～11： SCCAS指示呼叫重新域选到CS域，Invite消息落地到CS域之后的流程同基本呼叫中的域选到CS域的流程相同。

针对上面流程中的P1、P2、P3、P4、P5分别做出详细解释。

P1： SCCAS收到Invite消息后，进行T-ADS域选。只有在同时满足VoLTE用户B做被叫时候域选的结果为IMS域且SCCAS上开启了"CS Retry的开关"时，SCCAS才启动CS Retry定时器，否则，不能触发CS Retry。

P2： 呼叫请求到达被叫终端，但是被叫终端当前不可用，不接受PS域的呼叫，回复480消息。

P3： SCCAS收到480消息后，是否结束IMS域的智能业务，需要判断"CS Retry后是否触发智能业务"功能的取值。

（1）如果取值为"Yes"，且IMS域存在智能业务，则需要结束当前IMS域的所有智能业务，否则，不做处理。

（2）如果取值为"No"，则不做处理。

P4： SCCAS发送Cancel消息前，是否结束IMS域的智能业务，需要判断"CS Retry后是否触发智能业务"功能的取值。

（1）如果取值为"Yes"，判断如果IMS域存在智能业务，则需要结束当前IMS域的所有智能业务，否则不做处理。

（2）如果取值为"No"，则不做处理。

SCCAS将呼叫接续到CS网络之前，需要进行抑制重复锚定处理，具体有如下两种方式。

（1）CSRN路由方式

SCCAS设置T-CSI抑制信元，向融合HLR/HSS发送UDR消息，通过融合HLR/HSS获取用户的CSRN号码（MSRN号码），指示S-CSCF将呼叫路由到CS网络。

（2）CIC路由方式

SCCAS在主叫号码前增加CIC前缀，在被叫号码后增加CIC参数。Request-URI中被叫号码的CIC参数用于指示S-CSCF将呼叫路由到CS网络，P-Asserted-Identity中主叫号码前的CIC前缀用于抑制呼叫请求重复锚定到IMS网络。当呼叫路由到MGCF后，由MGCF根据CIC前缀设置T-CSI抑制信元，并查询向HLR获取用户的MSRN号码。

这里以CIC路由方式为例。域选结果修改为CS域的Invite消息示例如下。

```
Invite Tel:+8613*****1522;cic=261 SIP/2.0
  Via: SIP/2.0/UDP 188.100.31.183:5060;branch=z9hG4bKphaja3pfjzf1cz4ppx4peeyea;Role=3;Dpt=f29a _ 16;TRC=ffffffff-8400
  Route: <sip:188.20.31.130;lr;ORGDLGID=3748-4;Dpt=7574 _ 6;TRC=ffffffff-386>
  Record-Route: <sip:188.100.31.183:5060;lr;Dpt=f29a _ 16;Role=3;CxtId=4;TRC=ffffffff-8400;X-HwB2bUaCookie=9>
```

```
Call-ID: xe2hhc3bcccpz0feb2ehapz0jfxyp3h1@188.100.31.183
From: VoLTE USER <tel:13*****1521;noa=subscribe;srvattri=national;pho
ne-context=+86>;tag=bpbez1xc
To: <sip:+8613*****1522@domain2031.huawei.com>
......
```

其中,"cic=261"指示S-CSCF将呼叫路由到MGCF。

P5:在将呼叫重新域选到CS域后,如果此处满足智能触发条件,则需要触发智能业务,此时触发的智能业务为CS Retry后CS域触发的智能业务。

5.1.4.3 专有承载建立失败下的CS Retry流程

SCCAS在收到了18X消息后,收到特定的OXX消息或等待200(for Update)响应CS Retry定时器超时后触发的CS Retry流程。由于现网专有承载建立时一般都有资源预留过程,所以专有承载建立失败的CS Retry流程分为以下三种场景。

1. 资源预留过程中,终端感知建立专有承载失败

本场景主要描述被叫侧的呼叫请求流程,如图5-19所示。

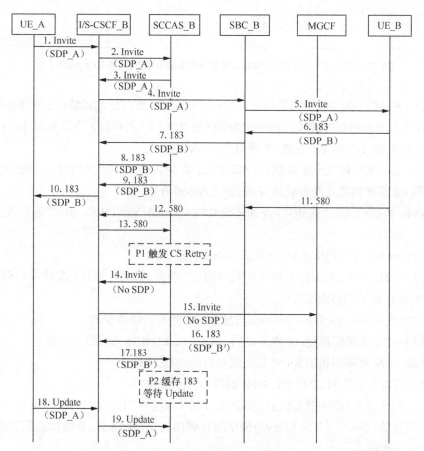

图5-19 资源预留过程中,终端感知建立专有承载失败下的CS Retry流程

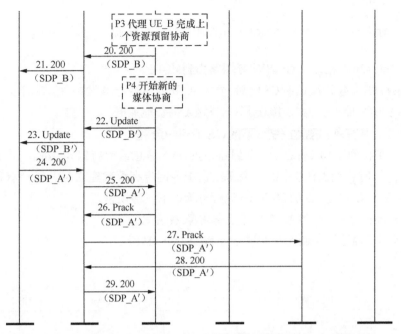

图5-19　资源预留过程中，终端感知建立专有承载失败下的CS Retry流程（续）

流程1～5：SCCAS_B收到来自UE_A的Invite消息后，进行T-ADS域选。只有在同时满足VoLTE用户UE_B做被叫时候域选的结果为IMS域且SCCAS上开启了"CS Retry的开关"时，SCCAS启动CS Retry定时器，否则，不能触发CS Retry流程。

流程6～13：被叫建立专有承载时，SCCAS_B收到183消息，因为启用了资源预留流程，这时终端如果感知到建立专有承载失败，会上报580消息。

流程14～17：SCCAS_B向MGCF发送不带SDP的Invite消息到CS域，MGCF返回带SDP的183消息。

流程18～19：UE_A向SCCAS_B发送Update消息。

流程20～21：SCCAS_B直接给主叫侧回送200消息，携带UE_B上次协商的SDP_B。至此，上个资源预留流程协商已完成。

流程22～23：SCCAS_B发送Update消息给主叫侧进行媒体修改。

流程24～27：主叫侧返回200消息以后，SCCAS_B给MGCF回送Prack消息。

流程28～29：被叫侧返回200消息完成对Prack消息的确认。

针对上面流程中的**P1**、**P2**、**P3**、**P4**分别做出详细解释。

P1：SCCAS_B收到580消息以后，如果CS Retry功能中"收到183后是否触发CS Retry"相关参数配置为"Yes"，且CS Retry功能中的收到183后触发CS Retry的状态码包含580，则启动CS Retry流程。

P2：MGCF返回的183消息带了SDP以后，SCCAS_B需要先缓存此消息，等待前面的资源预留流程结束。

P3：SCCAS_B收到主叫侧的Update消息以后，代理UE_B完成上个资源预留流程的协商。

P4：SCCAS_B发起新的媒体协商。

特别说明：

如果SCCAS_B先收到了主叫侧的Update消息，这时SCCAS_B会给SBC_B发送Update消息，SBC_B会给UE_B发送Update消息，但是SCCAS_B不会收到来自UE_B/SBC_B的200消息。这时如果SCCAS_B收到580消息，处理与上述流程类似，此处不再赘述。

2. 资源预留过程中，SBC感知建立专有承载失败

本场景主要描述被叫侧的呼叫请求流程，如图5-20所示。

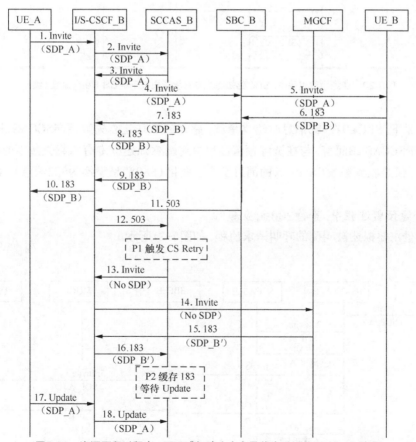

图5-20 资源预留过程中，SBC感知建立专有承载失败下的CS Retry流程

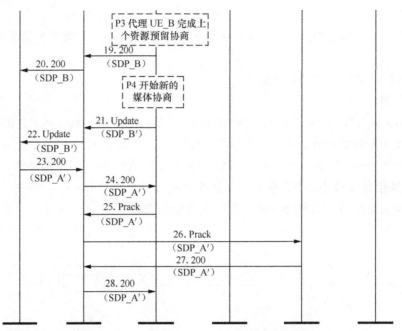

图5-20 资源预留过程中,SBC感知建立专有承载失败下的CS Retry流程(续)

此场景下,SBC_B在183消息时建立承载,感知到承载建立失败后向SCCAS_B发送503消息。对于SCCAS_B而言,与在资源预留过程中终端感知建立专有承载失败下的CS Retry流程相比,仅是收到触发CS Retry的消息发生了变化(580消息替换为503消息),此处不再重复描述。

3. 资源预留过程中,等待200响应超时

本场景主要描述被叫侧的呼叫请求流程,如图5-21所示。

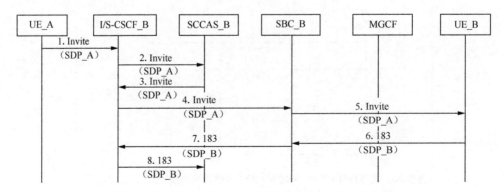

图5-21 资源预留过程中,等待200响应超时的CS Retry流程

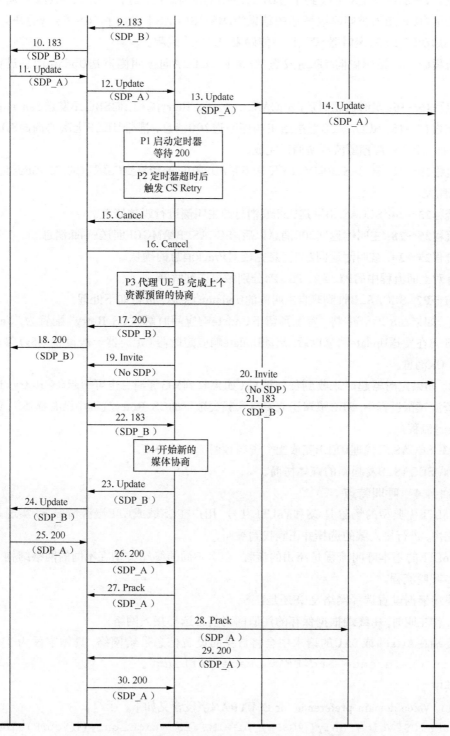

图5-21 资源预留过程中，等待200响应超时的CS Retry流程（续）

流程1～5：SCCAS_B收到来自UE_A的Invite消息后，进行T-ADS域选。当同时满足VoLTE用户UE_B做被叫时候域选的结果为IMS且SCCAS上开启了"CS Retry的开关"时，SCCAS启动CS Retry定时器，否则，不能触发CS Retry流程。

流程6～14：被叫侧向UE_A发送183消息，UE_A向被叫侧发送Update消息进行媒体协商。

流程15～16：定时器超时后，SCCAS_B触发CS Retry流程，向SBC_B发送Cancel消息。

流程17～18：SCCAS_B直接给主叫侧回送200消息，携带UE_B上次协商的SDP_B消息。至此，上个资源预留流程协商已完成。

流程19～22：SCCAS_B向MGCF发送不带SDP的Invite消息到CS域重试，MGCF返回带SDP的183消息。

流程23～24：SCCAS_B发送Update消息给主叫侧进行媒体修改。

流程25～28：主叫侧返回200消息以后，SCCAS_B给MGCF回送Prack消息。

流程29～30：被叫侧返回200消息完成对Prack消息的确认。

针对上面流程中的**P1**、**P2**、**P3**、**P4**分别做出详细解释。

P1～P2：SCCAS_B收到来自主叫侧的Update消息后，进行如下处理。

① 如果在SCCAS中将"资源预留下Update响应超时触发CS Retry"配置为"Yes"，则SCCAS_B在发送Update消息以后，启动Update响应定时器（定时器一般设置为5s）等待后发送200 OK消息。

② 如果定时器超时未收到任何消息（如果收到503等消息也可引起CS Retry，这种情形在资源预留过程中，SBC感知建立专有承载失败下的CS Retry流程中已有描述），则启动CS Retry流程。

P3：SCCAS_B代理UE_B完成上个资源预留流程的协商。

P4：SCCAS_B发起新的媒体协商。

5.1.4.4 呼叫特点

VoLTE中典型的场景是CS和VoLTE共号，用户在CS域或LTE漫游情况下，实现基本呼叫的路由，进行接入域的选择并正确找到被叫。

VoLTE的基本呼叫流程是路由的流程，包含不同的终端类型在不同的网络结构下适用的基本呼叫流程。

终端根据设置选择网络是CS还是IMS。

1. 作主叫时，由终端根据保存的注册网络信息选择接入网络；

终端在Attach或TAU的请求中会将自身的设置信息带给网络，具体字段为"Voice domain preference and UE's usage setting"。

其中，

（1）Voice domain preference for E-UTRAN字段含义如下。

00-- CS Voice only(仅CSFB)、01--IMS PS Voice only(仅VoLTE)、10-- CS Voice preferred, IMS PS voice as secondary(优先CSFB、次选VoLTE)、11-- IMS PS voice preferred, CS Voice as secondary (优先VoLTE、次选CSFB)。

(2) UE's usage setting字段含义如下。

① Voice Centric表示UE支持IMS语音业务，或CSFB语音业务，或两者都支持。Voice Centric的终端必须保证语音业务可用，假如在LTE网络中无法获得语音业务（IMS Voice和CSFB都不可用）时，终端必须去使能E-UTRAN能力，重选回GERAN或UTRAN网络。

② Data centric表示不需要保证语音业务可用，假如在LTE网络中无法获得语音业务（IMS Voice和CSFB都不可用）时，终端仍可以继续工作在E-UTRAN网络中，此时语音业务不可用。

目前VoLTE终端的设置如下。

```
Voice domain preference and UE's usage setting
                 Element ID: 0x5d
                 Length: 1
0000 0... = Spare bit(s): 0
.... .0.. = UE's usage setting: Voice centric
.... ..11 = Voice domain preference for E-UTRAN: IMS PS voice
preferred, CS Voice as secondary (3)
```

2. 作为被叫时，由网络侧查询数据库选择终端的接入网络。

5.1.4.5 签约数据

VoLTE用户的基本标识是IMSI和MSISDN，其在IMS网络的用户标识IMPI、IMPU、T-IMPU均由IMSI和MSISDN推导。

IMSI：GSM/UMTS/EPC网络中用于唯一识别移动用户的号码，该号码用于移动用户在网络中的注册和鉴权。

MSISDN：GSM/UMTS/EPC网络中呼叫一个移动用户所需拨打的号码。

IMPI：IMS网络中用于唯一识别一个终端，该标识用于IMS用户在IMS网络中的注册和鉴权。

IMPU：IMPU在IMS网络中用于实际通信和号码显示的标识。IMPU有两种形式：SIP URI和Tel URI。

T-IMPU：在IMS-HSS上设置为闭锁，仅用于用户的注册，不用于发起业务，对其他用户不可见。

5.2 VoLTE用户注册流程

注册是用户向签约网络请求授权使用业务的过程，在VoLTE解决方案中，LTE用户根据实际的信号强度覆盖，可以由UE选择附着到CS网络或LTE网络进行注册。对于CS网络注册，注册过程与传统CS网络用户注册过程相同。对于LTE网络注册，UE首先附着到EPC网络，再在IMS网络注册。用户注册后，可以享受归属网络提供的服务，包括对用户当前地址和用户身份进行绑定；用户可以正常使用各种签约业务。

PDN（Packet Data Network）是UE要接入的目的网络，对于LTE网络，就是UE要接入到Internet，还是IMS。

APN（Acess Point Name）接入点名用来标识UE接入一个指定的外部网络或一种类型的服务，即在UE/PGW里定义用于标识目的PDN。对于LTE网络，就是UE要接入到哪个PGW，通过这个PGW的SGi接口可以接入到Internet还是IMS。

PDN连接是UE和一个特定PDN之间的IP连接，比如IMS APN指的就是UE接入IMS，CxNET APN指的就是UE接入Internet，实际上就是PGW网元面向用户使用不同APN时建立通往不同目的网络的一个通道，对于VoLTE业务来说，当用户使用VoLTE业务的时候，PGW会将用户的SIP信令消息和RTP媒体流送往IMS网络处理。

5.2.1 EPC附着

图5-22所示为VoLTE用户EPC附着流程。

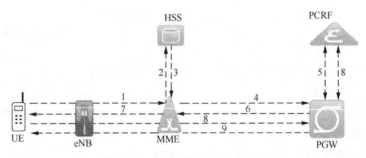

图5-22　VoLTE用户EPC附着流程

总的来说，EPC附着分为9个过程。

流程1：终端发起Attach Request请求，并告诉网络支持VoLTE语音业务；

流程2：MME收到终端的附着请求，有可能向HSS要用户的鉴权数据并向用户发起鉴权请求，待用户鉴权通过后，向HSS请求用户的业务签约数据；

流程3：获取用户的签约数据，包含APN、MSISDN等信息；

流程4：MME向PGW申请建立数据业务的默认承载（基于用户签约默认APN为数据业务APN的特性），MME根据APN配置和网络拓扑选择SGW和PGW，向SGW发起Create Session Request请求消息，消息中携带数据业务APN及QCI信息；

流程5：在数据业务开启PCC的情况下，PGW触发数据业务默认承载的PCC流程，PGW通过CCR请求向PCRF发起PCC流程；PCRF通过CCA向PCRF下放PCC规则和QoS信息；

流程6：PGW向MME返回会话建立响应消息，SGW向MME返回Create Session Response信息，消息中包括UE IP地址和DNS地址；

流程7：MME向UE返回附着接受消息，包括PGW为UE分配的IP地址和DNS地址；

以上7步的具体信令流程图如图5-23所示。

流程8：终端发起VoLTE语音业务的PDN连接建立请求；

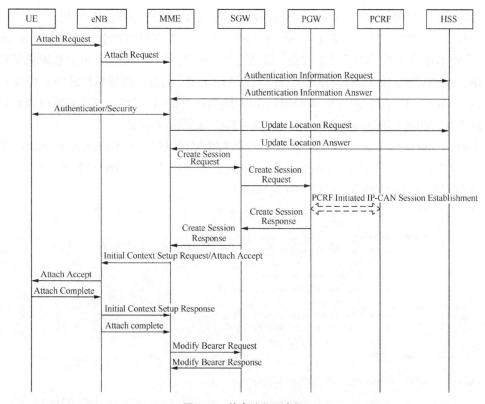

图5-23 信令流程示意图

流程9：网络侧为用户建立VoLTE语音业务的默认承载。

第8、9步的具体信令流程如图5-24所示。

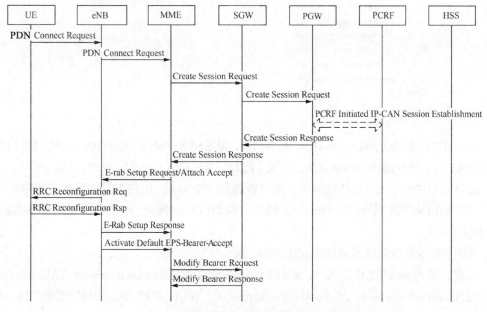

图5-24 信令流程示意图

其中，第2步中的MME向HSS要用户鉴权数据和业务数据的详细过程如下。

MME收到请求后向HSS发起Update Location请求信息；MME收到UE的Attach Request后先检查本地是否有该用户的鉴权集，如果没有，MME则向HSS发送AIR消息请求鉴权数据，消息中携带用户的IMSI，HSS向MME返回AIA消息，消息中携带用户的四元组鉴权向量，包括XRES、RAND、AUTN、KASME，EPC网络针对终端的USIM卡完成鉴权流程后，MME向SAE-HSS发送Update Location Request消息，获取用户信息。

Update Location Request消息中携带了两个关键信元，包含UE SRVCC Capability（指示UE是否支持SRVCC能力）、Homogeneous-Support-of-IMS-Voice-Over-PS-Sessions（指示所在RA/TA是否支持IMS Voice PS Sessions）。

```
AVP: UE-SRVCC-Capability(1615) l=16 f=V-- vnd=TGPP val=UE-SRVCC-SUPPORTED (1)
    AVP Code: 1615 UE-SRVCC-Capability
    AVP Flags: 0x80
        1... .... = Vendor-Specific: Set
        .0.. .... = Mandatory: Not set
        ..0. .... = Protected: Not set
        ...0 .... = Reserved: Not set
        .... 0... = Reserved: Not set
        .... .0.. = Reserved: Not set
        .... ..0. = Reserved: Not set
        .... ...0 = Reserved: Not set
    AVP Length: 16
    AVP Vendor Id: 3GPP (10415)
    UE-SRVCC-Capability: UE-SRVCC-SUPPORTED (1)

AVP: Homogeneous-Support-of-IMS-Voice-Over-PS-Sessions(1493) l=16 f=V-- vnd=TGPP val=SUPPORTED (1)
    AVP Code: 1493 Homogeneous-Support-of-IMS-Voice-Over-PS-Sessions
    AVP Flags: 0x80
        1... .... = Vendor-Specific: Set
        .0.. .... = Mandatory: Not set
        ..0. .... = Protected: Not set
        ...0 .... = Reserved: Not set
        .... 0... = Reserved: Not set
        .... .0.. = Reserved: Not set
        .... ..0. = Reserved: Not set
        .... ...0 = Reserved: Not set
    AVP Length: 16
    AVP Vendor Id: 3GPP (10415)
    Homogeneous-Support-of-IMS-Voice-Over-PS-Sessions: SUPPORTED (1)
```

HSS向MME回复Update Location ACK信息，包括STN-SR、C-MSISDN、默认APN（比如XXnet APN）、一个或多个PDN签约上下文［比如，IMS APN及QoS（QCI=5，ARP=9）］。

此时返回的STN-SR是HSS给这个用户签约的一个号码，用户实际注册的ATCF网元的STN-SR会在IMS域注册时通过Register消息上报给SCCAS网元，SCCAS会通过HSS重新插入到MME中去。

其中第8、9步的详细过程说明如图5-25所示。

流程1：在Attach和TAU过程中，MME向VoLTE终端发送的Attach Accept、TAU Accept消息中包含"IMS Voice over PS Sessions=1(support)"；VoLTE终端主动向MME发起IMS APN承载建立请求。

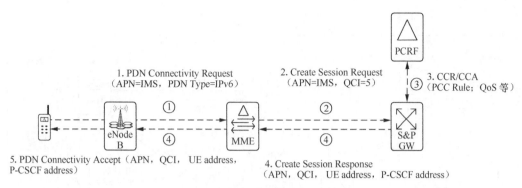

图5-25　IMS APN承载的建立过程

流程2：MME向分组域融合DNS发起APN解析请求，根据DNS的解析结果，优选同一SAE-GW中的SGW和PGW；随后MME向SAE-GW发起Create Session Request请求消息，消息中携带IMS APN及QCI信息。

流程3：PGW与PCRF之间进行PCC信息（该UE的相关策略信息）交互（CCR/CCA）。

流程4：EPS（无线LTE+EPC核心网）网络为VoLTE用户建立IMS APN默认承载，PGW经SGW、MME、eNB返回的信息中包含PGW为用户分配的IPv6地址、PGW中预先配置的VoLTE SBC的IP地址列表。

备注：

我们是假定VoLTE用户签约默认APN是数据业务，假如VoLTE用户签约默认APN是IMS APN呢，那EPC注册过程会有哪些不同呢？

我们主要关注的是VoLTE用户通过EPC注册后获取到网络分配的IP地址以及P-CSCF地址是什么，那我们就要查看Attach Accept消息，现网一般都是给用户签约数据业务APN为默认APN，所以现网是通过查看E-RAB Setup Request消息，这些细节不影响对于VoLTE业务整体流程的理解，但在日常故障或用户投诉处理过程中则需要咱们了解这些细节。

5.2.2　IMS注册

VoLTE用户进行IMS注册时由拜访地P-CSCF（SBC/ATCF）、I-CSCF向归属网络发起注册，使用USIM卡的VoLTE用户注册时，如果通过USIM卡导出的注册IMPU（比如SIP:IMSI@ims.mnc<mnc>.mcc460.3gppnetwork.org）无省份信息，则只能通过拜访地I-CSCF由DRA向归属HSS进行查询。具体注册流程如图5-26所示。

流程1：终端根据附着流程获得的P-CSCF地址，通过EPC网络向P-CSCF发起注册。

流程2：P-CSCF具备ATCF功能，在注册消息中插入STN-SR；P-CSCF根据导出的注册IMPU域名向DNS发起查询，查询结果为P-CSCF拜访本省的I-CSCF地址，并将注册消息发送给I-CSCF。

流程3：I-CSCF通过Cx接口向HSS查询服务S-CSCF信息。

流程4：HSS向I-CSCF下发能力集。

流程5：I-CSCF根据本地配置并通过查询DNS将注册消息发送给用户归属S-CSCF。

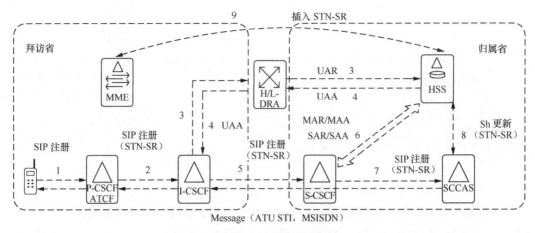

图5-26 IMS注册过程

流程6：S-CSCF通过Cx接口向HSS下载用户鉴权向量和签约数据，并对用户进行鉴权。

流程7：鉴权完成后，S-CSCF向SCCAS发起第三方注册流程。

流程8：SCCAS通过Sh接口向HSS下载用户签约信息与透明数据，其中包括终端SRVCC能力和STN-SR值，SCCAS通过Message消息向ATCF通知AUT-STI值和C-MSISDN值，如果SCCAS发现注册消息中的值与HSS中STN-SR值不同，那么将通过Sh接口向HSS更新该值。

流程9：HSS通过S6a接口将更新的STN-SR值通知MME，MME更新STN-SR值。

备注：

a. STN-SR、AUT-STI值和C-MSISDN这三个参数在SRVCC业务过程中是怎么影响接续的，在SRVCC专题中会具体描述。

b. 终端发起注册（初始注册、重注册）请求时，如收到网络侧发送的错误响应（如408、500、504），终端应立即重新发起注册消息；当多次注册不成功后，终端应具备一定的智能性，不应频繁地自动向网络发起注册消息。

5.2.3 第三方注册

IMS域注册完成后，S-CSCF根据VoLTE用户签约的iFC（Shared iFC），向相应的IMS AS发起第三方注册。

第三方注册流程如图5-27所示。

S-CSCF从VoLTE用户归属三融合HSS/HLR获得用户IMS签约数据，其中包括用户签约的Shared iFC，并将Shared iFC映射为标准iFC，根据iFC优先级和对应AS主机名按顺序将用户注册到IMS AS，一般来说，VoLTE用户会签约三个AS，包含SCCAS（域选和SRVCC两个功能）、VoLTE MMTEL AS（VoLTE业务基本功能）、IP-SM-GW（短信网关功能）。具体注册顺序为：首先注册SCCAS、然后注册VoLTE MMTEL AS、最后注册IP-SM-GW；现网一般是SCCAS与VoLTE MMTEL AS综合设置为VoLTE AS，可一次完成SCCAS和VoLTE AS的注册。

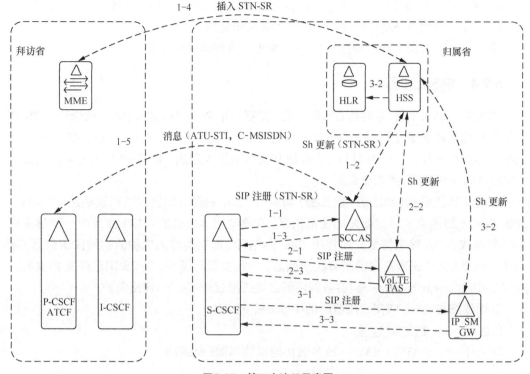

图5-27 第三方注册示意图

（1）SCCAS注册

① S-CSCF根据用户iFC签约中的SCCAS POOL主机名向IMS DNS发起查询，并根据IMS DNS返回的解析结果选择SCCAS，向SCCAS发起第三方注册请求。

② SCCAS通过Sh接口从用户归属三融合HSS/HLR下载用户签约信息和透明数据，其中包括终端SRVCC能力和STN-SR值，若SCCAS发现注册消息中的STN-SR值与三融合HSS/HLR下载的值不同，则通过Sh接口更新三融合HSS/HLR中的STN-SR值。

③ SCCAS向S-CSCF返回SCCAS第三方注册成功消息。

④ 三融合HSS/HLR通过S6a接口更新VoLTE用户拜访MME中的STN-SR值。

⑤ SCCAS通过消息告知VoLTE SBC/ATCF用户的AUT-STI和C-MSISDN。

（2）VoLTE TAS注册

① S-CSCF根据用户iFC签约中的VoLTE TAS POOL主机名向IMS DNS发起查询，并根据IMS DNS返回的解析结果选择VoLTE TAS，向VoLTE TAS发起第三方注册请求。

② VoLTE TAS通过Sh接口从用户归属三融合HSS/HLR下载用户透明数据。

③ VoLTE TAS向S-CSCF返回VoLTE TAS第三方注册成功消息。

（3）IP_SM_GW第三方注册

① S-CSCF根据用户iFC签约中的IP_SM_GW通用主机名向IMS DNS发起查询，IMS DNS向一级IMS DNS发起查询，S-CSCF根据IMS DNS返回的解析结果选择IP_SM_GW，向IP_SM_GW发起第三方注册请求。

② IP_SM_GW通过Sh接口更新用户归属三融合HSS/HLR中短信业务路由信息,将三融合HSS/HLR中短信业务地址修改为IP_SM_GW网元地址。

③ IP_SM_GW向S-CSCF返回IP_SM_GW第三方注册成功消息。

5.2.4 IP Sec流程

IMS网络的VoLTE业务的核心控制平台,具有基于会话初始协议(SIP)的全IP架构,IP协议固有的缺陷和安全漏洞使IMS很容易遭受攻击,IMS要求所有用户在使用IMS服务之前都必须进行鉴权(认证和授权),协商建立安全的接入通道,即IMS使用因特网协议安全(IPSec)为IMS系统提供安全保护。

终端发起注册(初始注册、重注册)请求时,当收到网络侧发送的错误响应(如408、500、504),终端会立即重新发起注册消息,在移动通信网络的VoLTE业务中一般都采用AKA的鉴权方式,终端需要立即将IP Sec SA清除,重新构建无保护的初始注册消息,未经IP Sec SA保护通道发送的所有注册消息,均需要重新鉴权,S-CSCF重新发起挑战。S-CSCF通过Integrity-Protected参数判定消息是否经过IP Sec SA通道保护。

下面详细描述VoLTE用户注册时的IP Sec相关过程。

5.2.4.1 参数协商过程

3GPP协议33.203关于SA建立的参数协商描述如图5-28所示。

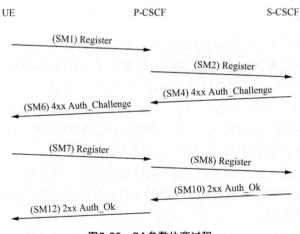

图5-28 SA参数协商过程

(1)SM1消息携带终端侧的SPI信息、端口信息以及加密和完整性保护的算法

SM1:

Register(Security-setup = SPI_U, Port_U, UE integrity and encryption algorithms list)

举例如下:

ipsec-3gpp;alg=hmac-md5-96;ealg=aes-cbc;mod=trans;port-c=49215;port-s=49216;prot=esp;spi-c=114547047;spi-s=169840233

(2) SM6消息携带P-CSCF侧的SPI信息，端口信息以及加密和完整性保护的算法

SM6:

4xx Auth_Challenge(Security-setup = SPI_P, Port_P, P-CSCF integrity and encryption algorithms list)

举例如下：

ipsec-3gpp;alg=hmac-md5-96;prot=esp;mod=trans;ealg=aes-cbc;spi-c=2894629212; spi-s=4105223080;port-c=9950;port-s=9900

(3) SM7消息携带终端和P-CSCF侧的SPI信息，端口信息以及加密和完整性保护的算法

SM7:

Register(Security-setup = SPI_U, Port_U, SPI_P, Port_P, P-CSCF integrity and encryption algorithms list)

举例如下：

Security-Verify: ipsec-3gpp;alg=hmac-md5-96;ealg=aes-cbc;mod=trans;port-c=9950; port-s=9900;prot=esp;spi-c=2894629212;spi-s=4105223080

(4) SM8消息携带完整性保护指示给S-CSCF

SM8:

Register(Integrity-Protection = Successful, Confidentiality-Protection = Seccessful, IMPI)

5.2.4.2 SA通道建立过程

SA通道建立过程描述如图5-29所示。

(1) 初始注册消息

始发端口是终端侧SIP的知名端口：5060。

目的端口是P-CSCF侧SIP的知名端口：5060。

初始注册消息是未受保护的消息。

(2) 终端收到401消息后，上发注册消息

始发端口使用终端分配的Port-UC。

目的端口是P-CSCF分配的Port-PS。

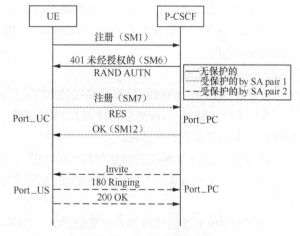

图5-29 SA通道建立过程

这个注册消息是在受保护的通道中传递，对应的200 OK消息(SM12)也是在这个SA中传递

(3) 用户作为被叫，P-CSCF发送Invite消息给终端。

始发端口使用P-CSCF分配的Port-PC。

目的端口使用终端分配的Port-US。

后续的180和200 OK消息也是使用这个SA通道。

5.2.4.3 应用示例

1. 典型事例

图5-30所示为常见的注册流程,SA通道各个端口信息详细描述如下。

序号	时间戳	源地址	源端口	目标地址	目标	消息接口类型	消息类型
1	2015-11-11 12:04:28.059			2409:8805:40C:52:887:3F85:DB3:148C	5060	>TRACE_SIPC_UP	REGISTER
2	2015-11-11 12:04:28.231	2409:8095:500:0:0:0:0:1	5060	2409:8805:40C:52:887:3F85:DB3:148C	5060	<TRACE_SIPC_DOWN	401 UNAUTHORIZED
3	2015-11-11 12:04:28.668	2409:8805:40C:52:887:3F85:DB3:148C	49215	2409:8095:500:0:0:0:0:1	9900	>TRACE_SIPC_UP	REGISTER
4	2015-11-11 12:04:28.803	2409:8095:500:0:0:0:0:1	9900	2409:8805:40C:52:887:3F85:DB3:148C	49215	<TRACE_SIPC_DOWN	200 OK
5	2015-11-11 12:04:28.879	2409:8805:40C:52:887:3F85:DB3:148C	49215	2409:8095:500:0:0:0:0:1	9900	>TRACE_SIPC_UP	SUBSCRIBE
6	2015-11-11 12:04:28.895	2409:8095:500:0:0:0:0:1	9950	2409:8805:40C:52:887:3F85:DB3:148C	49216	<TRACE_SIPC_DOWN	200 OK
7	2015-11-11 12:04:28.896	2409:8095:500:0:0:0:0:1	9950	2409:8805:40C:52:887:3F85:DB3:148C	49216	<TRACE_SIPC_DOWN	NOTIFY
8	2015-11-11 12:04:28.992	2409:8805:40C:52:887:3F85:DB3:148C	49215	2409:8095:500:0:0:0:0:1	9900	>TRACE_SIPC_UP	200 OK

图5-30 常见注册流程

(1)终端侧端口信息

Port-UC=49215;

Port-US=49216。

(2)P-CSCF侧端口信息

Port-PC=9950;

Port-PS=9900。

(3)首次注册消息使用SIP知名端口:5060

终端收到401消息后,使用的源端口是Port-UC=49215,目标端口是Port-PS=9900。

注册完成的200 OK消息,使用的源端口是Port-PS=9900,目标端口是Port-UC=49215。

终端发起订阅消息,使用的源端口是Port-UC=49215,目标端口是Port-PS=9900。

核心网反馈的订阅消息,使用的源端口是Port-PC=9950;目标端口是Port-US=49216。

核心网发送订阅的鉴权消息,使用的源端口是Port-PC=9950;目标端口是Port-US=49216。

终端反馈的订阅鉴权消息的200 OK响应,使用的源端口是Port-UC=49215,目标端口是Port-PS=9900。

2. SA创建过程

如图5-31所示,SA创建过程详细描述如下。

① 初始注册Register消息长度超过1300字节,需要通过TCP链路传递消息,首先进行TCP的三次握手建立TCP链路。

按照协议,只有初始注册消息和首个401消息才能在未受保护的通道中传送,终端收到401消息以后,后续的消息需要通过受保护的SA通道发送,因此拆除掉原来的未受保护的TCP链路。

② 由于401后面的注册消息长度仍然大于1300字节,因此还需要创建TCP链路,这次使用的端口是前面协商的端口,终端侧使用Port-UC,P-CSCF侧使用Port-US。

这个通道是SA安全通道,对于注册事务的后续消息,都是通过TCP通道来传递的。

终端侧收到注册的200 OK消息后,将TCP链路拆除。根据协议描述,通道是拆除还是保留由SIP应用层自行决定。

3. 订阅过程SA通道使用

如图5-32所示,订阅过程SA通道使用过程详细描述如下。

第 5 章 VoLTE业务流程

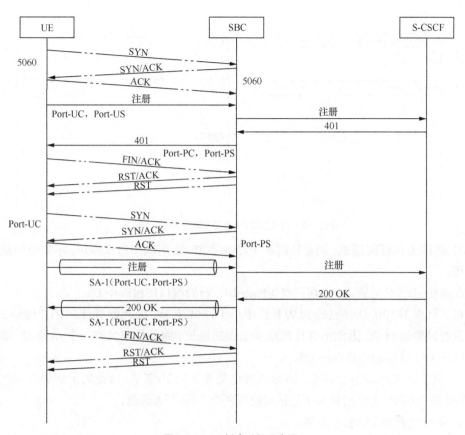

图5-31　SA创建过程示意图

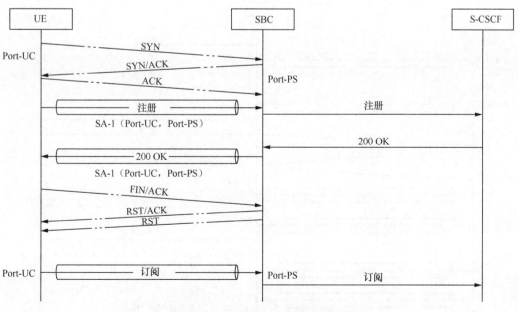

图5-32　订阅过程SA通道使用示意图

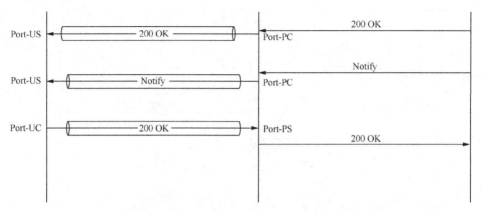

图5-32 订阅过程SA通道使用示意图（续）

① 终端上报订阅消息，消息长度小于1300字节，使用UDP协议传送，不需要创建链路的过程。

直接使用SA安全通道，源端口使用Port-UC，目的端口使用Port-PS。

对于订阅的200 OK消息，因为其长度小于1300字节，因此继续使用UDP传送。由于UDP没有链路的概念，因此不会订阅原来上发的通道，而是使用另外一个SA通道，本地端口是Port-PC，目标端口是Port-US。

② 对于订阅通知鉴权消息，因为长度也是小于1300字节，因此同上面的订阅消息一样，都是使用UDP，上行消息和下行消息使用两个不同的SA通道。

4. 呼叫过程中SA通道使用

如图5-33所示，呼叫过程SA通道使用过程详细描述如下。

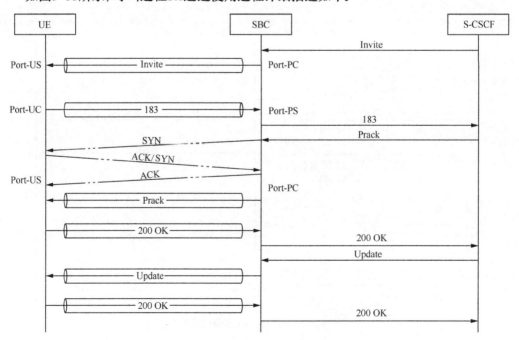

图5-33 呼叫过程SA通道使用过程示意图

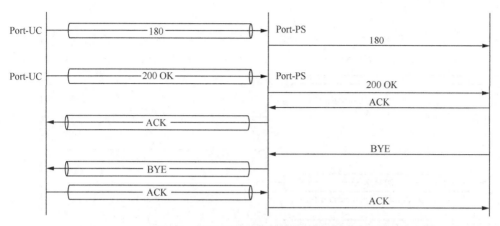

图5-33 呼叫过程SA通道使用过程示意图（续）

① 终端作为被叫的流程。P-CSCF对于发给终端的第一个Invite消息，当前都是使用UDP传输。按照规范，当Invite消息长度超过1300字节时，应该使用TCP协议传输。终端返回的183消息也是使用UDP消息，尽管长度也超过了1300字节。

② 对于Prack消息，当前P-CSCF是根据用户注册时使用的传输协议类型来决定的，由于注册时是使用TCP，因此这里的Prack使用TCP来传输，由于之前没有建立这个方向的TCP链路，因此这里需要有TCP建链过程。

对于P-CSCF建立的TCP链路，不会立刻删除，在对应的事务结束以后，保持3分钟才拆除链路，以RST消息拆除。

5. 重注册鉴权导致SA更换过程

如图5-34所示，重注册鉴权中SA更换过程详细描述如下。

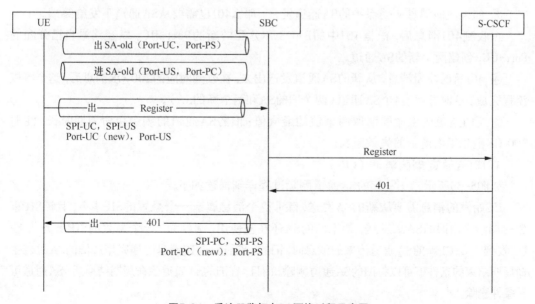

图5-34 重注册鉴权中SA更换过程示意图

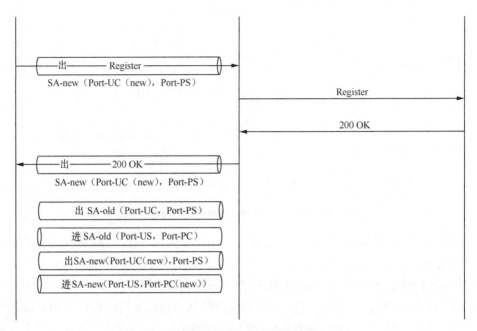

图5-34 重注册鉴权中SA更换过程示意图(续)

① 重注册消息可以通过受保护的SA通道发来,也可以通过未被保护的知名端口发来,如果从知名端口发来,那么原来的SA通道不再使用,流程如初始注册过程。

② SA更换的过程中,Port-s端口不更换,只更换Port-c。对于终端来说,初始有两个旧的SA通道:进(Inbound)和出(Outbound)。

③ 如果注册消息从受保护的SA通道发来,那么401也需要从SA通道下发给终端。

在收到401消息后,根据401中的P-CSCF分配的新的Port-PC,以及终端自己分配的Port-UC,创建两个新的SA通道。

④ 401后的注册消息,从新的SA通道发送出去,在收到对应的200 OK消息后,这个鉴权流程完成。这时并存有4个SA通道(两个旧的SA和两个新的SA)。

⑤ 新的通道的生命周期取两个值的最大值:旧的SA通道的剩余生命周期时长;注册200 OK消息里面携带的失效时长。

6. 旧SA通道删除流程(UE)

如图5-35所示,UE发起的SA通道删除过程详细描述如下。

UE始发的消息需要从新的SA发送,除非这个消息属于一个悬置的SIP事务,且该SIP事务前期消息由旧的SA来发送。如果旧的SA还在被使用,则称为"一个悬置的SIP事务"。在UE收到P-CSCF新的SA通道传来的消息时,旧的SA通道在SIP消息传递完毕或旧的SA通道生命周期结束的条件下可以将旧的SA通道删除。而且,在旧的SA通道生命周期结束后,SA通道可无条件删除。

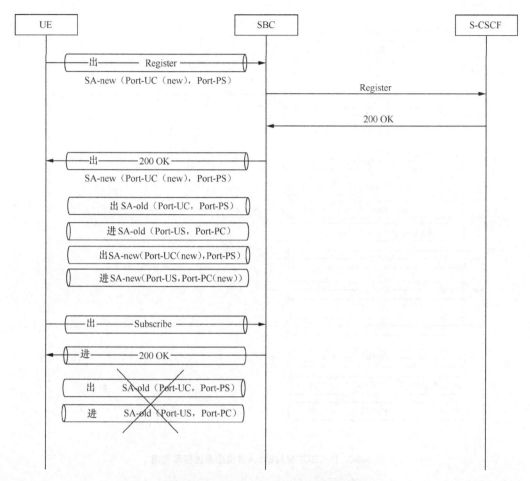

图5-35 UE发起的SA通道删除过程示意图

7. 旧SA通道删除流程(P-CSCF)

如图5-36所示,P-CSCF发起的SA通道删除过程详细描述如下。

① 当在旧SA上收到UE的新的SA通道(Inbound)传来消息或还有很短的生命周期时,P-CSCF需开始使用新的SA来发送消息。只有一种情况是例外的,即一个SIP消息属于一个悬置的SIP事务则需在旧SA上传送。旧SA通道在SIP消息传送完毕或生命周期结束时可以删除,通常是在旧SA通道生命周期结束后会删除。

② 这一段旧的SA通道删除的时机,协议描述得不是很清楚,从当前实现的情况来看,终端和P-CSCF理解的是在生命周期结束的点才删除旧的SA。

当前的生命周期取注册的200 OK里面的失效时长为3600s。

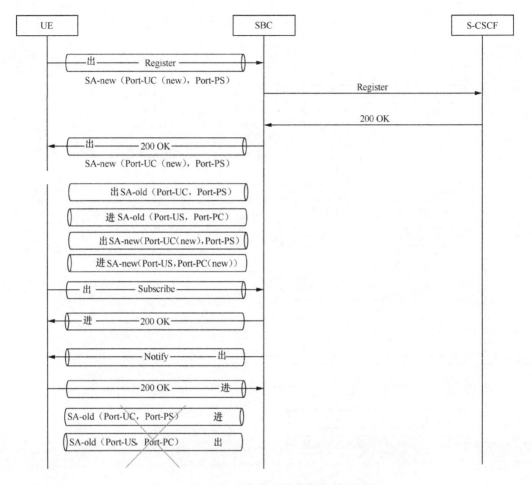

图5-36　P-CSCF发起的SA通道删除过程示意图

5.3　VoLTE用户呼叫流程

5.3.1　主叫流程

如图5-37所示，VoLTE用户在LTE网络的主叫呼叫过程，大致如下。

流程1：UE发起会话，向IMS拜访网络入口P-CSCF发送Invite消息。

流程2：P-CSCF收到Invite消息，根据本地记录的主叫用户注册S-CSCF地址，路由消息到S-CSCF。

流程3~4：S-CSCF收到Invite消息，判断P-Asserted-Identity头域中的主叫号码已注册，则首先根据主叫用户签约的iFC模板数据，触发MMTel AS。MMTel AS向主叫UE提供补充业务，再进行号码分析。之后，MMTel AS发送Invite消息到S-CSCF。

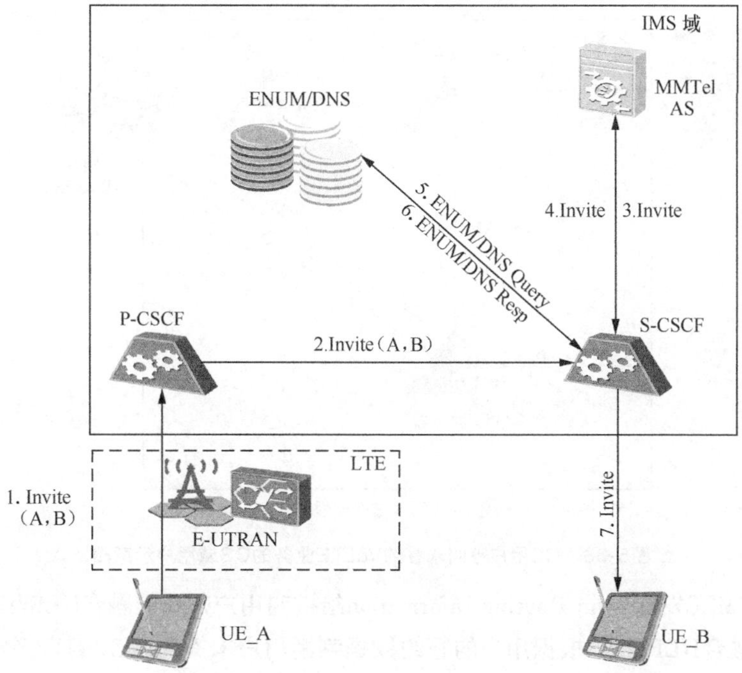

图5-37　VoLTE用户主叫流程示意图

流程5~6：如果Request-URI为Tel URI形式，S-CSCF会尝试查询ENUM服务器，以判断被叫用户是否为IMS网络用户。

流程7：S-CSCF对Request-URI进行路由分析，根据获取的下一跳路由地址，将呼叫请求路由到被叫网络。

5.3.2　被叫流程

根据主叫UE、被叫UE接入网络方式的不同，被叫侧会话过程也不同，可以分为以下4种场景。

- 主叫UE通过CS网络接入，被叫UE通过CS网络接入。
- 主叫UE通过CS网络接入，被叫UE通过LTE网络接入。
- 主叫UE通过IMS/LTE网络接入，被叫UE通过CS网络接入。
- 主叫UE通过IMS/LTE网络接入，被叫UE通过LTE网络接入。

5.3.2.1　主叫CS接入、被叫CS接入

（1）如果被叫用户未签约IMS网络业务，则由融合HLR/HSS做域选择，可以直接将呼叫路由到CS网络，避免呼叫锚定到IMS网络的迂回路由。

如图5-38所示，CS用户呼叫未签约VoLTE业务的CS域用户流程描述如下。

流程1：主叫用户发起呼叫，IAM消息发送到GMSC。

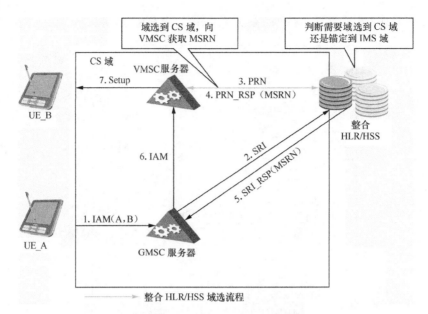

图5-38　CS用户呼叫未签约VoLTE业务的CS域用户示意图

流程2：GMSC发起Send Routing Information给被叫用户归属的融合HLR/HSS。

流程3：融合HLR/HSS根据用户的签约数据判断用户未签约IMS，则直接发PRN给被叫用户拜访的VMSC。

流程4：被叫用户拜访的VMSC为用户分配一个MSRN后通过PRN-ACK返回给融合HLR/HSS。

流程5：融合HLR/HSS通过SRI-ACK将被叫用户的MSRN返回GMSC。

流程6：GMSC构造新的IAM消息发给VMSC。

流程7：VMSC将话务接续到被叫用户。

（2）如果被叫用户签约了IMS网络业务，则需要通过锚定功能将呼叫请求接续到IMS网络。

一般现网选择被叫锚定（IMRN前缀方式）方案。

如图5-39所示，CS用户呼叫签约VoLTE业务的CS域用户流程描述如下。

流程1：用户A呼叫用户B，被叫侧的GMSC服务器收到IAM消息。

流程2：GMSC服务器向HLR/SAE-HSS发送SRI消息，请求获取用户B的漫游号码。

HLR/SAE-HSS查询用户B的签约数据，判断签约数据中若包含终结Camel签约信息（T-CSI, Terminating CAMEL Subscription Information），则将T-CSI通过SRI RSP消息返回给GMSC服务器，其中携带Anchor AS地址。

流程3：GMSC服务器根据T-CSI签约信息，发送IDP消息到Anchor AS触发被叫智能获取IMRN前缀号码。

Anchor AS通过IDP消息中的业务键或业务触发点识别为被叫锚定，并向GMSC服务器发送连接消息，并在Destination Routing Address信元中携带IMRN前缀+被叫用户B号码。

流程4：GMSC服务器对IMRN进行号码分析，获取下一跳地址为MGCF，将呼叫请求路由到MGCF。

第 5 章 VoLTE业务流程

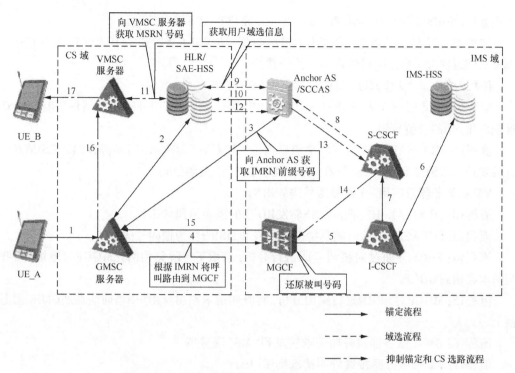

图5-39 CS用户呼叫签约VoLTE业务的CS域用户示意图

流程5：MGCF对IMRN进行号码分析，将呼叫请求路由到I-CSCF。在出局前，MGCF将被叫锚定前缀删除，完成被叫号码的还原且将其规整为全局号码格式。

Invite消息如下所示，其中Route头域未携带"orig"参数，且P-Asserted-Identity头域的主叫号码需要规整为全局号码格式。

```
Invite tel:+8613*****1522 SIP/2.0
......
Route: <sip:192.168.27.120:5060;lr>
From: <sip:+8613*****1521@domain1027.huawei.com>;tag=5224a2b824ce09dda
9726c6dbad5681a
To: <tel:+8612313*****1522>
......
Contact: <sip:192.168.8.61:35555>
......
P-Asserted-Identity:<sip:+8613*****1521@domain1027.huawei.com>,<tel:+
8613*****1521>
P-Access-Network-Info:3GPP-UTRAN-TDD;utran-cell-id-3gpp=234151D0FCE11
```

流程6：I-CSCF收到Invite消息后，I-CSCF向IMS-HSS发送LIR消息，为用户B选择一个可以提供服务的S-CSCF。

IMS-HSS向I-CSCF返回LIA响应，携带S-CSCF地址。

流程7：I-CSCF发送呼叫请求到S-CSCF。

流程8：S-CSCF根据本地保存的锚定用户签约iFC模板数据，触发其他AS。其他AS触发业务后，S-CSCF将呼叫请求路由到SCCAS，完成T-ADS域选处理。

如果本地没有锚定用户的签约iFC模板数据，S-CSCF会发送SAR请求到IMS-HSS，IMS-HSS返回SAA响应携带锚定用户签约数据。

流程9：SCCAS域选流程，具体请参见T-ADS域选。

流程10：SCCAS向HLR/SAE-HSS发送UDR消息，携带用户B号码和抑制T-CSI指示，请求获取用户B的漫游号码。

流程11：HLR/SAE-HSS发现UDR消息携带了抑制T-CSI指示，则不再查询T-CSI信息，直接发送PRN消息到VMSC服务器，请求获取用户B的漫游号码。

VMSC服务器返回用户B的漫游号码MSRN。

流程12：HLR/SAE-HSS向SCCAS转发用户B的漫游号码MSRN。

流程13：SCCAS发送Invite消息给S-CSCF，以MSRN作为被叫号码。

流程14：S-CSCF通过对被叫号码进行分析，获取下一跳路由网元MGCF的地址，将呼叫请求路由到MGCF。

流程15：MGCF对MSRN进行路由分析，将呼叫请求路由到用户B当前所在的GMSC服务器上。

流程16：GMSC服务器将呼叫请求转发到VMSC服务器。

流程17：VMSC服务器接续呼叫请求到用户B。

5.3.2.2 主叫CS接入、被叫LTE接入

图5-40所示为CS用户呼叫签约VoLTE业务的LTE域用户流程描述。

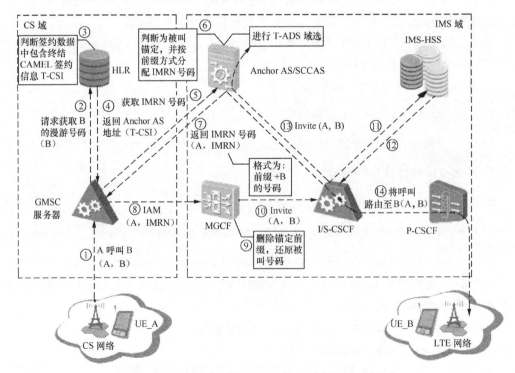

图5-40 CS用户呼叫签约VoLTE业务的LTE域用户示意图

流程1：用户A呼叫用户B，被叫侧的GMSC服务器收到IAM消息。

流程2：GMSC服务器向HLR/SAE-HSS发送SRI消息，请求获取用户B的漫游号码。

流程3：HLR/SAE-HSS查询用户B的签约数据，判断签约数据中是否包含终结Camel签约信息T-CSI（Terminating Camel Subscription Information）。

流程4：HLR/SAE-HSS将T-CSI通过SRI RSP消息返回给GMSC服务器，其中携带Anchor AS地址。SRI RSP消息如图5-41所示。

流程5：GMSC服务器根据T-CSI签约信息，发送IDP消息到Anchor AS触发被叫用户智能获取IMRN号码。

流程6：Anchor AS通过IDP消息中的业务键或业务触发点识别被叫锚定，且为前缀方式分配IMRN号码。

流程7：Anchor AS向GMSC服务器发送Connect消息，并在Destination Routing Address信元中携带IMRN号码。Connect消息如图5-42所示。

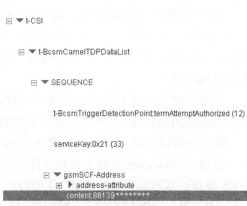

图5-41　SRI RSP消息示例

流程8：GMSC服务器对IMRN进行号码分析，获取下一跳地址为MGCF，将呼叫请求路由到MGCF。

流程9：MGCF删除锚定前缀，完成被叫号码的还原且将其规整为全局号码格式。

流程10：MGCF对IMRN进行号码分析，将呼叫请求路由到I-CSCF。

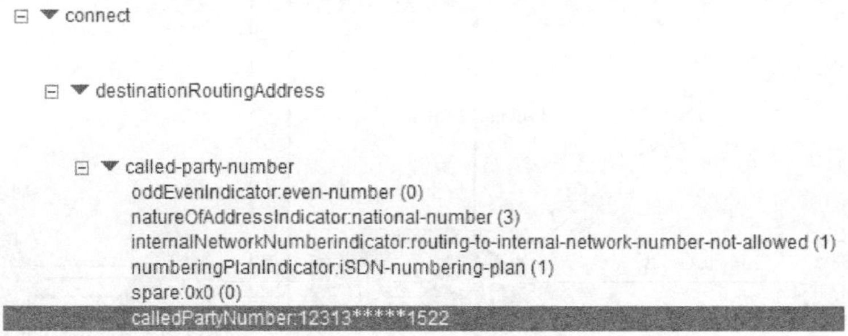

图5-42　Connect消息示例

Invite消息如下所示，其中Route头域未携带"orig"参数，且P-Asserted-Identity头域的主叫号码需要规整为全局号码格式。

```
Invite tel:+8613*****1522 SIP/2.0
……
Route: <sip:192.168.27.120:5060;lr>
……
From: <sip:+8613*****1521@domain1027.huawei.com>;tag=5224a2b824ce09dda
9726c6dbad5681a
To: <tel:+8612313*****1522>
……
Contact: <sip:192.168.8.61:35555>
```

......
P-Asserted-Identity:<sip:+8613*****1521@domain1027.huawei.com>,<tel:+8613*****1521>
P-Access-Network-Info:3GPP-UTRAN-TDD;utran-cell-id-3gpp=234151D0FCE11

流程11：I-CSCF收到Invite消息后，I-CSCF向IMS-HSS发送LIR消息，为用户B选择一个可以提供服务的S-CSCF。

流程12：IMS-HSS向I-CSCF返回LIA响应，携带S-CSCF地址。

流程13：I-CSCF发送呼叫请求到S-CSCF。S-CSCF根据本地保存的锚定用户签约iFC模板数据，触发其他AS。其他AS触发业务后，S-CSCF将呼叫请求路由到SCCAS，完成T-ADS域选处理。

如果本地没有锚定用户的签约iFC模板数据，S-CSCF会发送SAR请求到IMS-HSS，IMS-HSS返回SAA响应携带锚定用户签约的数据。

SCCAS域选流程，具体请参见T-ADS域选。

流程14：SCCAS经过域选判断选择LTE网络接入被叫用户，发送Invite消息给S-CSCF。S-CSCF查询本地保存的被叫用户注册的P-CSCF，将呼叫请求通过P-CSCF接续到UE_B。

5.3.2.3 主叫LTE接入、被叫CS接入

图5-43所示为VoLTE用户呼叫未签约VoLTE业务的CS域用户流程。

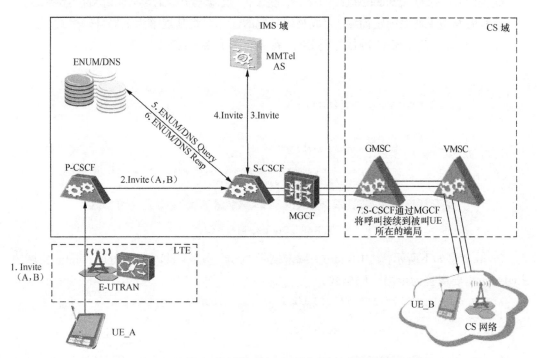

图5-43 VoLTE用户呼叫未签约VoLTE业务的CS域用户流程示意图

流程1：UE发起会话，向IMS拜访网络入口P-CSCF发送Invite消息。

流程2：P-CSCF收到Invite消息，根据本地记录的主叫用户注册S-CSCF地址，路由消息

到S-CSCF。

流程3~4：S-CSCF收到Invite消息，判断P-Asserted-Identity头域中的主叫号码已注册，则首先根据主叫用户签约的iFC模板数据，触发MMTel AS。MMTel AS向主叫UE提供补充业务，再进行号码分析。之后，MMTel AS发送Invite消息到S-CSCF。

流程5~6：如果Request-URI为Tel URI形式，S-CSCF尝试查询ENUM服务器，以判断被叫用户是否为IMS网络用户。

流程7：当ENUM服务器返回UE_B为非VoLTE用户时，S-CSCF通过对被叫号码进行号码分析，获取下一跳路由网元MGCF的地址，将呼叫请求路由到MGCF。MGCF对MSRN进行路由分析，将呼叫请求路由到UE_B当前所在的GMSC服务器上。GMSC服务器将呼叫请求转发到VMSC服务器。VMSC服务器接续呼叫请求到UE_B。

5.3.2.4 主叫LTE接入、被叫LTE接入

图5-44所示为VoLTE用户呼叫签约VoLTE业务的LTE域用户流程。

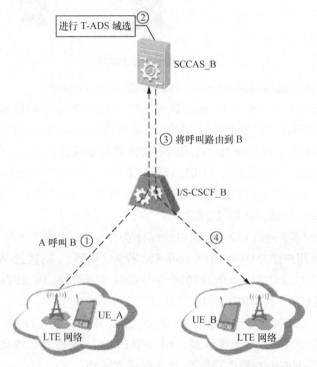

图5-44　VoLTE用户呼叫签约VoLTE业务的LTE域用户示意图

该场景下，呼叫请求首先接续到被叫签约业务的IMS网络，再通过域选功能将呼叫请求接续到被叫用户接入的LTE网络。

流程1：用户A呼叫用户B，为用户B提供业务的IMS网络的S-CSCF收到Invite消息，根据被叫用户签约的iFC模板，触发SCCAS。

流程2：SCCAS域选流程。

流程3：SCCAS经过域选判断，选择LTE网络接入被叫用户，发送Invite消息给S-CSCF。

流程4：S-CSCF查询本地保存的被叫用户注册的P-CSCF地址，将呼叫请求通过P-CSCF接续到用户B。

5.3.3 专载建立流程

VoLTE用户发起会话时，需通过拜访地EPS网络为用户建立IMS专用承载，其中如果是音频呼叫，需建立QCI=1的承载；如果是视频呼叫，则还需建立QCI=2的承载。具体流程如图5-45所示。

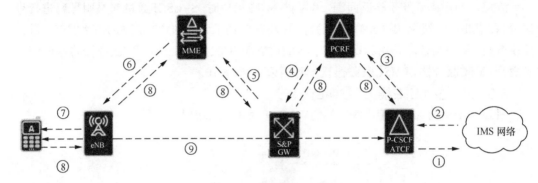

图5-45 专载建立示意图

流程1：VoLTE用户通过拜访地P-CSCF向网络发起Invite请求。

流程2：待通过与对方的交互后，网络返回183（Session Progress）响应。

流程3：P-CSCF向PCRF发起AAR请求，消息包括UE的地址；端口号、媒体类型和与对方协商的编解码信息。这个过程中在现网有个需要特别关注的点，P-CSCF与PCRF两个网元之间的Diameter信令消息由省内LDRA转接。LDRA根据用户的IP地址以及在用户IMS APN默认承载建立阶段保存用户IP地址与VoLTE PCRF之间的"绑定关系"，记录寻址当前控制VoLTE用户IMS APN的VoLTE PCRF。

流程4：PCRF分析Rx接口AAR消息中的媒体类型参数，若为"音频"，则通过Gx接口指示PGW为VoLTE用户建立QCI=1的专用承载；若为"视频"，则通过Gx接口指示PGW为VoLTE用户建立1个QCI=1的专用承载和1个QCI=2的专用承载。PCRF向PGW发起RAR请求，信令消息中包括QCI=1、MBR、GBR、流信息等。

流程5：SGW向MME发起创建承载请求，包括QCI=1、MBR、GBR、TFT和ARP=9等参数。

流程6：MME控制eNB建立无线承载，eNB为VoLTE用户分配RRC连接。

流程7：UE收到eNB的专载建立请求，且专载建立成功。

流程8：专载建立成功后，UE返回确认消息给eNB，后续各网元依次回复确认消息。

流程9：P-CSCF收到确认消息后，将网络侧返回的183消息转给UE，并进行后续业务流程接续。

5.3.4 资源预留过程

5.3.4.1 基本概念

资源预留协商为IMS网络中的重要特征之一，但是否启用资源预留应根据网络的总体策略。终端应具备资源预留特性开关设置的能力,如资源预留特性不能为现有业务或现有网络带来增值时,终端应将资源预留特性关闭,从而避免业务流程的复杂性。当网络具备资源预留特性需要的条件时(主要指具备QoS条件),终端应开启资源预留特性的开关。

移动通信网络的VoLTE业务资源预留机制一般来说是开通的,是一种为了提高用户接通率而引入的承载面资源预留机制,即确保用户振铃前承载已经建立完成,有足够的带宽。如果不使用该机制,用户应答后可能存在承载还未建立完成导致呼叫失败的情况。

支持资源预留机制的主叫侧UA和被叫侧UA通过Offer/Answer中的SDP进行媒体端口协商,对协商成功媒体类型的媒体端口,应在响应中携带本端分配的媒体端口号,对协商不成功的媒体类型应将端口号设置为零。如果协商结果为支持资源预留,则在用户振铃前就将承载面资源预留完成,这样用户振铃时资源已经准备就绪,能够提高呼叫接通率。

VoLTE业务的资源预留机制使用Invite(Offer)/183(Answer)进行SDP协商,以更新消息携带SDP指示本端的资源预留完成信息,在200 OK(Update)消息中携带对端的资源预留完成信息。

5.3.4.2 实现原理

如图5-46所示,资源预留过程详细描述如下。

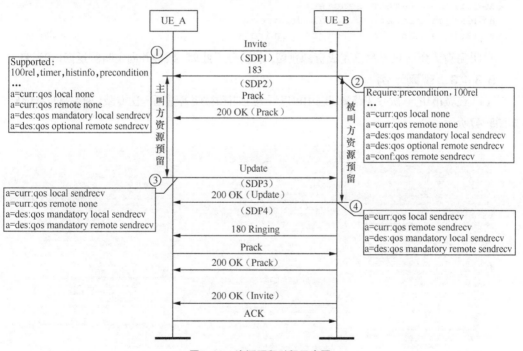

图5-46 资源预留过程示意图

1. 主叫用户UE_A发起呼叫,在Invite消息的Supported头域中指示本端支持资源预留,同时SDP中携带与资源预留相关的QoS参数。

Invite消息示例如下:

```
Supported: 100rel,timer,histinfo,precondition
...
a=curr:qos local none
```

```
a=curr:qos remote none
a=des:qos mandatory local sendrecv
a=des:qos optional remote sendrecv
```

2. 被叫用户UE_B收到Invite消息后，悬置会话的建立，向UE_A发送携带SDP信息的183消息，SDP信息中携带与资源预留相关的QoS参数。

3. 主叫侧完成资源预留后，发送Update消息给被叫侧，参数"a=curr:qos local sendrecv"指示本端资源预留已经满足。

Update消息示例如下：

```
a=curr:qos local sendrecv
a=curr:qos remote none
a=des:qos mandatory local sendrecv
a=des:qos mandatory remote sendrecv
```

4. 被叫侧完成资源预留后，返回200 OK (for UPDATE)给主叫侧，参数"a=curr:qos local sendrecv"指示本端资源预留已经满足。

200 OK (for Update)消息示例如下：

```
a=curr:qos local sendrecv
a=curr:qos remote sendrecv
a=des:qos mandatory local sendrecv
a=des:qos mandatory remote sendrecv
```

被叫侧确认会话双方都已完成资源预留，继续会话处理，振铃并向主叫侧返回180消息。

5.3.4.3 现网示例

（1）在城市1的一次呼叫路测日志中可以看到主叫和被叫各激活一次专载，速率是128kbit/s，如图5-47所示。

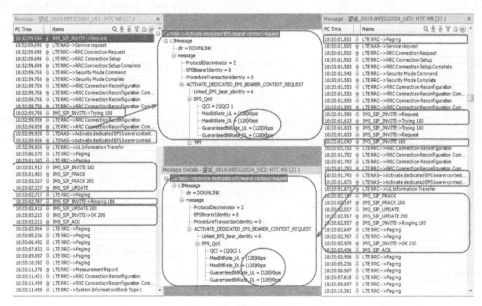

图5-47 专载速率示例

主、被叫的专载建立的信令流程如图5-48所示。

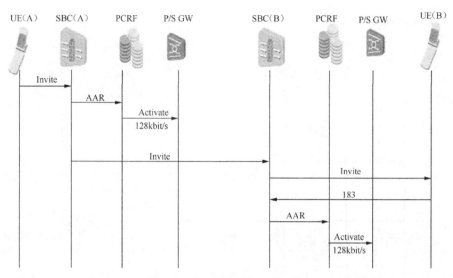

图5-48 主、被叫专载建立示意图

（2）在城市2的一次路测日志中看到主叫激活（Activate），速率是52kbit/s，等待被叫1次激活，速率是63kbit/s，发送183给主叫，主叫收到183后再次修改（Modify），速率是63kbit/s，如图5-49所示。

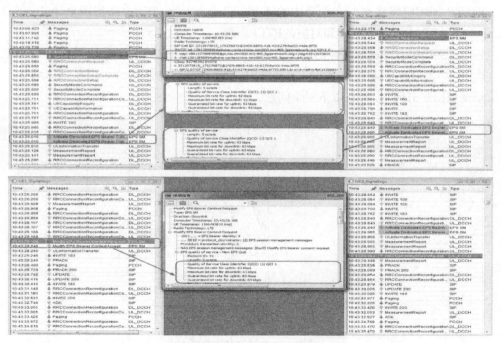

图5-49 专载速率示例

主、被叫的专载建立的信令流程如图5-50所示。

（3）SBC收到用户发的SIP信令时是怎么通过PCRF去给用户建立QCI=1的专载呢？VoLTE SBC应能够在仅收到SDP Offer时发起Rx接口流程，也可以在收到SDP Offer和SDP

Answer后再发起Rx接口流程。

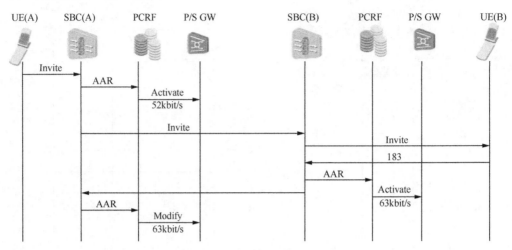

图5-50 主、被叫专载建立示意图

VoLTE SBC应能够根据SDP中的相关信息生产Rx接口AAR消息中相应的AVP。针对SDP中的每种媒体成分（音频、视频等）分别生成不同的Media-Component，并在Media-Type中指明其类型。

VoLTE SBC应能够在AAR消息中的Media-Component AVP中添加两个Media-Sub-Component AVP，分别携带RTP和对应的RTCP信息。

VoLTE SBC应可以根据SDP中的RR和RS参数生成RR-Bandwidth AVP和RS-Bandwidth AVP。当SDP中不包含RR和RS参数时，不携带RR-Bandwidth AVP和RS-Bandwidth AVP。

示例如图5-51所示，存在以下三个问题。

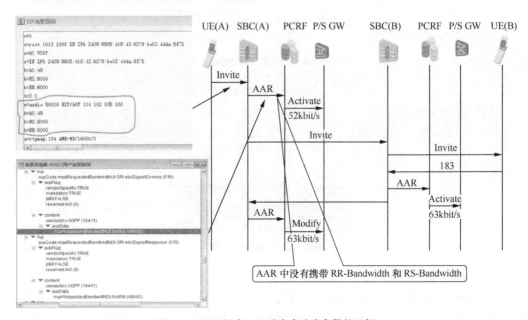

图5-51 SBC创建AAR消息中速率参数的示例

① 为什么AAR中的带宽选自SDP中的b=as行？

因为现网承载控制策略配置为信任终端媒体带宽信息。

② 为什么AAR中没有携带RR-Bandwidth和RS-Bandwidth？

RR-Bandwidth	IF b=RR:\<bandwidth\> is present THEN
	    RR-Bandwidth:= \<bandwidth\>;
	ELSE
	    AVP not supplied
	ENDIF;
	(NOTE 3; NOTE 6)

RS-Bandwidth	IF b=RS:\<bandwidth\> is present THEN
	    RS-Bandwidth:= \<bandwidth\>;
	ELSE
	    AVP not supplied
	ENDIF;
	(NOTE 3; NOTE 6)

attributes from the SDP offer shall be used.
NOTE 6: Information from the SDP answer is applicable, if available.
NOTE 7: The AVPs may be omitted if they have been supplied in previous service information and have not changed, as

SBC初始收到终端发送过来的SDP是属于Offer，不是属于Answer，所以不携带RR-Bandwidth和RS-Bandwidth。

③ 为什么PCRF进行Active的速率是52kbit/s，而不是49kbit/s？

根据协议29213 6.3 "QoS Parameter Mapping Functions at PCRF" 的定义，SAEGW的带宽是RTP流+RTCP流总带宽。

当AAR消息中携带了RS-Bandwidth和RR-Bandwidth AVP且取值不为0时，最终下发的MBR和GBR上下行带宽都为RS-Bandwidth和RR-Bandwidth取值之和。

当AAR消息中携带的RS-Bandwidth和RR-Bandwidth AVP取值为0，将对应RTCP流的规则合并到非RTCP流的规则中下发。最终下发的MBR上下行带宽为AAR消息中携带的Max-Requested-Bandwidth-UL和Max-Requested-Bandwidth-DL AVP取值，GBR上下行带宽为AAR消息中携带的Min-Requested-Bandwidth-UL和Min-Requested-Bandwidth-DL AVP取值。

当AAR消息中未携带RS-Bandwidth和RR-Bandwidth AVP或只携带了其中一个，则最终下发的MBR和GBR上行带宽都为0.05×正常流Max-Requested-Bandwidth-UL取值，下行带宽都为0.05×正常流Max-Requested-Bandwidth-DL取值。

现网实际情况是：主叫SBC在收到终端发送的Invite消息，发送给PCRF的AAR消息中携带的Max-Requested-Bandwidth-UL流取值是49kbit/s，没有携带RS-Bandwidth和RR-Bandwidth，这样总计带宽就是RTP流（49kbit/s）+RTCP流（49kbit/s×0.05）=51.45kbit/s（52kbit/s）。

（4）被叫侧语音专载建立过程如图5-52所示。

（5）主叫侧语音专载修改过程如图5-53所示。

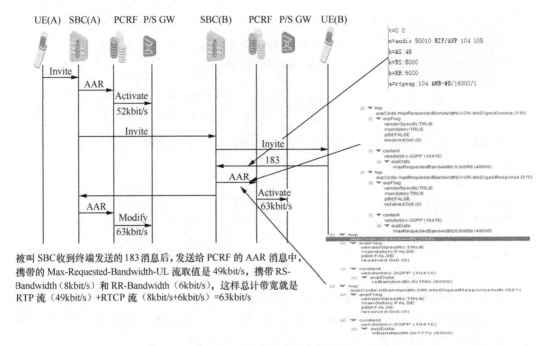

被叫 SBC 收到终端发送的 183 消息后,发送给 PCRF 的 AAR 消息中,携带的 Max-Requested-Bandwidth-UL 流取值是 49kbit/s,携带 RS-Bandwidth(8kbit/s)和 RR-Bandwidth(6kbit/s),这样总计带宽就是 RTP 流(49kbit/s)+RTCP 流(8kbit/s+6kbit/s)=63kbit/s。

图5-52 被叫侧语音专载建立过程

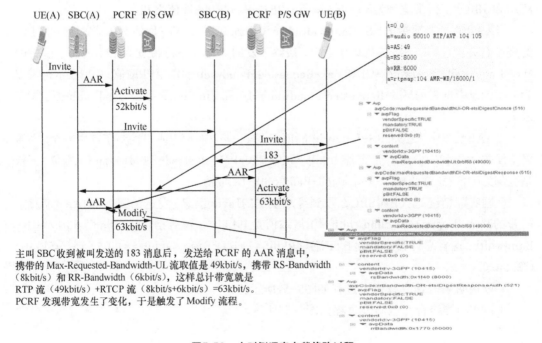

主叫 SBC 收到被叫发送的 183 消息后,发送给 PCRF 的 AAR 消息中,携带的 Max-Requested-Bandwidth-UL 流取值是 49kbit/s,携带 RS-Bandwidth(8kbit/s)和 RR-Bandwidth(6kbit/s),这样总计带宽就是 RTP 流(49kbit/s)+RTCP 流(8kbit/s+6kbit/s)=63kbit/s。PCRF 发现带宽发生了变化,于是触发了 Modify 流程。

图5-53 主叫侧语音专载修改过程

5.3.5 挂机流程

VoLTE业务由于控制域在IMS网络、接入域在LTE网络,区别于传统挂机流程就在于用户挂机信令是传递到IMS网络，IMS网络会将这个挂机信号通过Rx口传递给PCRF，由PCRF通过Gx口传递给LTE接入网，下面以主叫用户挂机为例进行说明，详细流程如图5-54所示。

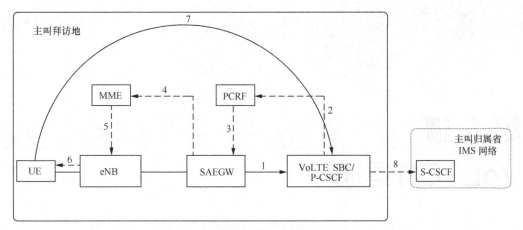

图5-54 挂机流程示例

流程1：主叫用户挂机发Bye消息经过基站、SAEGW传递到主叫用户注册的SBC。

流程2：SBC收到Bye消息之后知道用户是挂机动作，通过Rx口发送会话中止STR消息给PCRF。

流程3：PCRF收到了STR消息之后知道需要删除用户的语音业务专载，通过Gx口发送RAR-T消息给SAEGW。

流程4：SAEGW收到RAR-T消息之后，向MME发起了专载删除请求DBR消息。

流程5：MME收到SAEGW的DBR消息之后，向eNB发起了E-RAB释放命令消息。

流程6：eNB收到E-RAB释放命令消息后，向UE发起了RRC重配置消息，释放了空口的专载DRB。

流程7：当UE专载释放成功后，成功响应消息沿着请求消息的路径返回到主叫SBC。

流程8：主叫SBC在收到专载释放成功响应消息之后，将主叫UE的Bye消息转发给主叫用户注册的S-CSCF，从而使主叫用户归属的IMS网络释放了本次呼叫。

如果是被叫用户先挂机，流程同上面所述一样，被叫用户注册的SBC收到被叫用户Bye消息之后也会通过Rx口发送STR消息给PCRF，从而完成被叫用户语音专载删除动作，再将被叫用户的Bye消息转给主叫侧。

第 6 章
VoLTE打得通

> VoLTE电话打得通的概念和以前传统2G/3G网络已经有很大的不同，由于VoLTE终端接入4G LTE无线网络可以使用VoLTE业务也可以使用CSFB业务，VoLTE终端还可以接入2G、3G的无线网络（BSS、RNS）完成传统CS域的语音业务，所以即使VoLTE电话打通了也不一定说明用户的VoLTE业务感知是好的，比如，VoLTE用户作为主叫的时候用户感知有可能是接续时延很长或语音不是那么清晰，所以本章讲VoLTE打得通，是指无论VoLTE用户是使用VoLTE业务打通被叫，还是使用CSFB打通被叫，我们暂且认为是VoLTE打得通事件，至于VoLTE打通之后用户感知是接续时延长还是语音不清晰的问题将在VoLTE接得快和VoLTE听得清相关章节中详细叙述。
>
> 由于VoLTE业务需要用户更换终端来支持，现网会存在VoLTE用户和非VoLTE用户两种类型，那VoLTE业务打得通就涉及VoLTE用户呼叫VoLTE用户、VoLTE用户呼叫CS用户以及CS用户呼叫VoLTE用户三种话务模型（简称为V2V模型、V2C模型和C2V模型），这里的CS用户是一个广义的概念，包含着传统2G/3G终端的用户、VoLTE终端接入2G/3G网络的用户和VoLTE用户接入LTE网络使用CSFB业务的用户。其中VoLTE用户呼叫CS用户以及CS用户呼叫VoLTE用户两种话务模型的区别在于后者包含了锚定、域选两个过程，还有可能包含CS Retry过程，下面就分别来进行业务流程的详细描述。

6.1 典型话务模型

6.1.1 V2V模型

主被叫VoLTE用户均接入4G无线网，完成CxNET APN和IMS APN默认承载的建立、IMS域注册和第三方注册。IMS网中，为VoLTE用户服务的VoLTE SBC、S-CSCF、VoLTE AS

已经选定。PCC中，为VoLTE用户服务的VoLTE PCRF、PGW/PCEF已经选定。

6.1.1.1　V2V模型的主被叫业务整体流程

如图6-1所示，VoLTE用户呼叫VoLTE用户的呼叫流程详细描述如下。

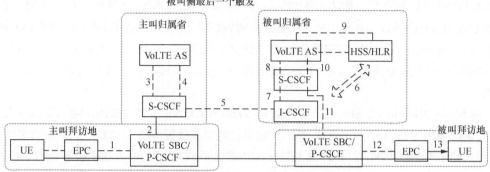

图6-1　VoLTE用户呼叫VoLTE用户话务示例

流程1：VoLTE主叫用户发起Invite呼叫，通过IMS APN默认承载发送至主叫用户IMS注册过程中选定的VoLTE SBC，VoLTE SBC通过Rx接口指示PCC为主叫VoLTE用户建立IMS APN专用承载、向PCC索取主叫当前位置信息（见后述）；若用户在发起呼叫时处于ECM空闲态，则终端需首先向MME发送Service Request，恢复S1连接，转为ECM连接态。

流程2：VoLTE SBC将该会话与eSRVCC相关信息绑定，将Invite呼叫送至主叫用户IMS注册过程中选定的S-CSCF。

流程3：S-CSCF根据主叫VoLTE用户签约iFC，按顺序触发相应的IMS AS，对于基本语音呼叫，应按顺序触发至主叫用户IMS注册过程中选定的SCCAS、VoLTE MMTEL AS。

流程4：VoLTE AS完成业务逻辑处理，指示主叫S-CSCF接续被叫。

流程5：被叫号码为Tel号码，主叫S-CSCF查询IMS ENUM，IMS ENUM将被叫Tel号码转换为SIP URI，返回给主叫S-CSCF，主叫S-CSCF根据SIP URI查询IMS DNS，IMS DNS根据用户域名解析为被叫归属省I-CSCF，主叫S-CSCF将呼叫请求发送至选定的被叫归属省I-CSCF。

流程6：被叫归属I-CSCF向被叫用户归属三融合HSS/HLR发起查询，获得被叫VoLTE用户当前所注册的S-CSCF地址；信令消息由LDRA转接；LDRA根据用户的MSISDN寻址用户归属三融合HSS/HLR。

流程7：被叫归属I-CSCF通过IMS DNS解析获得被叫VoLTE用户当前所注册的S-CSCF的IP地址，将呼叫请求发送至被叫VoLTE用户当前所注册的S-CSCF。

流程8：被叫S-CSCF根据被叫VoLTE用户签约iFC，按顺序触发相应的IMS AS，对于基本语音呼叫，应按顺序触发至被叫用户IMS注册过程中选定的VoLTE MMTEL AS、SCCAS。

流程9：被叫SCCAS向被叫用户归属三融合HSS/HLR发起TAD-S被叫域选择流程（见后述）。

流程10：三融合HSS/HLR返回域选择结果为IMS域，SCCAS判断被叫用户是否已分配STN-SR号码和C-MSISDN号码，再向被叫S-CSCF返回的SIP消息中增加Feature-Caps头域（携带+g.3gpp.srvcc标识），表明该会话被SCCAS锚定。

流程11：被叫S-CSCF收到VoLTE AS返回的SIP消息后，根据被叫用户IMS注册时的Path信息，向被叫VoLTE用户IMS注册时选定的VoLTE SBC发送SIP消息，接续被叫VoLTE用户，并通过I-CSCF向主叫S-CSCF返回183响应，主叫S-CSCF将其转发给主叫SCCAS。主叫SCCAS收到183响应后，判断主叫用户已在三融合HSS/HLR中签约了STN-SR号码和C-MSISDN号码，则在183响应中增加Feature-Caps头域，表明该会话被SCCAS锚定。主叫SCCAS将183响应通过主叫S-CSCF发送给主叫VoLTE SBC，主叫VoLTE SBC发现183响应中携带+g.3gpp.srvcc标识，则记录该标识与该会话的关联；主叫用户从主叫VoLTE SBC收到183响应，发现其中携带Feature-Caps头域和+g.3gpp.srvcc标识，记录该会话支持eSRVCC切换。

流程12：被叫VoLTE SBC记录该会话支持eSRVCC切换，并通过Rx接口指示PCC为被叫VoLTE用户建立IMS APN专用承载，向PCC索取被叫当前位置信息（见后述），并将SIP消息发送至被叫VoLTE用户的PGW，PGW通过IMS APN默认承载将SIP信令发送至被叫VoLTE用户。

流程13：被叫VoLTE用户摘机，主被叫VoLTE用户通话。媒体路由为：主叫用户→（IMS APN专用承载）→主叫VoLTE SBC→被叫VoLTE SBC→（IMS APN专用承载）→被叫用户。

6.1.1.2　PCC系统为主被叫VoLTE用户建立IMS APN专用承载的业务流程

如图6-2所示，VoLTE用户的专载建立过程详细描述如下。

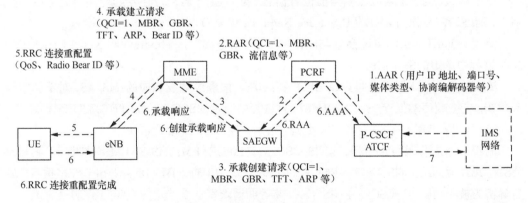

图6-2　VoLTE用户的专载建立示意图

流程1：VoLTE SBC收到主叫用户的Invie消息或被叫用户的183消息后，向PCRF发起AAR请求，信令消息中包括用户的地址、端口号、媒体类型和与对方协商的编解码等；Diameter信令消息由省内LDRA转接；LDRA根据用户的IP地址以及在用户IMS APN默认承载建立阶段保存的用户IP地址与VoLTE PCRF之间的绑定关系记录寻址当前控制VoLTE用户IMS APN的VoLTE PCRF。

流程2：PCRF分析Rx接口AAR消息中的媒体类型参数，若为音频，则通过Gx接口指示PGW为VoLTE用户建立QCI=1的专用承载；若为视频，则通过Gx接口指示PGW为VoLTE用户建立1个QCI=1的专用承载和1个QCI=2的专用承载。PCRF向PGW发起RAR请求，信令消息中包括QCI=1，MBR、GBR、流信息等。

流程3：PGW经SGW向MME发起创建承载请求，消息中包括QCI=1、MBR、GBR、TFT和

ARP=9等参数。

流程4：MME控制eNB建立无线承载。

流程5：eNB为VoLTE用户分配DRB。

流程6：为VoLTE用户建立IMS APN专用承载成功后，各网元依次确认消息。

流程7：VoLTE SBC收到确认消息后，转发Invite或183消息给后续IMS网元，并进行后续网络接续。

6.1.1.3 主被叫VoLTE SBC通过PCC系统获取主被叫VoLTE用户当前位置信息的业务流程

如图6-3所示，VoLTE用户当前位置信息的获取过程详细描述如下。

流程1：VoLTE SBC请求PCRF上报VoLTE用户当前位置信息；Diameter信令消息由省内LDRA转接；LDRA根据用户的IP地址以及在用户IMS APN默认承载建立阶段保存的用户IP地址与VoLTE PCRF之间的绑定关系记录寻址当前控制VoLTE用户IMS APN的VoLTE PCRF。

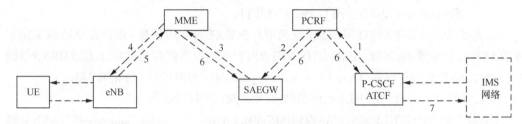

图6-3　VoLTE用户当前位置信息的获取示意图

流程2：PCRF向PGW请求VoLTE用户当前位置信息。

流程3：PGW经SGW向MME请求VoLTE用户当前位置信息。

流程4：MME向eNB请求VoLTE用户当前位置信息。

流程5：eNB向MME返回VoLTE用户当前的位置信息（ECGI）。

流程6：MME经SGW、PGW、PCRF向VoLTE SBC返回VoLTE用户位置信息，包括TAI和ECGI。

流程7：VoLTE SBC将TAI映射为长途区号添加到SIP消息中的PANI字段。SIP消息中同时包含TAI、ECGI等信息。

6.1.1.4 被叫VoLTE AS的被叫域选择业务流程

VoLTE手机既可以在电路域使用语音业务，也可在IMS域使用语音业务且使用同样的码号，因此存在"被叫接续网络选择"的问题，即网络如何识别被叫用户当前的驻留网络，并接续到该用户。

SCCAS向HSS发送UDR请求，三融合HSS/HLR执行如下域选择过程。

① 若用户仅在IMS注册，则应选择IMS域，三融合HSS/HLR向SCCAS返回IMS Voice Over PS=Supported, RAT TYPE=E-UTRAN。

② 若用户仅在CS注册，则应选择CS域，三融合HSS/HLR向SCCAS返回IMS Voice Over PS=Not Supported；根据SCCAS的请求，三融合HSS/HLR向被叫用户当前拜访的MSC索取MSRN号码后，返回CSRN号码（与MSRN相同）。

③ 若用户在IMS和CS均未注册，则应选择IMS域，三融合HSS/HLR向SCCAS返回IMS

Voice Over PS=Supported，RAT TYPE = E-UTRAN。

④ 若用户在IMS和CS均已经注册，则应进一步判断用户在SGSN和MME的注册状态。

a. 若有用户在SGSN的注册信息，则无论用户是否在MME注册，都应选择CS域，三融合HSS/HLR向被叫用户当前拜访的MSC索取MSRN号码后，向SCCAS返回IMS Voice Over PS=Not Supported和CSRN号码（与MSRN相同）。

b. 若无用户在SGSN的注册信息，而有用户在MME的注册信息，则向MME查询用户状态和终端能力。

- 若MME中有用户附着信息、且终端支持SRVCC（VoLTE），则应选择IMS域，三融合HSS/HLR向SCCAS返回IMS Voice Over PS=Supported，RAT TYPE=E-UTRAN。
- 若MME无用户附着信息，则应选择CS域，三融合HSS/HLR向被叫用户当前拜访的MSC索取MSRN号码后，向SCCAS返回IMS Voice Over PS=Not Supported和CSRN号码（与MSRN相同）。

c. 若无用户在SGSN的注册信息，也无用户在MME的注册信息（用户在电路域关闭了所有APN），则应选择CS域，三融合HSS/HLR向被叫用户当前拜访的MSC索取MSRN号码后，向SCCAS返回IMS Voice Over PS = Not Supported和CSRN号码（与MSRN相同）。

SCCAS根据三融合HSS/HLR返回的结果，执行如下后续操作。

⑤ 若三融合HSS/HLR向SCCAS返回IMS Voice Over PS = Not Supported和CSRN号码（与MSRN相同），则SCCAS将SIP消息中的Request URI替换为CSRN，并增加Feature-Caps头域信息，指示本次呼叫为"ICS"呼叫，返回给S-CSCF。

⑥ 若三融合HSS/HLR向SCCAS返回IMS Voice Over PS = Supported，RAT TYPE = E-UTRAN，则SCCAS将SIP消息中的Request URI仍保持为被叫用户的SIP URI，返回给S-CSCF。

6.1.2　V2C模型

V2C模型中的C是包含三种被叫用户类型：纯CS域用户（比如未更换VoLTE终端的用户和VoLTE终端直接选网在2G/3G网络的用户），CSFB用户（比如更换了4G的终端但不支持VoLTE）；域选到CS域的VoLTE用户（比如VoLTE用户在4G信号弱或无的时候直接选网到2G/3G网络的用户）。针对第一种类型简称为V2C@2G/3G，第二种类型简称为V2C@CSFB，第三种类型简称为V2C@VoLTE。

6.1.2.1　V2C@2G/3G模型的主被叫业务整体流程

VoLTE用户接入4G无线网，完成CxNET APN和IMS APN默认承载的建立、IMS域注册和第三方注册。IMS网中，为VoLTE用户服务的VoLTE SBC、S-CSCF、VoLTE AS已经选定；PCC中，为VoLTE用户服务的VoLTE PCRF、PGW/PCEF已经选定。

如图6-4所示，由IMS域为VoLTE用户提供主叫业务，通过主叫归属IMS网络MGCF将呼叫路由至电路域，在电路域接续被叫2G/3G用户。

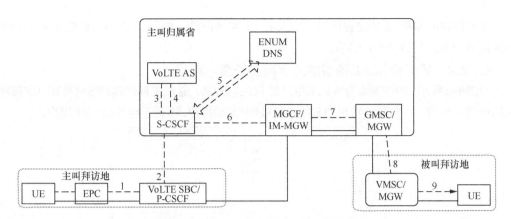

图6-4 VoLTE用户呼叫CS域用户话务示例

流程1：VoLTE主叫用户发起Invite呼叫，通过IMS APN默认承载发送至主叫用户IMS注册过程中选定的VoLTE SBC，VoLTE SBC通过Rx接口指示PCC为主叫VoLTE用户建立IMS APN专用承载，向PCC索取主叫当前位置信息（见第6.1.3节）；若用户在发起呼叫时处于ECM空闲态，则终端需首先向MME发送Service Request，恢复S1连接，转为ECM连接态。

流程2：VoLTE SBC将该会话与eSRVCC相关信息绑定，将Invite呼叫送至主叫用户IMS注册过程中选定的S-CSCF。

流程3：S-CSCF根据主叫VoLTE用户签约iFC，按顺序触发相应的IMS AS，对于基本语音呼叫，应按顺序触发至主叫用户IMS注册过程中选定的SCCAS、VoLTE MMTEL AS。

流程4：VoLTE AS完成业务逻辑处理，指示主叫S-CSCF接续被叫。

流程5：被叫号码为Tel号码，主叫S-CSCF查询IMS ENUM，IMS ENUM向主叫S-CSCF返回被叫Tel号码解析失败。

流程6：主叫S-CSCF将SIP呼叫消息送至BGCF（一般与S-CSCF是同一物理网元），BGCF将SIP呼叫消息送至主叫VoLTE用户归属域MGCF；主叫BGCF在接续被叫的同时，向主叫S-CSCF返回183响应，主叫S-CSCF将其转发给主叫SCCAS。主叫SCCAS收到183响应后，判断主叫用户已在三融合HSS/HLR中签约了STN-SR号码和C-MSISDN号码，则在183响应中增加Feature-Caps头域，表明该会话被SCCAS锚定。主叫SCCAS将183响应通过主叫S-CSCF发送给主叫VoLTE SBC，主叫VoLTE SBC发现183响应中携带+g.3gpp.srvcc标识，记录该标识与该会话的关联；主叫UE从主叫VoLTE SBC收到183响应，发现其中携带Feature-Caps头域和+g.3gpp.srvcc标识，记录该会话支持eSRVCC切换。

流程7：主叫VoLTE用户归属域MGCF根据被叫2G/3G用户MSISDN号码路由，将呼叫送至电路域GMSC。

流程8：GMSC在电路域接续被叫的过程同现网流程（向被叫2G/3G用户归属HLR发送SRI消息等）。

流程9：被叫2G/3G用户摘机，主叫VoLTE用户与被叫2G/3G用户通话。媒体路由为：主叫用户→(IMS APN专用承载)→主叫VoLTE SBC→主叫归属域IM-MGW→GMGW→(电路域)→被叫MGW→被叫用户。

主叫用户的专载建立过程同第6.1.1.2节,主叫用户接入的VoLTE SBC获取主叫用户的小区位置信息过程同第6.1.1.3节。

6.1.2.2　V2C@CSFB模型的主被叫业务整体流程

如图6-5所示,由IMS域为VoLTE用户提供主叫业务,通过主叫归属IMS网络MGCF将呼叫路由至电路域,由电路域转至LTE域寻呼被叫CSFB用户,再转至电路域接续用户。

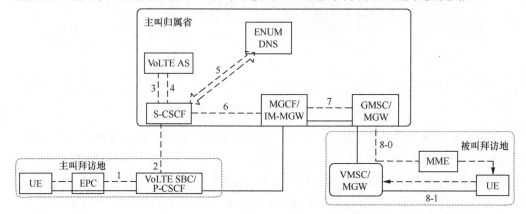

图6-5　VoLTE用户呼叫CSFB用户话务示例

呼叫流程基本与第6.1.2.1节描述的流程相同,需要特别说明的是流程8。

流程8:GMSC在电路域接续被叫的流程同现网流程(向被叫2G/3G用户归属HLR发送SRI消息等),当话务接续到被叫用户登记的VMSC时,VMSC知道此用户为CSFB业务。

流程8-0:VMSC将通过Sgs接口通知MME去寻呼被叫用户,被叫用户寻呼响应后,MME指示基站告诉用户进行CSFB回落。

流程8-1:被叫用户回落到VMSC交换机上并在寻呼响应消息中告诉VMSC本次是CSFB-MT业务。

6.1.2.3　V2C@VoLTE模型的主被叫业务整体流程

如图6-6所示,由IMS域为VoLTE用户提供主叫业务,通过主叫归属IMS网络转到被叫归属IMS网络,由被叫归属网络MGCF将呼叫路由至电路域,由电路域转接续被叫用户。

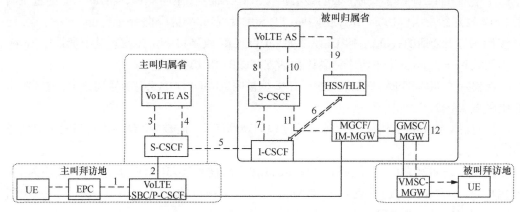

图6-6　VoLTE用户呼叫签约VoLTE业务的CS域用户话务示例

呼叫流程与第6.1.1.1节的流程描述基本相同，区别在于流程10、流程11、流程12，在此说明。

流程10：三融合HSS/HLR返回域选择结果为电路域，SCCAS将SIP消息中的Request URI替换为CSRN，并在向被叫S-CSCF返回的SIP消息中增加Feature-Caps头域信息，指示本次呼叫为"ICS"呼叫。

流程11：被叫S-CSCF收到VoLTE AS返回的SIP消息后，根据CSRN进行路由，CSRN为Tel号码格式，被叫S-CSCF查询IMS ENUM，IMS ENUM向主叫S-CSCF返回解析失败信息，被叫S-CSCF将SIP呼叫消息送至BGCF，BGCF将SIP呼叫消息送至被叫VoLTE用户归属省MGCF，并通过I-CSCF向MGCF返回SIP响应消息，MGCF向通过电路域向主叫VoLTE用户VMSC返回呼叫处理消息。

流程12：被叫VoLTE用户归属省MGCF根据CSRN（同MSRN）号码路由，将呼叫送至电路域，经由GMSC送到被叫用户拜访地的VMSC；同时，被叫VoLTE用户归属省MGCF根据SIP消息Feature-Caps头域中的ICS呼叫指示，截断后续来自电路域的放音。

6.1.3 C2V模型

C2V模型中的C同样是包含三种主叫用户类型：第一种是纯CS域用户（如未更换VoLTE终端的用户和VoLTE终端直接选网到2G/3G网络的用户）；第二种是VoLTE用户在IMS网络呼叫失败后主动做MO-CSFB业务的用户（比如VoLTE用户驻留在LTE网络并发起MO-VoLTE呼叫未接通时收到类似503失败信令，UE主动进行MO-CSFB业务以便为用户接通MO的呼叫业务）；第三种是CSFB用户（如更换了4G的终端但不支持VoLTE只支持CSFB的用户，或虽然签约了VoLTE业务但在IMS网络注册失败），针对第一种类型简称为C@2G/3G2V、第二种类型简称为C@VoLTE-CSFB2V、第三种类型简称为C@CSFB2V。

6.1.3.1 C@2G/3G2V模型的主被叫业务整体流程

VoLTE用户接入2G/3G无线网，由电路域负责用户的主被叫业务，被叫业务还需经过被叫用户归属IMS域处理。

如图6-7所示，主叫用户由电路域MSC正常处理业务，查询被叫VoLTE用户归属三融合HSS/HLR，呼叫被锚定至被叫归属域IMS，被叫VoLTE AS（SCCAS）进行域选，域选结果为IMS，被叫归属IMS网络接续至被叫用户。

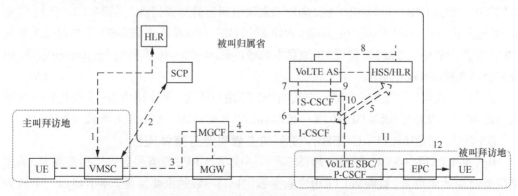

图6-7 在CS域的VoLTE用户呼叫在LTE域的VoLTE用户的示意图

流程1：VoLTE用户在2G/3G网发起呼叫，VMSC向被叫VoLTE用户归属三融合HSS/HLR发送SRI消息，被叫VoLTE用户签约T-CSI被叫锚定IMS智能网业务，被叫VoLTE用户归属三融合HSS/HLR向VMSC返回SRI_ACK消息中携带T-CSI被叫锚定IMS智能网业务的用户归属SCP ID（综合设置在被叫用户归属VoLTE AS中）。

流程2：VMSC根据被叫VoLTE用户的T_CSI触发被叫锚定IMS智能网业务，访问被叫VoLTE用户归属VoLTE AS/SCP，VoLTE AS/SCP下发连接消息时，将DestinationRoutingAddress信元设置为"IMRN号段+被叫MSISDN"。

流程3：VMSC将呼叫路由至被叫VoLTE用户归属省MGCF；电路域根据"IMRN号段+被叫MSISDN"进行路由。

流程4：被叫VoLTE用户归属域MGCF删除IMRN号段前缀后，将呼叫送至被叫VoLTE用户归属域I-CSCF。

流程5：被叫VoLTE用户归属域I-CSCF向被叫VoLTE用户归属三融合HSS/HLR发起查询，获得被叫VoLTE用户当前所注册的S-CSCF地址。

流程6：被叫VoLTE归属I-CSCF通过IMS DNS解析获得被叫VoLTE用户当前所注册的S-CSCF的IP地址，将呼叫请求发送至被叫VoLTE用户当前所注册的S-CSCF。

流程7：被叫S-CSCF根据被叫VoLTE用户签约iFC，按顺序触发相应的IMS AS，对于基本语音呼叫，应按顺序触发至被叫用户IMS注册过程中选定的VoLTE MMTEL AS、SCCAS。

流程8：被叫SCCAS向被叫用户归属三融合HSS/HLR发起TAD-S被叫域选择流程（见第6.1.1.4节）。

流程9：三融合HSS/HLR返回域选择结果为IMS域，SCCAS判断被叫VoLTE用户已分配STN-SR号码和C-MSISDN号码，在向被叫S-CSCF返回的SIP消息中增加Feature-Caps头域（携带+g.3gpp.srvcc标识），表明该会话被SCCAS锚定。

流程10：被叫S-CSCF收到VoLTE AS返回的SIP消息后，根据被叫用户IMS注册时的path信息，向被叫VoLTE用户IMS注册时选定的VoLTE SBC发送SIP消息，接续被叫VoLTE用户；并通过I-CSCF向MGCF返回SIP响应消息，MGCF通过电路域向主叫VoLTE用户VMSC返回呼叫处理消息。

流程11：被叫VoLTE SBC记录该会话支持eSRVCC切换，并通过Rx接口指示PCC为被叫VoLTE用户建立IMS APN专用承载、向PCC索取被叫当前位置信息（见第6.1.1.4节）；并将SIP消息发送至被叫VoLTE用户的PGW，PGW通过IMS APN默认承载将SIP信令发送至被叫VoLTE用户。被叫VoLTE终端发现SIP消息中携带Feature-Caps头域和+g.3gpp.srvcc标识，记录该会话支持eSRVCC切换。

流程12：被叫VoLTE用户摘机，主被叫VoLTE用户通话。媒体路由为：主叫用户→电路域→被叫VoLTE用户归属域IM_MGW→被叫VoLTE SBC→IMS APN专用承载→被叫用户。

6.1.3.2 C@VoLTE-CSFB2V模型的主被叫业务整体流程

由于VoLTE用户在LTE网络发起IMS呼叫不成功，CSFB的流程包含了很多场景，为了更简要地描述此场景，被叫VoLTE用户业务锚定回IMS域的主要特征，本节将以一个较为简单的VoLTE用户发起MO VoLTE业务失败主动转MO-CSFB业务为例进行说明，即VoLTE

用户发出Invite消息收到100Trying消息后立即收到失败响应消息,比如主叫用户接入的VoLTE SBC通过Rx口去给主叫用户建立QCI=1专载失败而直接给主叫用户返回503消息的场景。

如图6-8所示,主叫用户在IMS域发起呼叫,由于呼叫失败主叫终端CSFB回落到电路域,由电路域MSC正常处理用户的主叫业务,查询被叫VoLTE用户归属三融合HSS/HLR,呼叫被锚定至被叫归属域IMS,被叫VoLTE AS(SCCAS)进行域选,域选结果为IMS,被叫归属IMS网络接续至被叫用户。

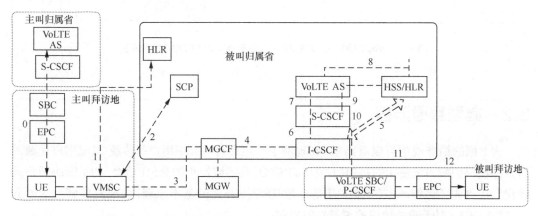

图6-8 VoLTE用户CSFB回落在CS域呼叫在LTE域的VoLTE用户的示意图

呼叫流程同第6.1.3.1节相比较,多了步骤0的流程,在此详细描述0阶段的流程(未在图中标出)。

流程0~1:VoLTE用户正常注册在IMS网络且驻留在LTE网络,发起Invite消息给主叫用户拜访地SBC,SBC立即给主叫用户返回100Trying消息,同时通过Rx口为主叫用户建立QCI=1专载,当SBC收到QCI=1专载建立失败响应消息时,会立即给主叫UE返回类似503的失败响应消息。

流程0~2:当主叫UE收到503等失败响应消息时,会主动进行CSFB回落以保证语音业务的正常接续。

备注:现网大多数终端在收到网络侧503之后都会主动进行CSFB回落,少部分不会。

流程0~3:主叫UE会给拜访地的MME发送CSFB-MO的请求,接着UE会接入到电路域。

后续流程与第6.1.3.1节相同。

6.1.3.3 C@CSFB2V模型的主被叫业务整体流程

如图6-9所示,主叫用户直接使用CSFB回落到电路域,由电路域MSC正常处理用户的主叫业务,查询被叫VoLTE用户归属三融合HSS/HLR,呼叫被锚定至被叫归属域IMS,被叫VoLTE AS(SCCAS)进行域选,域选结果为IMS,被叫归属IMS网络接续至被叫用户。

基本流程同第6.1.3.2节,区别是没有0~1的步骤,UE是直接发起MO-CSFB业务的0~2步骤,后续流程完全与第6.1.3.2节相同。签约了VoLTE业务的用户由于更换了终端或者在IMS网络注册失败,当发起主叫业务的时候会启用CSFB回落来完成呼叫。

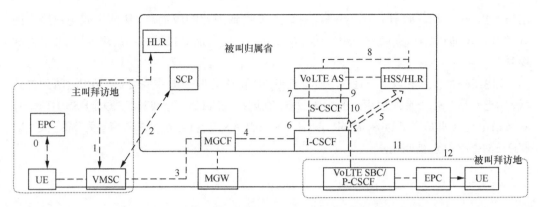

图6-9　VoLTE用户直接使用CSFB业务呼叫VoLTE用户的示意图

6.2 典型互通流程

从上面的话务模型可以看出来,在现网中一定会有VoLTE用户和传统CS域用户互通的场景存在,传统CS域使用的是BICC或ISUP信令,IMS域使用的是SIP信令,为了解决网络问题我们还得先了解传统BICC或ISUP信令与SIP信令互通的基本原理,主要是理解互通网元(比如MGCF)对于两种协议的消息转发机制。

6.2.1 互通模型

如图6-10所示,IMS网络的SIP信令与CS域的BICC或ISUP等七号信令之间的互通一定要有个互通网元,这个网元可以实现控制面和用户面的协议转换功能。

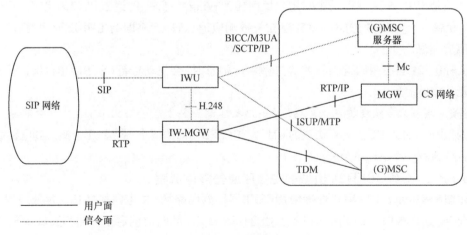

图6-10　互通模型

6.2.1.1 信令面互通

1. SIP与BICC信令面互通

图6-11给出了SIP网络同BICC网络信令互通协议栈。

第 6 章 VoLTE打得通

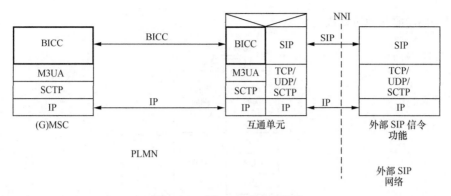

图6-11　SIP与BICC信令面互通

2. SIP与ISUP信令面互通

图6-12给出了SIP网络同ISUP网络信令互通协议栈。

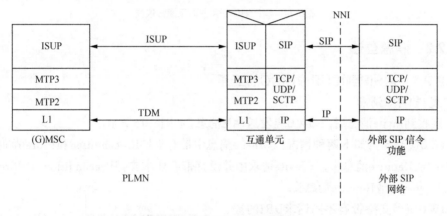

图6-12　SIP与ISUP信令面互通

6.2.1.2　用户面互通

由于ISUP、BICC与SI协议对应的用户面协议不同,所以MGW必须进行媒体传输协议的适配,但是通过编解码协商,应当尽量避免编解码的转换。

1. SIP与BICC用户面互通协议栈

图6-13给出了SIP网络同BICC网络用户面互通协议栈。

如果BICC侧和SIP侧使用相同的编解码,则不需要进行编解码转换。

2. SIP与ISUP用户面互通协议栈

图6-14给出了SIP网络同

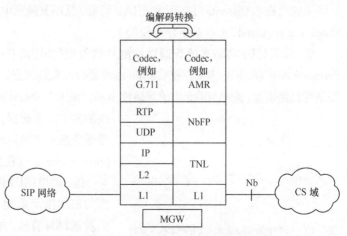

图6-13　SIP与BICC用户面互通协议栈

ISUP网络用户面互通协议栈。

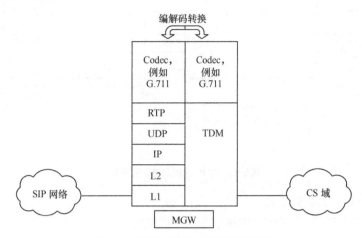

图6-14　SIP与ISUP用户面互通协议栈

6.2.2　消息互通

6.2.2.1　从SIP到ISUP或BICC的互通

1. 发送IAM消息

在接收到Invite消息后,I-IWU应发送IAM消息,如图6-15所示。

I-IWU应当支持如下两种情况:①Invite消息中带有支持Precondition和100rel临时响应Supported或Require消息头;②Invite请求中并没有带有要求支持Precondition和100rel临时响应的Supported或Require消息头。

I-IWU应当支持带有不同请求URI的被分叉的Invite请求。

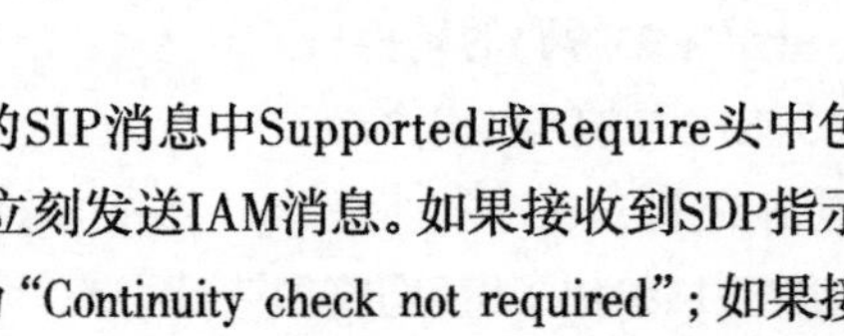

① 如果接收到的SIP消息中Supported或Require头中不包括Precondition扩展,则I-IWU应当在收到Invite后立刻发送IAM消息,且IAM消息中导通性指示语设为"Continuity check not required"(不需要导通校验)。

图6-15　接收到Invite请求(ISUP网络支持导通流程)

② 如果ISUP网络支持导通性检测且接收到的SIP消息中Supported或Require头中包含Precondition扩展,则I-IWU在接收到Invite消息后就立刻发送IAM消息。如果接收到SDP指示前提条件已经满足,则IAM消息中的导通性指示语设为"Continuity check not required";如果接收到的SDP指示前提条件还未满足,则IAM消息中的导通性指示语设为"Continuity check performed on a previous circuit"(在前一电路上完成导通校验)。

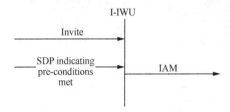

图6-16　接收到Invite请求(ISUP网络不支持导通流程)

③ 如果ISUP网络不支持导通性检测且接收到的SDP指示前提条件还未满足,则I-IWU将延迟发送IAM消息。如图6-16所示,只有等到后续的SDP指示前提条件满足后I-IWU才发送IAM消息,

其导通性指示语设为"Continuity check not required"（不需要导通校验）。

为了更好地理解这段话的意思，我们用一个通信流程来具体说明。

从图6-17的流程可以看到，MGCF网元在收到Invite消息之后延迟发送IAM消息。Invite消息中携带的Supported头中包含资源预留扩展，如图6-18所示。等到SIP的资源预留过程完成后才发送IAM消息且导通指示参数为"不期待后续网元导通"，如图6-19所示。

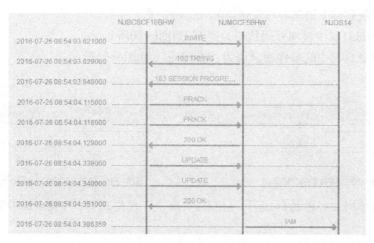

图6-17　SIP信令转BICC信令示例

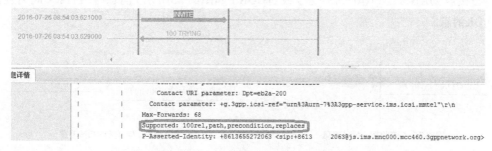

图6-18　Invite消息中Supported头域

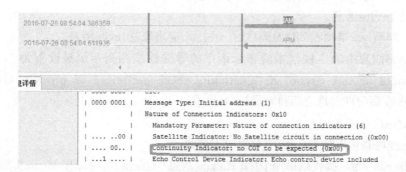

图6-19　IAM消息中的导通指示参数

④ 当I-IWU接收到Invite请求但其并不支持对应的媒体类型时，I-IWU应当向SIP侧发

送488 "Not Acceptable Here" 消息。如果Invite消息中带有多个媒体流，则I-IWU应当选择一个支持的媒体流并为之预留资源，并在SDP应答中拒绝其他媒体流和未被选择的编码方式。如果在Invite请求中带有可支持的语音和非语音媒体流，应当选择语音媒体流。

为了建立早会话，I-IWU应当在第一个后向非100临时响应中带有一个To标签。

说明：I-IWU支持资源预留为可选。

2. 发送180消息

I-IWU在收到如下消息时将发送180 Ringing消息。

- ACM消息且其中被叫号码状态为空闲，如图6-20所示。
- CPG消息且其中的事件指示语为"Alerting"，如图6-21所示。

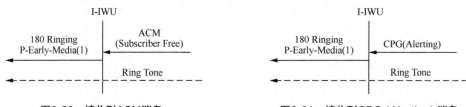

图6-20　接收到ACM消息　　　　图6-21　接收到CPG（Alerting）消息

注：语音呼叫是否包括P-Early-Media头取决于网络选择；可视电话不包含P-Early-Media。

3. 发送200 OK消息

当接收到ANM（如图6-22所示）或者CON（如图6-23所示）消息时，I-IWU应当发送200 OK消息。

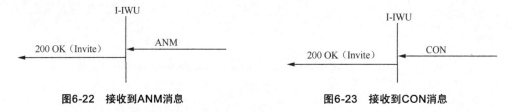

图6-22　接收到ANM消息　　　　图6-23　接收到CON消息

6.2.2.2　从ISUP或BICC到SIP的互通

1. 发送Invite消息

如图6-24所示，当接收到IAM消息时，O-IWU应当发送Invite消息。

如果IAM消息中的连接性本质指示语中的导通性检测指示语被设置为"Continuity check required on this circuit"或"Continuity check performed on previous circuit"，则O-IWU在接收到COT消息之后再发送Invite请求。

2. 发送ACM消息

如下几种场景可以触发O-IWU发送ACM消息。

- 如图6-25所示，接收到第一个180 Ringing消息（对于支持P-Early-Media头的O-IWU，如果收到的180 Ringing消息中没有包括P-Early-Media头，则O-IWU应当发送等待应答指示语）。

图6-24　接收到IAM消息

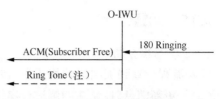

图6-25　发送ACM（接收到第一个
180 Ringing且没有早媒体鉴权）

注：对于可视电话呼叫，不需要发Ring Tone；对于语音呼叫，需要发Ring Tone。

- 支持P-Early-Media头的O-IWU发现如下两个条件满足时：接收到的第一个183 Session Progress指示语中带有P-Early-Media；没有使用前提条件或者是SDP前提条件已经满足。

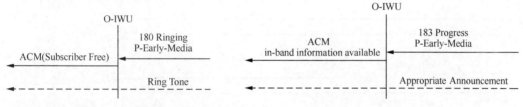

图6-26a　发送ACM（接收到第一个180
Ringing且包括早媒体鉴权）

图6-26b　发送ACM（接收到
第一个183且包括早媒体鉴权）

注：图6-26a对应的场景对可视电话呼叫不适用。
注：图6-26b对应的场景对可视电话呼叫不适用。

- 在发送Invite消息后，Ti/w2定时器超时，如图6-27所示。

3. 发送ANM消息

当接收到第一个200 OK消息时，如果已经发送了ACM消息，则O-IWU将向前向局发送ANM消息，如图6-28所示。

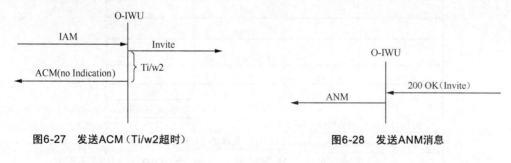

图6-27　发送ACM（Ti/w2超时）

图6-28　发送ANM消息

6.3　应用实例一

6.3.1　问题现象

某地用户反馈VoLTE被叫用户振铃几声后，来不及接听就断的问题。

6.3.2 问题分析

1. 信令流程分析

呼叫流程一直到被叫振铃均正常，但在被叫彩铃中心为播放彩铃做准备，收到被叫的180消息转更新消息时，给主叫侧进行媒体协商后没有收到主叫UE的200 OK响应，导致主叫MMTel AS超时释放了本次呼叫。

如图6-29所示，主叫MMTel AS收到被叫彩铃平台Update消息并转发给主叫侧后，4秒内未收到主叫侧针对这个更新的200 OK消息，MMTel AS释放了本次呼叫。

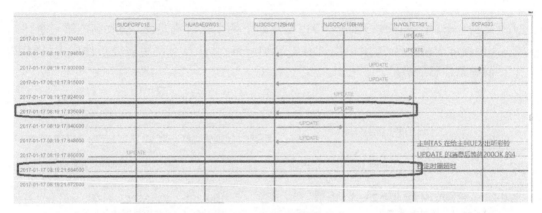

图6-29　失败流程关键点

图6-30所示为业务完整流程简要描述。

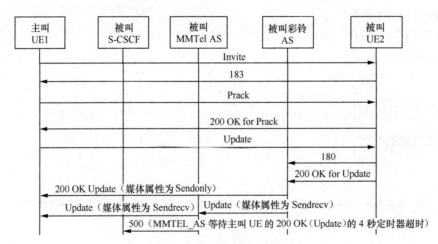

图6-30　业务完整流程示例

2. 被叫UE响应网络侧200 OK和180消息的先后顺序问题分析

200 OK、180消息时差较小是由于被叫终端消息响应得较快，相差10ms左右，这两条消息经过SBC再转发到彩铃平台后就可能存在180先到、200 OK后到的问题，如图6-31所示。

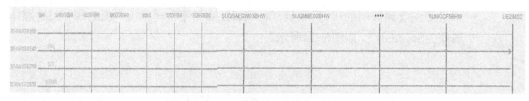

图6-31 180和200 OK消息先后示例

3. 彩铃中心先收180再收200 OK消息的问题分析

彩铃中心针对被叫振铃后播放彩铃的规范如图6-32所示。

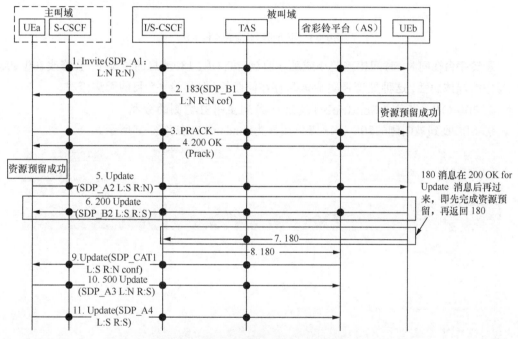

图6-32 彩铃业务流程规范示例

彩铃平台是按照消息先后顺序一条一条处理的,哪个消息先到先处理哪个。

- 如果是先收到被叫的200 OK,后收到180时,彩铃平台转给主叫侧的200 OK(媒体属性为Sendrecv),如图6-33所示。

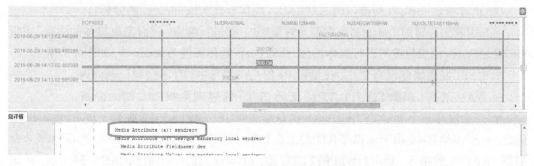

图6-33 正常彩铃业务流程示例

- 如果是先收到被叫的180后收到200 OK时,彩铃平台转给主叫侧的200 OK(媒体属性为Sendonly),如图6-34所示。

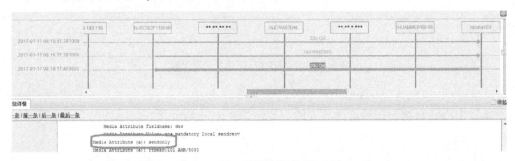

图6-34 不正常彩铃业务流程示例

彩铃平台在同时、时间相差较小或乱序收到200 OK、180消息的情况下,会修改200 OK消息中的媒体属性,这种处理逻辑应该是存在问题的,但彩铃平台目前无法修改。

4. 200 OK(媒体为Sendonly)消息传递到主叫SBC侧的分析

① SBC收到被叫侧的200 OK(媒体属性为Sendonly),如图6-35所示。

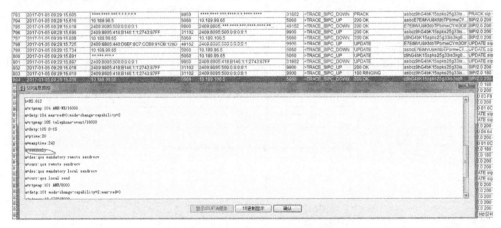

图6-35 SBC收到200 OK消息示例

因为协商后媒体属性有修改,修改为Sendonly,因此SBC发起AAR消息进行资源修改,此时AAR消息只携带了三条流(1条RTP、2条RTCP),少了一条终端上行的RTP,如图6-36所示。

② 正常场景:SBC收到被叫侧的200 OK(媒体属性为Sendrecv)的分析。

在SBC收到彩铃的Update消息之前会对被叫的183进行响应,进而完成媒体的协商,主叫SBC发起Update消息与被叫进行媒体协商,携带的a行媒体属性为Sendrecv,如图6-37所示。

此时SBC发现媒体没有变化,在给PCRF的AAR消息中TFT不会做任何修改。

5. AAR消息(删除了上行RTP协议的TFT)传递到主叫EPC侧的分析

MME会发送这个删除TFT的Update消息给主叫UE,原因为PGW收到了PCRF侧的RAR消息,在RAR消息中,由于未携带RTP的上行TFT,只携带了RTP的下行TFT,所以PGW才会根据RAR消息的指示,将上行RTP的TFT删除,PGW收到的RAR消息如图6-38所示,在这里要特别说明一下,MME下发给UE的TFT是SBC发送给UE方向的RTP流,即从SBC发送到

UE方向是允许的。

图6-36　AAR中缺少上行RTP流描述示例

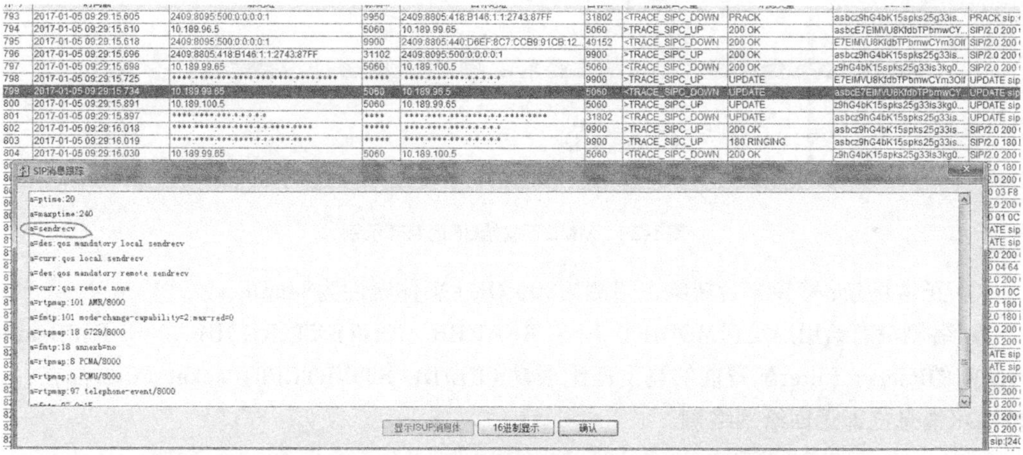

图6-37　正常彩铃中心发出的Update消息示例

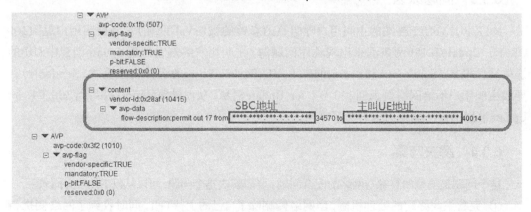

图6-38　PCRF给PGW的TFT示例

综上所述，PCRF仅仅是透传消息，因此应该是收到SBC侧的指示，才会发送这个RAR

消息,未携带RTP的上行TFT。

6. 彩铃中心发出200 OK(媒体为Sendonly)消息后主叫终端收到的消息分析

① 彩铃平台转给主叫侧的200 OK(媒体属性为Sendonly)

对于主叫用户终端来说,收到了SIP协议的200 OK和Update的消息,同时收到了Uu口的EPS Bearer Modify Req消息,发现网络有修改Packet Filter配置,这次修改将RTP对应的上行Packet Filter删掉了(如图6-39所示),最终导致Update消息中SDP(模式为Sendrecv)和Bearer的RTP UL Packet Filter(模式为Sendonly)匹配不成功,导致主叫用户发不出去200 OK消息。

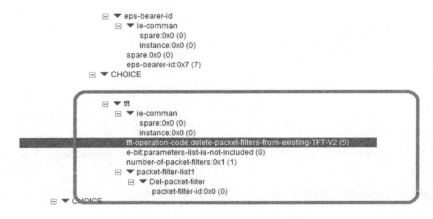

图6-39 MME下发给UE的TFT示例

② 正常场景:彩铃平台转给主叫侧的200 OK(媒体属性为Sendrecv)

网络侧没有给用户发送MODIFY_EPS_BEARER_CONTEXT_REQUEST,SDP和Bearer与此前的Packet Filter配置能够马上匹配成功(UL/DL RTP/RTCP的Packet Filter都在),200 OK消息立即返回给网络侧。

6.3.3 问题原因

MTK芯片VoLTE终端的主叫用户呼叫签约彩铃的被叫VoLTE用户,当被叫用户返回200 OK for Update和180两条消息出现乱序问题时,主叫用户终端会匹配Update消息中SDP的媒体属性模式(Sendrecv)和Bearer的RTP UL Packet Filter的媒体属性模式(Sendonly),导致主叫用户不给网络侧返回200 OK for Update消息,从而导致MMtel AS等待200 OK for Update消息的定时器超时而释放了呼叫。

6.3.4 解决方案

这个问题是典型的终端与网络的配合问题,要想解决这个问题,可以从以下几个方面入手。

① 完善主叫终端的处理机制,当网络侧删除了自己的上行TFT,同时收到了网络侧携带需要上行媒体的Update消息时,不进行媒体属性完全匹配动作,先返回200 OK消息给SBC,后续SBC再通过Rx口的AAR消息来协助主叫用户完成媒体修改,即重新创建上行TFT。

② 完善网络侧的处理机制，当出现200 OK for Update和180乱序问题时，不进行媒体属性的修改，即媒体属性依然为Sendrecv，透传200 OK for Update消息。

③ 完善被叫终端的处理机制，确保200 OK for Update消息在先、180消息在后的顺序。

6.3.5 问题延伸

VoLTE业务未接通问题的原因有很多种，需要我们仔细分析信令流程，不但要分析SIP信令，还需要分析SIP消息里携带的SDP媒体相关信息，UE会在收到网络侧SIP信令消息时，去匹配SIP消息里携带的媒体属性和UE自己当前的媒体属性，如果不匹配，会不处理当前收到的网络侧SIP信令且不给网络侧返回任何响应消息，从而带来网络侧等待UE响应消息超时的问题。

6.4 应用实例二

6.4.1 问题现象

用户在某高铁上为主叫时打不通被叫号码。

6.4.2 问题分析

从信令监测系统查询呼叫接续到183消息（还未到被叫振铃阶段）时，主叫UE没有针对网络侧183消息进行响应，网络侧给主叫用户返回503消息导致本次呼叫失败，如图6-40所示。

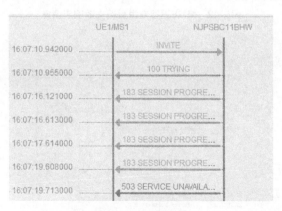

图6-40 失败流程

主叫UE为什么针对183消息不响应呢？当主叫SBC收到被叫侧的183响应消息时需要更新主叫用户侧的专载。如图6-41所示，可以看到更新主叫用户专载出现了异常，由于无线接口失败导致专载修改失败，专载修改失败导致主叫UE不能针对网络侧183消息进行响应。

如图6-42所示，MME返回SAEGW更新专载失败。

如图6-43所示，SAEGW申请专载删除。

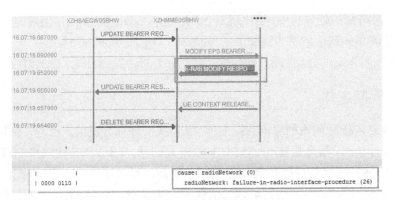

图6-41　主叫侧专载修改失败流程

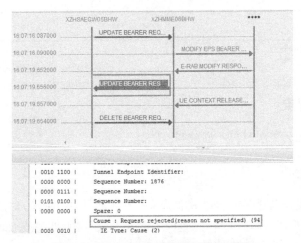

图6-42　MME返回专载更新失败响应消息

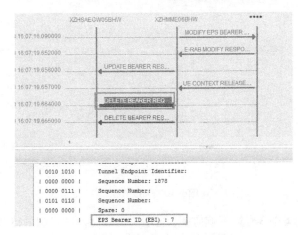

图6-43　SAEGW申请专载删除

同时，基站监测到无线链路上行失步，发起了UE上下文释放请求，如图6-44所示。

如图6-45所示，本次呼叫未接通的原因是SAEGW通过Gx口去激活主叫用户专载的信息通过Rx口传递到主叫用户所在的SBC，从而SBC释放了本次呼叫。

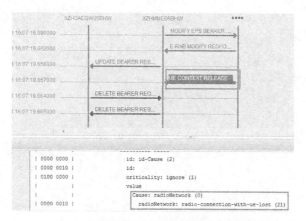

图6-44 基站发起了UE上下文释放请求消息

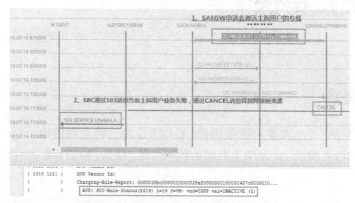

图6-45 专载删除事件传递到IMS域的示例

6.4.3 根本原因

用户占用的是高铁D频段小区,由于D频段覆盖不连续导致无线承载更新失败和上行链路失步。

6.4.4 解决方案

解决高铁覆盖问题。

6.4.5 问题延伸

本案例中的主叫用户收到网络侧503消息,并没有主动去做CSFB-MO业务,这和终端处理机制有关系,协议并没有规定终端在收到503消息之后一定要主动做CSFB-MO业务。另外,我们在探讨VoLTE用户为被叫未接通的时候会看到有时被叫用户通过CSFB方式接通,有时是被叫用户接收到未接来电的短信提醒,那VoLTE用户在LTE网络下作为被叫,什么时候会出现CSFB回落、什么时候会呼转到短信呼,我们需要从原理流程上来分析一下其中的奥秘。

第 7 章
VoLTE接得快

7.1 基本概念

如图7-1所示的广告，大家可能很熟悉，VoLTE作为一种全新的语音技术，带来的不仅仅是清晰准确的语音质量，还带来了更短的呼叫时延，那么，VoLTE是如何实现超短的呼叫时延的呢？

图7-1　VoLTE业务广告示例

在分析VoLTE呼叫时延前，我们首先来说说接续时延是什么概念，所谓接续时延，即主叫用户拨号按下呼叫键后等待回铃音之间的时长，VoLTE用户的接续时延如图7-2所示。

并不是只要是VoLTE用户就能实现秒接的，必须是下面这种场景才可以：主叫、被叫两个VoLTE用户都在LTE网络且都处于空口有连接的业务态，即RRC连接状态，如图7-3所示。

图7-2　用户感知的接续时延

备注：随着数据业务流量资费的降低，现网中大部分用户都是此种场景。

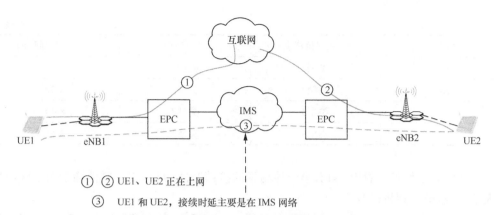

① ② UE1、UE2 正在上网
③ UE1 和 UE2，接续时延主要是在 IMS 网络

图7-3 主、被叫均处于连接态时的语音业务示例

实践是检验真理的唯一标准，为更好地掌握现网VoLTE用户的呼叫接续时延感知，我们按照终端类型、用户行为习惯、现网用户类型进行了分场景测试。

现网用户分为5种类型，如表7-1所示。

表7-1 用户分类

用户类型	用户描述
类型1	VoLTE业务卡、VoLTE终端、登记在LTE网络
类型2	VoLTE业务卡、不支持VoLTE终端、登记在LTE网络
类型3	VoLTE业务卡、支持VoLTE终端、登记在LTE网络、终端上人为关闭VoLTE功能
类型4	2G/3G用户
类型5	CSFB用户

分场景测试结果见表7-2。

表7-2 分场景测试时延

场景	主叫用户	被叫用户	平均接续时间（s）
1	类型1	类型1	3.05
2	类型2	类型1	5.20
3	类型3	类型1	5.21
4	类型1	类型3	5.22
5	类型2	类型3	5.22
6	类型1	类型4	5.58
7	类型2	类型4	6.37
8	类型3	类型4	6.38
9	类型1	类型5	6.47
10	类型3	类型5	6.49
11	类型1	类型2	7.88

续表

场景	主叫用户	被叫用户	平均接续时间（s）
12	类型2	类型5	8.12
13	类型2	类型2	8.39
14	类型3	类型2	8.40
15	类型3	类型3	8.41

从上面数据就可以看出，只有第一种场景的接续时间为3s左右，其他场景的接续时间均大于5s，甚至达到将近9s。

鉴于以上场景实测结果，为了更好地提升VoLTE用户呼叫时延的用户感知，我们通过VoLTE信令监测平台进行类型2和类型3用户的获取，然后针对类型2、类型3的用户进行点对点营销引导，以让VoLTE用户呼叫VoLTE用户成为场景1，达到秒接的程度。

7.2 基本原理

从第6章可以看到不同话务模型经过的空口、核心网元和话务路由等均不同，VoLTE业务的时延分布需要针对不同话务模型分别做分析。

7.2.1 V2V模型

从VoLTE用户使用VoLTE业务的端到端信令流程来看，涉及UE、空口、EPC域、PCC域以及IMS域，每个环节都会存在时延问题，为了更清晰地看到影响VoLTE时延的主要因素，我们借助于V2V话务模型来简要说明（由于现网一般开启了资源预留功能，信令过程全是按照资源预留功能来描述）。现网时延分析一般是借助于信令监测系统来做，具体能分析哪些环节因信令监测系统的数据处理能力而不同，本节只是描述基于信令数据的时延分析思路。

第一阶段，UE1发出的Invite消息→PSBC1收到Invite消息，主要包含IMS APN默认承载的建立子流程，对于处于RRC连接态的UE来说不包含此子流程。

第二阶段，PSBC1收到Invite消息→PSBC1发出Invite消息，主要包含主叫专载建立子流程。

第三阶段，PSBC1发出Invite消息→S-CSCF1发出Invite消息，主要包含主叫用户的AS主叫业务触发子流程（现VoLTE用户的主叫业务一般要依次触发SCCAS、MMTel AS、SCPAS，在此为了叙述方便仅用一个AS代替）。

以上三个阶段如图7-4所示。

第四阶段，S-CSCF1发出Invite消息→S-CSCF2收到Invite消息，主要包含被叫用户的寻址子流程（现网I-CSCF去被叫归属的IMS-HSS一般是需要经过DRA进行转接）。

第五阶段，S-CSCF2收到Invite消息→PSBC2发出Invite消息，主要包含被叫用户的AS被叫业务触发子流程（现网VoLTE用户的被叫业务一般要依次触发SCPAS、MMTel AS、彩铃AS、SCCAS，在此为了叙述方便仅用一个AS代替）。

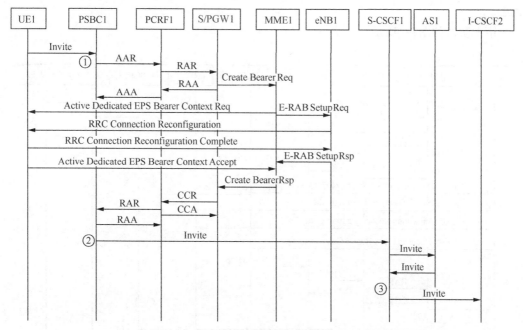

图7-4　第一至第三阶段示意图

第六阶段，PSBC2发出Invite消息→PSBC2发出183消息，主要包含被叫专载建立和被叫寻呼子流程。

第四至第六阶段如图7-5所示。

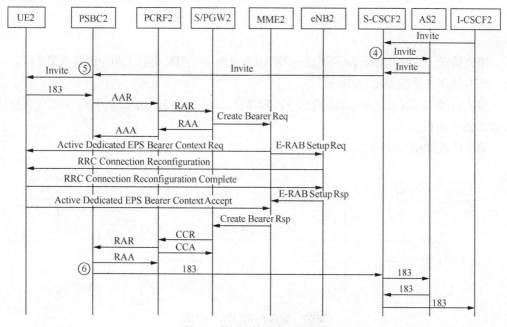

图7-5　第四到第六阶段示意图

第七阶段，PSBC2发出183消息→PSBC1发出183消息，主要包含主叫专载修改子流程。

第七阶段如图7-6所示。

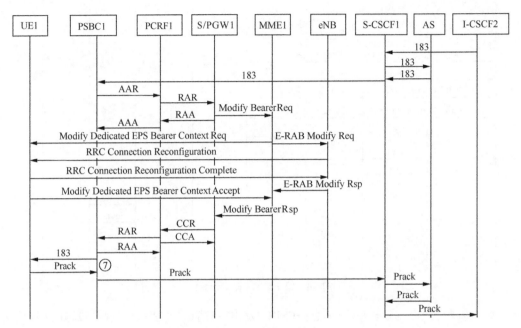

图7-6　第七阶段示意图

第八阶段，PSBC1发出183消息→PSBC1收到Update消息，包含端到端的SIP消息传送子流程，主要包含了主被叫无线空口的传递时延、主被叫AS的处理时延、UE的处理时延。

第九阶段，PSBC1收到Update消息→PSBC1发出Update消息，包含主叫专载修改子流程。

第八和第九阶段如图7-7所示。

第十阶段：PSBC1发出Update消息→PSBC2发出200 OK for Update消息，主要包含被叫专载修改子流程。

第十阶段如图7-8所示。

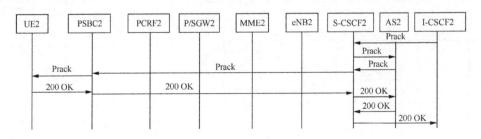

图7-7　第八和第九阶段示意图

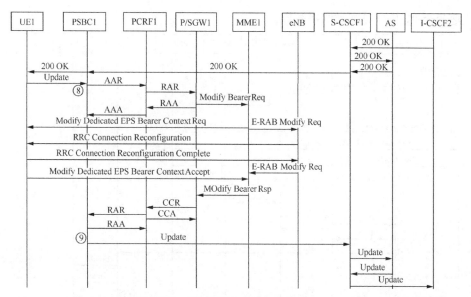

图7-7 第八和第九阶段示意图（续）

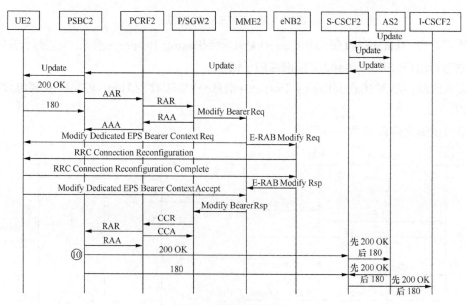

图7-8 第十阶段示意图

7.2.2 V2C模型

从第6章可以看到V2C话务模型中的C包含了三种场景，其中V2C@CSFB时延会相对较长一点，本节就以此话务场景为例进行说明。

第一、二、三阶段同第7.2.1节描述，区别在于S-CSCF1将Invite消息发往MGCF网元，如图7-9所示。

第四阶段，从S-CSCF1发出Invite消息→MME2收到ESR（Extended Service Request）消

息，主要包含SGs接口寻呼被叫子流程。

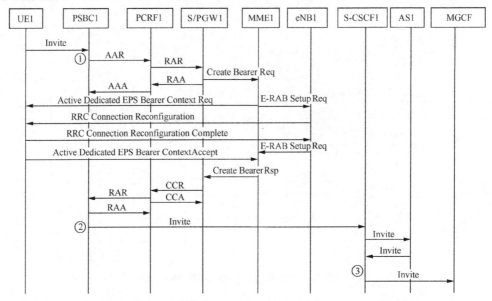

图7-9　第一至第三阶段示意图

第五阶段，从MME2收到ESR消息→VMSC收到Paging Response消息，主要包含MME指示基站告诉用户CSFB回落到2G/3G网络的子流程。

第六阶段，从VMSC收到Paging Response消息→VMSC收到Alerting消息，主要包含指配子流程。

第四至第六阶段如图7-10所示。

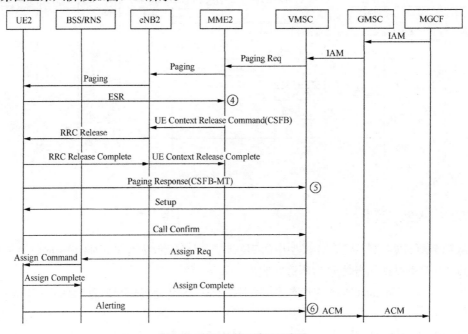

图7-10　第四至第六阶段示意图

第七阶段，和第7.2.1节的描述基本相同，区别在于两点，一个是MGCF收到被叫用户所在CS域的ACM消息之后才转换为IMS域的183消息，另一个是Prack信令仅传递到MGCF，如图7-11所示。

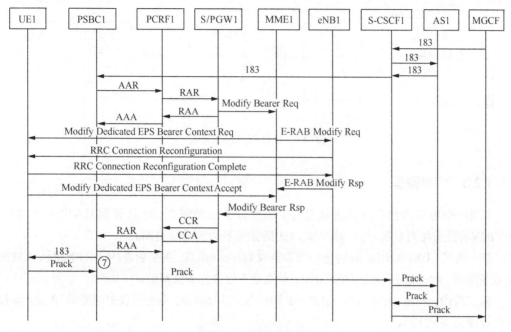

图7-11　第七阶段示意图

MGCF直接返回200 OK for Prack，第八、九阶段和第7.2.1节一样，如图7-12所示。

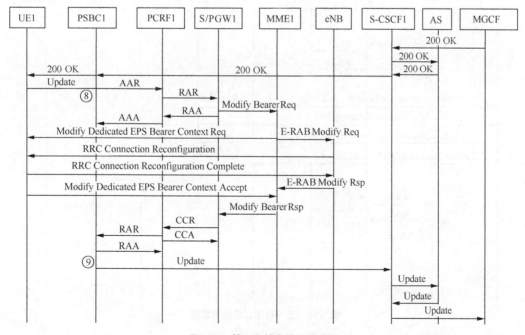

图7-12　第八和第九阶段示意图

当MGCF收到Update直接返回200 OK for Update,并且立即返回180给主叫用户,如图7-13所示。

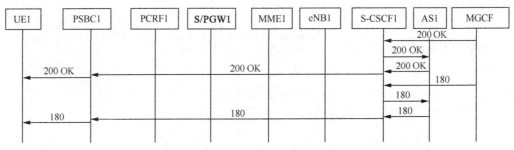

图7-13 立即返回180示意图

7.2.3 C2V模型

从第6章可以看出C2V话务模型中的C包含了三种场景,可以看到其中C@VoLTE-CSFB2V时延会相对较长一点,本节就以此话务场景为例进行说明。

第一阶段,UE1发出Invite消息→PSBC1收到Invite消息,主要包含IMS APN默认承载的建立子流程,对于处于RRC连接态的UE来说是不包含此子流程的。

第二阶段,PSBC1收到Invite消息→PSBC1发出503消息,主要包含主叫专载建立子流程(专载建立失败)。

第一和第二阶段如图7-14所示。

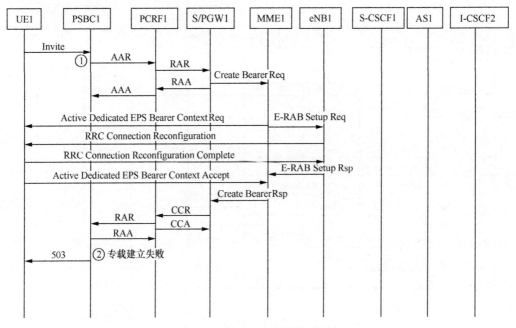

图7-14 第一和第二阶段示意图

第三阶段：PSBC1发出503消息→VMSC1收到CM Service Req消息，主要包含主叫用户的CSFB子流程。

第四阶段：VMSC1收到CM Service Req消息→VMSC1收到Assign Complete消息，主要包含主叫用户的MO空口子流程。

第三和第四阶段如图7-15所示。

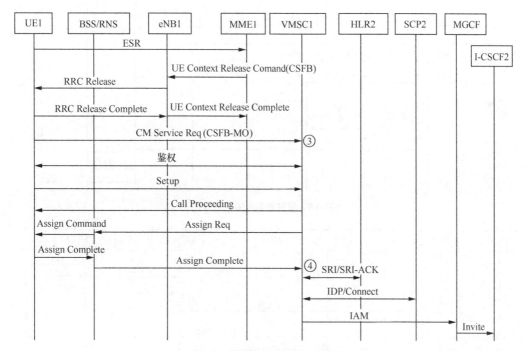

图7-15　第三和第四阶段示意图

第五阶段，VMSC1收到Assign Complete消息→S-CSCF2收到I-CSCF2的Invite消息，主要包含被叫用户从CS域锚定回IMS域的子流程。

第六阶段，S-CSCF2收到Invite消息→PSBC2发出Invite消息，主要包含被叫用户的AS被叫业务触发子流程（现网VoLTE用户的被叫业务一般要依次触发SCPAS、MMtel AS、彩铃AS、SCCAS，在此节中为了叙述方便仅用一个AS代替）。

第七阶段，PSBC2发出Invite消息→PSBC2发出183消息，主要包含被叫寻呼和被叫专载建立子流程。

第五至第七阶段如图7-16所示。

第八阶段，PSBC2发出183消息→PSBC2发出200 OK for Update、180消息，主要包含被叫专载修改子流程（PSBC2一定要在被叫专载子流程修改成功后才会将被叫用户的200 OK for Update、180消息依次转发到MGCF），如图7-17所示。

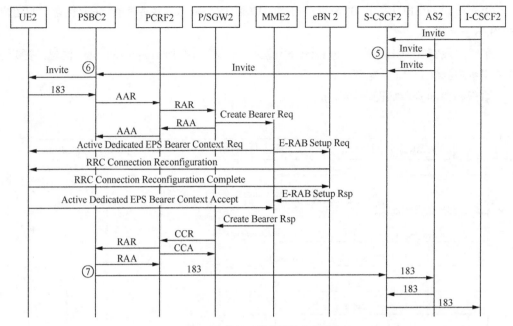

图7-16 第五至第七阶段示意图

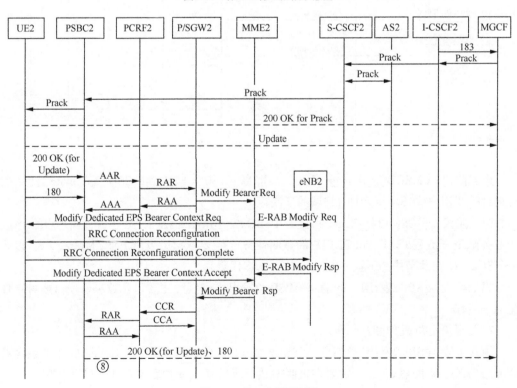

图7-17 第八阶段示意图

第九阶段，PSBC2发出200 OK for Update、180消息→VMSC1给主叫UE1发出Alerting消息，主叫用户听回铃音，如图7-18所示。

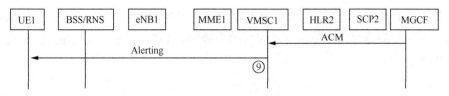

图7-18 第九阶段示意图

7.3 应用实例一

7.3.1 问题现象

某VoLTE用户做主叫业务时感知呼叫接续时延较长。

7.3.2 问题分析

1. 根据信令监测系统,查询到用户做主叫业务的信令流程如图7-19所示,可以看到主叫用户在外地(区号为0991的城市是乌鲁木齐)CS域呼叫本地另一个VoLTE用户。

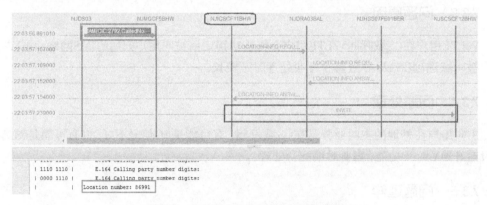

图7-19 主叫用户的业务信令流程示意图

2. 我们从图7-20中可以看出被叫用户签约了VoLTE业务,但实际是在CS域接续的。

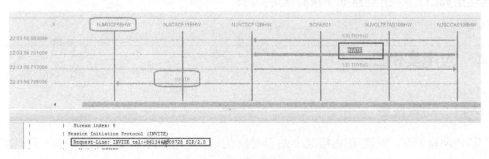

图7-20 被叫用户的信令流程示意图

3. 如图7-21所示,从上面的信令流程我们可以看到本次呼叫所经历的话务网络,同时结合信令消息时间点可以测算出本次呼叫的大致时延为7s,对于VoLTE用户来说这个接续时延有些长了。

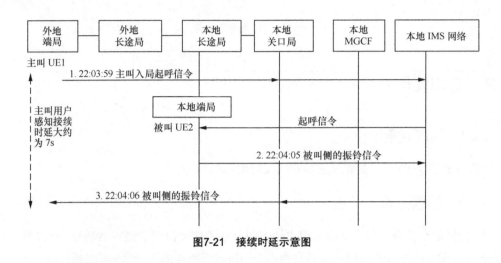

图7-21 接续时延示意图

7.3.3 问题原因

VoLTE用户在CS域呼叫VoLTE用户会将被叫锚定回被叫用户归属的IMS网络,由于被叫用户被叫域选到CS域,导致整个呼叫处理时延较长。

7.3.4 问题处理

主叫用户在外地的主叫业务是在CS域发起,有可能是4G信号不好,也有可能是对方网络没有开通VoLTE功能,需要对端配合处理。

7.3.5 问题延伸

VoLTE用户的时延感知问题,我们首先得想到这个用户是不是正常使用VoLTE业务了,还是使用CSFB业务,或者是用户驻留在2G/3G网络使用CS域进行语音业务,因为只有用户正常使用VoLTE业务才会感知接续时延是快的。

7.4 应用实例二

7.4.1 问题现象

某地网格测试,发现UE占用某个站点时发生一次VoLTE未接通事件并主动进行CSFB回落完成语音业务,从而导致呼叫建立时延过长。

7.4.2 问题分析

从测试软件分析来看，主叫发起Invite之后收到SBC发来的Invite 503，然后触发CSFB流程，导致呼叫建立时延大，如图7-22所示。

图7-22 主叫用户的日志

被叫在同一站点下测试，被叫收到寻呼，在发起Invite 183后收到取消命令，上发487请求终止VoLTE呼叫并进行CSFB流程。因此，被叫用户在该基站下也是由专载建立不成功带来的VoLTE被叫呼叫失败，被叫用户的日志如图7-23所示。

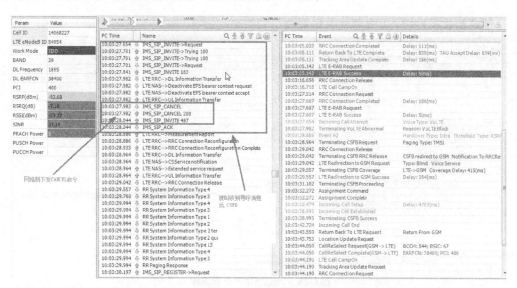

图7-23 被叫用户的日志

从主、被叫用户的空口日志来看，UE没有收到基站的专载建立的RRC重配置消息，但收到MME的专载上下文激活命令,由此怀疑基站的参数设置问题,查看各项参数。

7.4.3 问题原因

基站配置的上下行GBR过低,小于MME的要求,导致了专载建立失败。

7.4.4 问题处理

如图7-24所示,将上下行专载的GBR速率修改为256kbit/s,VoLTE业务正常。

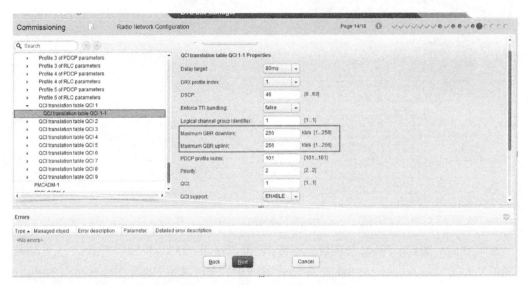

图7-24 专载速率修改界面示意图

修改后正常VoLTE主叫业务流程如图7-25所示。

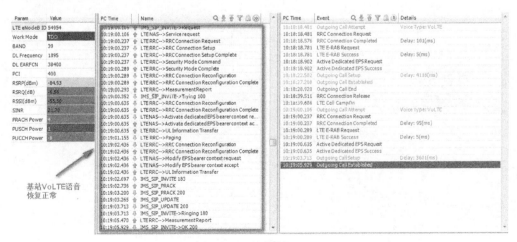

图7-25 VoLTE主叫业务流程

修改后正常VoLTE被叫业务流程如图7-26所示。

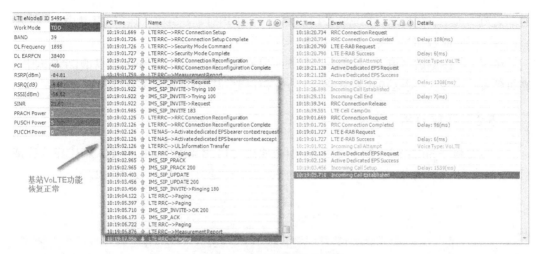

图7-26　VoLTE被叫业务流程

7.4.5　问题延伸

上下行GBR过低会导致E-RAB建立失败，从而导致网管VoLTE接通率较差。

如表7-3所示，从网管指标发现，由于ENB配置的上下行GBR过低，导致该基站的QCI1接通成功次数为0，3月30日将eNB的上下行GBR提高到最大值后指标正常。

表7-3　网管指标示例

TIME	LNBTSID	LNCELID	LNCEL	RRC建立成功率	QCI1无线接通率	E_RAB建立成功率QCI1	QCI1成功率分子	QCI1成功率分母	RRC建立成功率分子	RRC建立成功率分母
20160329	868360	141	**********-LNHX-141	99.98%	0%	0%	0	5	26969	26974
20160329	868360	142	**********-LNHX-142	100%	0%	0%	0	10	11535	11535
20160329	868360	143	**********-LNHX-143	99.98%	99.98%	100%	0	0	4417	4418
20160329	868360	144	**********-LNHX-144	99.96%	0%	0%	0	11	23626	23635
20160329	868360	145	**********-LNHX-145	99.99%	0%	0%	0	2	10651	10652
20160329	868360	146	**********-LNHX-146	99.92%	99.92%	100%	0	0	6470	6475
20160330	868360	141	**********-LNHX-141	99.99%	99.99%	100%	2	2	33828	33831
20160330	868360	142	**********-LNHX-142	100%	100%	100%	1	1	14412	14412
20160330	868360	143	**********-LNHX-143	100%	100%	100%	0	0	6674	6674
20160330	868360	144	**********-LNHX-144	99.99%	99.99%	100%	2	2	30081	30085
20160330	868360	145	**********-LNHX-145	99.98%	99.98%	100%	5	5	9392	9394
20160330	868360	146	**********-LNHX-146	99.96%	99.96%	100%	0	0	8123	8126

在VoLTE业务的维护过程中，无线侧要密切关注QCI=1的专载建立成功率，因为无线侧是通过QCI来识别本次业务是VoLTE语音业务还是数据业务。无线侧设备目前是不会去分析上层应用业务的，而是根据数据业务和语音业务使用承载的QCI参数来识别。

7.5　应用实例三

7.5.1　问题现象

VoLTE业务和CSFB业务相比，其中最大的一个优势就是时延从CSFB业务的平均10s左右缩短到3s左右。在某地VoLTE业务摸底测试中,平均时延是3s多一点,但是其中有一定概率出现了呼叫时延超过10s的高时延现象。

在第一阶段测试结束后,对所有时延长的现象我们做了统计,全网和地铁的DT测试中,高时延发生了19次,对这19次高时延做了分析和归类,其中有8次是多次寻呼造成的。

7.5.2 问题分析

主叫发起呼叫时,被叫处于空闲态,但被叫延时14s才收到Paging消息,RRC建立完成后,被叫收到Invite消息,触发VoLTE流程,呼叫建立时延为16s左右,如图7-27所示。

图7-27 呼叫建立时延长的示例

7.5.3 问题原因

目前,核心网对于CSFB的语音寻呼遵循提高第一次寻呼成功率的原则,以减少时延,所以第一次寻呼就是基于TAC List的范围寻呼;VoLTE是属于PS业务范畴,目前寻呼是延续过去PS数据业务的寻呼策略,是步进式的,第一次寻呼是eNB,第二次是TAC,第三次是TAC List。为提升VoLTE呼叫建立时延,我们尝试PS也采用CS寻呼机制,即第一次就是TAC List范围的寻呼,并验证高寻呼的成功率及呼叫建立时延是否有提升。

7.5.4 问题处理

对多次寻呼导致的高时延的问题,可采取修改MME上VoLTE的寻呼机制,具体功能和参数说明如图7-28所示。

参数描述	这个参数是控制寻呼以 TAI list 为单位进行寻呼还是先 eNB、TAI 再以 TAI list 为单位步进制式进行寻呼
参数名	MME_VoLTE_Paging
参数ID	2292
参数类名	002
参数值	01 代表以 TAI list 为单位寻呼，00 代表以步进制式寻呼

图7-28　MME_VoLTE_Paging参数说明

打开TA list寻呼功能（如表7-4所示）后多次寻呼现象已消失。

表7-4　MME寻呼参数设置优化表

对应参数	默认配置	优化配置	备注
MME TAI list寻呼机制(002:2292)	False	True	有效提升一次寻呼成功率，降低接续时延
多次寻呼次数	1	0	多次寻呼现象已消失

7.5.5　问题延伸

VoLTE业务时延和被叫寻呼响应时延强相关，我们日常优化工作中需要特别关注LTE网络的第一次寻呼成功率。

第 8 章
VoLTE听得清

8.1 高清语音的概念

图8-1所示为VoLTE高清语音示意图。

那么，VoLTE高清语音，为什么说有就有呢？

如图8-2所示，无线通信中，传送的语音信息其实是0和1组成的数字信号。发送方将声波感应产生的模拟信号经过转换变成数字信号，传送到接收方后再将数字信号还原为声波，我们就听到了声音，这种转换称为编解码。

图8-1　VoLTE高清语音示意图

编解码是VoLTE与传统2G/3G电话实现音质差别的关键。VoLTE带来的高清语音像听收音机，声音亲切又有磁性，采用AMR-WB编码，而2G/3G采用的是AMR-NB编码，两者的区别如图8-3所示。

图8-2　无线通信中的语音传送示意图

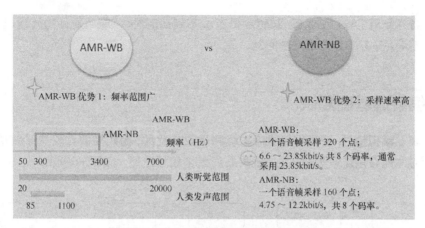

图8-3 窄带和宽带AMR编码比较的示意图

另外,双方都要具备VoLTE业务条件(如图8-4所示),只要有一方不满足(如图8-5所示),就不是真正的高清语音。

图8-4 满足高清语音的示例

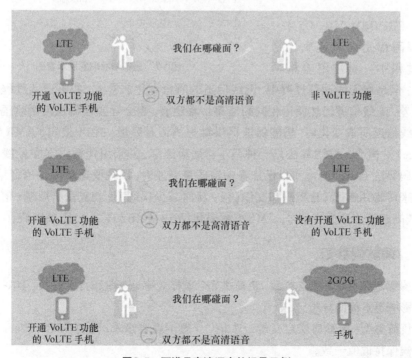

图8-5 不满足高清语音的场景示例

所以当你使用了VoLTE业务,却感到语音达不到高清时,可能不是你的问题,也许是对方的业务不满足VoLTE条件带来的问题。

8.2 编解码基础知识

语音属于模拟信号,而目前的通信系统都是数字化的,因此需要在发送端将语音转化为数字信号才能在系统中传输,并在接收端将数字信号还原,如图8-6所示。

图8-6 通信系统基本模型

语音信号需要经过抽样、量化和编码才能转换成当前通信系统所能传输的数字化信号。

语音编解码的发展经历了4个阶段:①固定网络时代的编解码;②无线网络时代的3GPP单速率编解码;③AMR-NB编解码;④FMC(Fixed Mobile Convergence)时代的AMR-WB/G.722.2编解码,如图8-7所示。

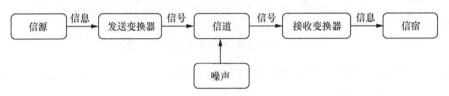

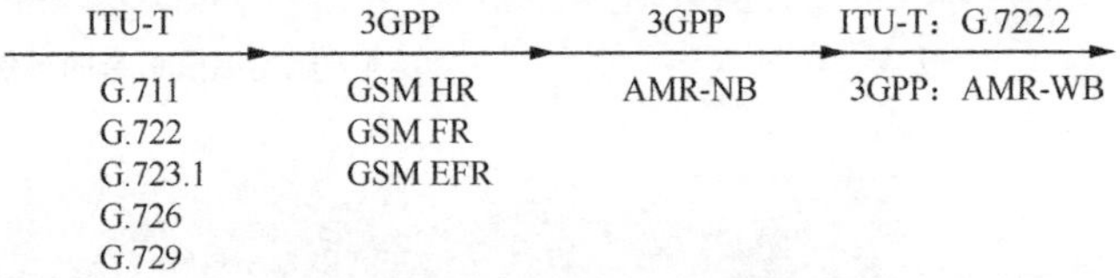

图8-7 语音编解码发展示意图

GSM FR、GSM HR、GSM EFR编解码都是固定速率,在通话过程中一直占用着相同的带宽,但是在无线通信过程中,无线信道的质量变化非常大,如果通话过程中无线信道质量变差,无线信道仍然使用相同的速率传输语音,则会导致误码从而影响语音质量。为了在无线信道质量变化时,仍能保证提供最好的语音质量,3GPP提出了AMR(Adaptive Multi-Rate)的概念。AMR算法是一种基于自适应速率,并采用代数码本激励线性预测机制的编解码算法(ACELP),可以保证在信道质量变差时,以较低速率传输语音信号,剩余的带宽用来传输纠错码(卷积码和交织码),从而减少误码率,提高语音质量;信道质量变好时,以较高速率传输语音信号。AMR编解码包括NB AMR和WB AMR编解码。

8.2.1 编解码参数

每个编解码包括4个重要参数:负荷类型、采样频率、速率和打包时长,其对语音质量和带宽的影响见下面的分析。

(1)负荷类型:标准协议定义的一个值,一般不需要修改,需要在MSC Server和MGW对接的时候保持取值一致。

(2)采样频率:采样频率越高,则采样点越多,语音质量越接近于真实的语音信号。同时，被采样的语音频率范围越宽，用户可主观感受到的语音更加自然、舒适和易于分辨。如AMR-WB编解码，其采样频率为16kHz，被采样的语音频率范围为50~7000Hz，语音质量较好。

（3）速率：速率高低和带宽的占用率有关，速率越高，带宽的占用率越高。

（4）打包时长：每个语音包所包含的语音时长。打包时长越长，则打包时延也越大，但是抗抖动能力强，带宽利用率高；打包时长越短，则打包时延也越小，但是抗抖动能力弱，带宽利用率低。

8.2.2　AMR编解码分类和应用

AMR编解码在CS域和IMS域的协议定义不一样，区别如下。
① CS域的AMR编解码分为窄带AMR（AMR-NB）和宽带AMR（AMR-WB）。
a. AMR-NB：HR AMR、FR AMR、UMTS AMR和UMTS AMR2。
b. AMR-WB：UMTS AMR-WB、FR AMR-WB、OHR AMR-WB和OFR AMR-WB。
② IMS域的AMR编解码只分为AMR和AMR-WB。
③ AMR编解码在CS和IMS域的映射关系如下。
a. UMTS AMR适用于3G，对应于IMS域的AMR mode-change-period设置为1的AMR。
b. UMTS AMR2适用于3G，FR AMR/HR AMR适用于2G，对应于IMS域的AMR mode-change-period设置为2的AMR。
c. FR AMR-WB适用于2G，对应于IMS域的AMR-WB mode-change-period设置为1的AMR。
d. UMTS AMR-WB适用于3G，对应于IMS域的AMR-WB mode-change-period设置为2的AMR。

8.2.3　编解码器（TC）

当发送端与接收端所使用的编解码类型不兼容时，为了保证发送端编码后的信息能在接收端解码，需要在传输中间节点上加入码变换器（Transcoder，TC）。

1. TC的基本功能

TC功能示例如图8-8所示。

2. TC扩展功能

（1）打包功能。TC可以作为缓冲队列，当G.711 over TDM向G.711 over IP转换时，PCM格式的G.711每125μs发送一个语音帧，而分组的G.711每5ms发送一个语音帧，因此TC缓存40个PCM语音帧在一个分组包中发送。具体流程如

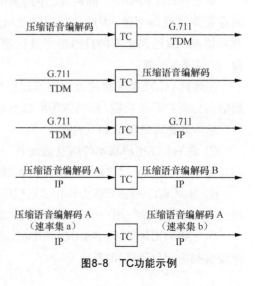

图8-8　TC功能示例

图8-9所示。

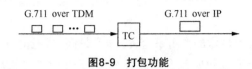

图8-9 打包功能

（2）UP头转换功能

IP承载的两端编解码类型相同，速率集相同或者兼容，打包时长也相同，仅帧格式不相同时，可直接添加FPTC（Frame Process Transcoder）。FPTC并不是实现编解码的转换，而是完成帧格式的转换，具体流程如图8-10所示。

图8-10 UP头转换功能

BICC有UP头，SIP无UP头。当SIP和BICC汇接采用同AMR类型同速率集或都采用G.711时，需插入FPTC做UP头转换。

备注：

用户面协议UP（User Plane）用来传输与无线接入承载（RAB，Radio Access Bearer）相关的用户数据。

FPTC是一种"假"编解码，仅做IP帧头处理，不做语音净载荷的编解码转换，用于减少语音净载荷的编解码次数，从而提高语音质量。

8.3 编解码协商流程

由于VoLTE网络中不同网元、不同网络类型对编解码的支持不完全相同，且编解码之间存在兼容性等问题，因此在呼叫建立以及呼叫稳态过程中，VoLTE各网元间需要进行编解码协商。编解码协商的目的是尽量让整个呼叫路径上使用相同的编解码，以节省TC资源，提高语音质量。

在现网VoLTE业务解决方案实施过程中，推荐由VoLTE侧的SBC、MGCF/IM-MGW提供编解码协商和转换功能，组网如图8-11所示。

总体部署策略包括如下内容。

① 在VoLTE用户基本呼叫互通场景、VoLTE用户与CS/VoBB/RCS-e/NGN用户的基本呼叫互通场景中，由VoLTE侧的SBC提供编解码协商和转换功能。

② MGCF/IM-MGW作为VoLTE组网中IMS Core和CS的互通网元，配合VoLTE侧的SBC提供VoLTE用户和CS用户公共编解码的协商和转换功能。

③ eSRVCC场景下，由MGCF/SRVCC IWF配合VoLTE侧的SBC（作为ATCF/ATGW）提供编解码协商和转换功能。

第 8 章　VoLTE 听得清

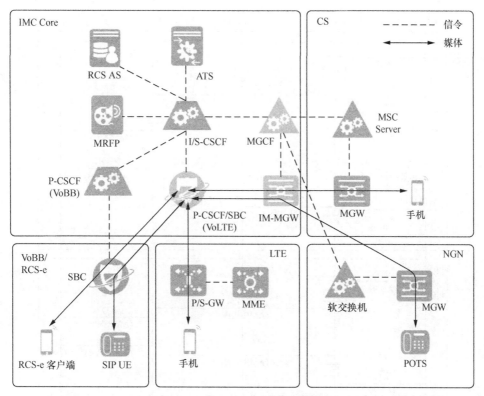

图8-11　VoLTE解决方案编解码部署

8.3.1　VoLTE用户之间的编解码协商

在VoLTE用户之间互通场景中，SBC完成编解码AMR-WB（Adaptive Multi-Rate-Wideband）、AMR（Adaptive Multi-Rate）的相互转换，实现VoLTE用户之间的互通。

VoLTE用户之间互通的编解码协商流程如图8-12所示，以UE_A呼叫UE_B，主被叫的编解码以UE_A只支持AMR且UE_B优选AMR-WB为例。

备注：以下消息流程仅提供编解码转换点的处理说明，其他信息同基本呼叫。

P1：SBC_A接收UE_A的请求消息，将消息中的编解码格式（AMR）与SBC_A上该会话所在接入网配置支持的编解码格式（AMR-WB/AMR）进行比较。

① 如果完全一致或不存在交集，则直接将UE_A请求消息转发给被叫侧。

② 如果不完全一致，则将并集中UE_A没有携带的编解码格式（AMR-WB）顺序添加到请求消息的SDP中。SBC_A将修改后UE_A请求消息（AMR/AMR-WB）发送给被叫侧。

P2：SBC_B的处理同SBC_A（P1）。SBC_B将入局消息中的编解码格式（AMR/AMR-WB）与SBC_B上配置支持的编解码格式（AMR/AMR-WB）进行比较。

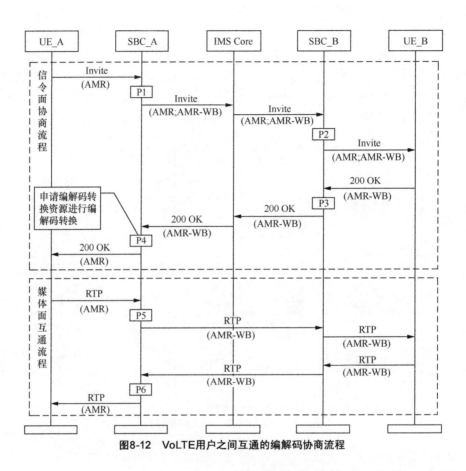

图8-12 VoLTE用户之间互通的编解码协商流程

① 如果完全一致或不存在交集，则直接将主叫侧请求消息（AMR/AMR-WB）转发给UE_B。

② 如果不完全一致，则将并集中没有携带的编解码格式顺序添加到请求消息的SDP中。SBC_B将修改后主叫侧请求消息发送给UE_B。

P3：SBC_B接收UE_B应答消息，将消息中携带的编解码格式（AMR-WB）与入局消息中的编解码格式（AMR/AMR-WB）进行比较。

① 如果完全一致或存在交集，则将UE_B应答消息的编解码格式（AMR-WB）直接透传给主叫侧。

② 如果不存在交集，则SBC_B申请媒体格式转换资源实现主叫侧编解码格式与UE_B侧编解码格式之间的转换；SBC_B将UE_B应答消息中的编解码格式修改为UE_A支持的编解码格式并将该消息发送给UE_A。

P4：SBC_A处理同SBC_B（P3）。SBC_A接收UE_B应答消息，将消息中携带的编解码格式（AMR-WB）与UE_A消息中的编解码格式（AMR）进行比较。

① 如果完全一致或存在交集，则将UE_B应答消息的编解码格式直接透传给UE_A。

② 如果不存在交集，则SBC_A申请媒体格式转换资源实现UE_A侧编解码格式（AMR）与UE_B侧编解码格式（AMR-WB）之间的转换；SBC_A将UE_B应答消息中的编解码格式修改为UE_A支持的编解码格式（AMR）并将该消息发送给UE_A。

P5：SBC_A接收UE_A侧的编解码格式（AMR）的RTP（Real-time Transport Protocol）媒体码流并进行格式转换。

① SBC_A对接收的UE_A侧（AMR）媒体码流进行解码得到UE_A侧音频信号，并将该音频信号重新编码为UE_B侧编解码格式（AMR-WB）的RTP媒体码流。

② SBC_A将转换后得到的UE_B侧编解码格式（AMR-WB）的RTP媒体码流发送给UE_B。

P6：SBC_A接收UE_B侧的编解码格式（AMR-WB）的RTP媒体码流并进行格式转换。

① SBC_A对接收的UE_B侧（AMR-WB）媒体码流进行解码得到UE_B侧音频信号，并将该音频信号重新编码为UE_A侧编解码格式（AMR）的RTP媒体码流。

② SBC_A将转换后得到的UE_A侧编解码格式（AMR）的RTP媒体码流发送给UE_A。

8.3.2 VoLTE用户与CS域用户之间的编解码协商

在VoLTE用户和CS用户互通场景中，编解码转换资源部署在VoLTE侧的SBC上，由该SBC完成VoLTE侧编解码AMR-WB、AMR与CS侧窄带AMR编解码（FR AMR、HR AMR、UMTS AMR和UMTS AMR2）、宽带AMR编解码（UMTS AMR-WB、FR AMR-WB）的相互转换，实现VoLTE用户和CS用户的互通。

1. VoLTE用户呼叫CS用户

VoLTE用户呼叫CS用户的编解码协商流程如图8-13所示，以VoLTE用户UE_A呼叫CS 3G用户UE_B，主被叫的编解码以UE_A选择AMR-WB modeset=1,3,4,8和UE_B选择AMR-NB modeset=7为例。

备注：以下消息流程仅提供编解码转换点的处理说明，其他信息同基本呼叫。

P1：SBC_A接收UE_A的请求消息，将消息中的编解码格式（AMR-WB modeset=1,3,4,8）与SBC_A上该会话所在接入网配置支持的编解码格式（AMR-WB modeset=1,3,4,8/AMR-WB modeset=0,1,2/AMR-NB modeset=7）进行比较。

① 如果完全一致或不存在交集，则直接将UE_A请求消息转发给被叫侧。

② 如果不完全一致，则将并集中UE_A没有携带的编解码格式（AMR-WB modeset=0,1,2/AMR-NB modeset=7）顺序添加到请求消息的SDP中。SBC_A将修改后UE_A请求消息（AMR-WB modeset=1,3,4,8/AMR-WB modeset=0,1,2/AMR-NB modeset=7）发送给被叫侧。

P2：MGCF/IM-MGW接收主叫侧请求消息，做如下处理。

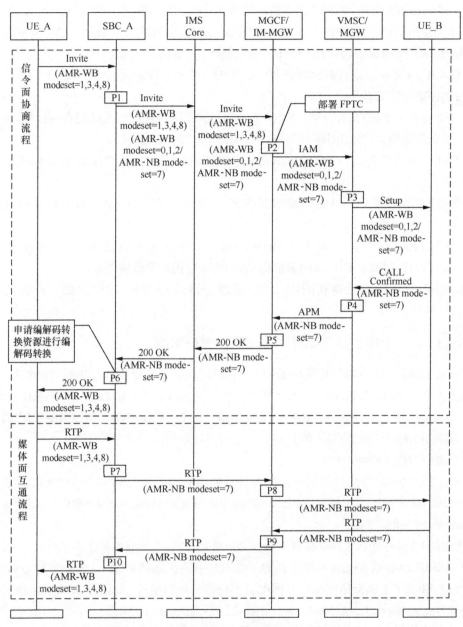

图8-13 VoLTE用户呼叫CS用户的编解码协商流程

（1）MGCF/IM-MGW对主叫侧请求消息携带的AMR、AMR-WB编解码做如下处理。

① 如果不携带modeset，则MGCF/IM-MGW认为IMS侧支持全速率的AMR/AMR-WB。MGCF/IM-MGW进行编解码协商后取本端配置的AMR/AMR-WB Configuration。

② 如果携带modeset，则MGCF/IM-MGW按照RFC 4867定义的协商方式。如果

主叫侧请求消息携带的AMR/AMR-WB modeset不能匹配本端配置的AMR/AMR-WB Configuration，则丢弃该modeset；如果可以匹配，则继续使用该AMR/AMR-WB modeset。

③ 如果主叫侧请求消息携带的AMR/AMR-WB modeset与本端配置的AMR/AMR-WB Configuration无交集，则MGCF/IM-MGW向CS侧发送MGCF/IM-MGW支持的AMR/AMR-WB Configuration。

④ 如果MGCF与VMSC之间通过BICC协议互通，由于BICC有UP（User Plane）头，SIP无UP头，MGCF要在SIP（IMS侧）和BICC（CS侧）之间插入一个FPTC。

⑤ 如果MGCF与VMSC之间通过SIP互通，MGCF无须插入一个FPTC。

（2）MGCF/IM-MGW将协商后的编解码集（AMR-WB modeset=0,1,2/AMR-NB modeset=7）发送给CS侧的网元。

P3：VMSC/MGW接收主叫侧请求消息，将入局消息中的编解码格式（AMR-WB modeset= 0,1,2/AMR-NB modeset=7）与VMSC/MGW上配置支持的编解码格式进行比较。

① 如果完全一致或不存在交集，则直接将主叫侧请求消息（AMR-WB modeset=0,1,2/AMR-NB modeset=7）转发给UE_B。

② 如果不完全一致，则将并集中没有携带的编解码格式顺序添加到请求消息的SDP中。VMSC/MGW将修改后主叫侧请求消息发送给UE_B。

P4：VMSC/MGW接收UE_B应答消息，将消息中携带的编解码格式（AMR-NB modeset=7）与入局消息中的编解码格式（AMR-WB modeset=0,1,2/AMR-NB modeset=7）进行比较。

① 如果完全一致或存在交集，则将UE_B应答消息的编解码格式（AMR-NB modeset=7）直接透传给主叫侧。

② 如果不存在交集，则VMSC/MGW申请媒体格式转换资源实现主叫侧编解码格式与UE_B侧编解码格式之间的转换；VMSC/MGW将UE_B应答消息中的编解码格式修改为UE_A支持的编解码格式并将该消息发送给UE_A。

P5：MGCF/IM-MGW的处理同P4。

P6：SBC_A接收UE_B应答消息，将消息中携带的编解码格式（AMR-NB modeset=7）与UE_A消息中的编解码格式（AMR-WB modeset=1,3,4,8）进行比较。

① 如果完全一致或存在交集，则将UE_B应答消息的编解码格式直接透传给UE_A。

② 如果不存在交集，则SBC_A申请媒体格式转换资源实现UE_A侧编解码格式（AMR-WB modeset=1,3,4,8）与UE_B侧编解码格式（AMR-NB modeset=7）之间的转换；SBC_A将UE_B应答消息中的编解码格式修改为UE_A支持的编解码格式（AMR-WB modeset=1,3,4,8）并将该消息发送给UE_A。

P7：SBC_A接收UE_A侧的编解码格式（AMR-WB modeset=1,3,4,8）的RTP（Real-time Transport Protocol）媒体码流并进行格式转换。

① SBC_A对接收的UE_A侧（AMR-WB modeset=1,3,4,8）媒体码流进行解码得到UE_

A侧音频信号，并将该音频信号重新编码为UE_B侧编解码格式（AMR-NB modeset=7）的RTP媒体码流。

② SBC_A将转换后得到的UE_B侧编解码格式（AMR-NB modeset=7）的RTP媒体码流发送给UE_B。

P8：MGCF/IM-MGW接收到UE_A侧的RTP媒体码流后，对RTP媒体码流做UP头转换后发送给UE_B。

P9：MGCF/IM-MGW接收到UE_B侧的RTP媒体码流后，对RTP媒体码流做UP头转换后发送给UE_A。

P10：SBC_A接收UE_B侧的编解码格式（AMR-NB modeset=7）的RTP媒体码流并进行格式转换。

① SBC_A对接收的UE_B侧（AMR-NB modeset=7）媒体码流进行解码得到UE_B侧的音频信号，并将该音频信号重新编码为UE_A侧编解码格式（AMR-WB modeset=1,3,4,8）的RTP媒体码流。

② SBC_A将转换后得到的UE_A侧编解码格式（AMR-WB modeset=1,3,4,8）的RTP媒体码流发送给UE_A。

2. CS用户呼叫VoLTE用户

CS用户呼叫VoLTE用户的编解码协商流程如图8-14所示，以CS 2G用户UE_B呼叫VoLTE用户UE_A，主被叫的编解码以UE_A选择GSM EFR，UE_B选择AMR-NB modeset=7为例。

备注：以下消息流程仅提供编解码转换点的处理说明，其他信息同基本呼叫。

P1：VMSC/MGW接收UE_B的请求消息，将消息中的编解码格式（GSM EFR）与VMSC/MGW上配置支持的编解码格式（GSM EFR/AMR-NB modeset=7）进行比较。

① 如果完全一致或不存在交集，则直接将UE_A请求消息转发给被叫侧。

② 如果不完全一致，则将并集中UE_A没有携带的编解码格式（AMR-NB modeset=7）顺序添加到请求消息的SDP中。VMSC/MGW将修改后的UE_B请求消息（GSM EFR/AMR-NB modeset=7）发送给被叫侧。

P2：MGCF/IM-MGW接收主叫侧请求消息，将入局消息中的编解码格式（GSM EFR/AMR-NB modeset=7）与MGCF/IM-MGW上配置支持的编解码格式进行比较。

① 如果完全一致或不存在交集，则直接将主叫侧请求消息（GSM EFR/AMR-NB modeset=7）转发给UE_B。

② 如果不完全一致，则将并集中没有携带的编解码格式顺序添加到请求消息的SDP中。VMSC/MGW将修改后的主叫侧请求消息发送给UE_B。

备注：如果MGCF与VMSC之间通过BICC协议互通，由于BICC有UP头，SIP无UP头，MGCF需在SIP（IMS侧）和BICC协议（CS侧）之间插入一个FPTC。

如果MGCF与VMSC之间通过SIP互通，MGCF无须插入一个FPTC。

P3：SBC_A接收主叫侧请求消息，将消息中的编解码格式（GSM EFR/AMR-NB modeset=7）与SBC_A上该会话所在接入网支持的编解码格式（AMR-NB modeset=7）进行比较。

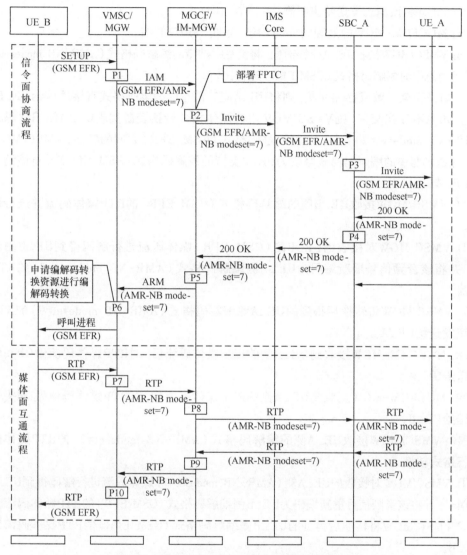

图8-14　CS用户呼叫VoLTE用户的编解码协商流程

① 如果完全一致或不存在交集，则直接将UE_A请求消息转发给被叫侧。

② 如果不完全一致，则将并集中主叫侧没有携带的编解码格式顺序添加到请求消息的SDP中。SBC_A将修改后的UE_A请求消息发送给UE_A。

P4：SBC_A接收UE_A应答消息，将消息中携带的编解码格式（AMR-NB modeset=7）与入局消息中的编解码格式（GSM EFR/AMR-NB modeset=7）进行比较。

① 如果完全一致或存在交集，则将UE_B应答消息的编解码格式（AMR-NB modeset=7）直接透传给主叫侧。

② 如果不存在交集，则SBC_A申请媒体格式转换资源实现主叫侧编解码格式与UE_A侧编解码格式之间的转换；SBC_A将UE_A应答消息中的编解码格式修改为主叫侧支持的编解码格式并将该消息发送给主叫侧。

P5：MGCF/IM-MGW的处理同VoLTE用户呼叫CS用户的P2。

P6：VMSC/MGW接收UE_A应答消息，将消息中携带的编解码格式（AMR-NB modeset=7）与UE_B消息中的编解码格式（GSM EFR）进行比较。

① 如果完全一致或存在交集，则将UE_A应答消息的编解码格式直接透传给UE_B。

② 如果不存在交集，则VMSC/MGW申请媒体格式转换资源实现UE_A侧编解码格式（AMR-NB modeset=7）与UE_B侧编解码格式（GSM EFR）之间的转换；VMSC/MGW将UE_A应答消息中的编解码格式修改为UE_B支持的编解码格式（GSM EFR）并将该消息发送给UE_A。

P7：VMSC/MGW接收UE_B侧的编解码格式（GSM EFR）的RTP媒体码流并进行格式转换。

① VMSC/MGW对接收的UE_B侧（GSM EFR）媒体码流进行解码得到UE_B侧音频信号，并将该音频信号重新编码为UE_A侧编解码格式（AMR-NB modeset=7）的RTP媒体码流。

② VMSC/MGW将转换后得到的UE_A侧编解码格式（AMR-NB modeset=7）的RTP媒体码流发送给UE_A。

P8：MGCF/IM-MGW接收到UE_B侧的RTP媒体码流后，对RTP媒体码流做UP头转换后发送给UE_A。

P9：MGCF/IM-MGW接收到UE_A侧的RTP媒体码流后，对RTP媒体码流做UP头转换后发送给UE_B。

P10：VMSC/MGW接收UE_A侧的编解码格式（AMR-NB modeset=7）的RTP媒体码流并进行格式转换。

① VMSC/MGW对接收的UE_A侧（AMR-NB modeset=7）媒体码流进行解码得到UE_A侧音频信号，并将该音频信号重新编码为UE_B侧编解码格式（GSM EFR）的RTP媒体码流。

② VMSC/MGW将转换后得到的UE_B侧编解码格式（GSM EFR）的RTP媒体码流发送给UE_B。

8.3.3 SRVCC场景的编解码协商

eSRVCC切换过程中，SRVCC IWF根据STN-SR向ATCF发送Invite消息，携带了SRVCC IWF与切换方UE_A进行编解码协商后得到的编解码集A。如果IMS侧的编解码集B与编解码集A有交集C，则ATCF进行编解码协商后使用编解码集C进行eSRVCC切换。如果编解码集B与编解码集A无交集，则SRVCC IWF与ATCF之间需要进行编解码转换。

在现网VoLTE业务解决方案中，一般由ATCF完成SRVCC IWF与ATCF之间的编解码协商和转换，并优先选择SRVCC IWF提供的首选编解码，避免SRVCC IWF侧再插入TC

（Transcoder）进行编解码转换。

备注：SRVCC/eSRVCC切换过程中，仅激活（Active）状态会话和告警（Alerting）状态会话切换涉及编解码协商和转换。保持状态会话切换过程中，ATCF不做承载切换控制，直接回落至SRVCC流程，不涉及编解码协商和转换。

8.3.3.1　Active状态会话切换的编解码协商流程

UE_A和UE_B正在进行通话时，UE_A从E-UTRAN网络移动到UTRAN/GERAN网络，发生eSRVCC切换。切换过程中，SRVCC IWF与ATCF之间的编解码协商和转换流程如图8-15所示。编解码协商信令流程如图8-16所示。

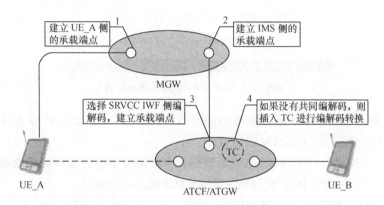

图8-15　SRVCC IWF与ATCF之间的编解码协商和转换流程

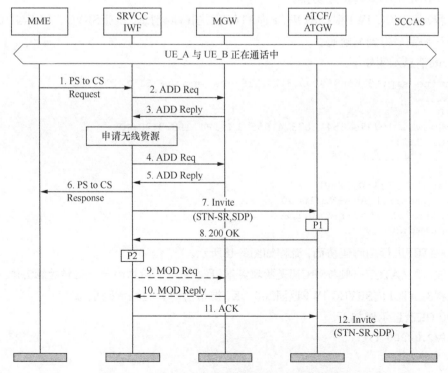

图8-16　Active状态会话切换的编解码协商信令流程

流程1：MME向UE_A当前所在地区的SRVCC IWF发起eSRVCC切换请求PS to CS Request消息，携带切换支持的编解码列表，如图8-17所示。

```
□ ▼ mm-context-for-e-utran-srvcc
    □ ▼ ie-comman
        spare:0x0 (0)
        instance:0x0 (0)
    spare:0x0 (0)
    eksi:0x7 (7)
    cksrvcc:00 00 00 00 00 00 00 00 00 00 00 00 00 00 00 00
    iksrvcc:00 00 00 00 00 00 00 00 00 00 00 00 00 00 00 00
    mobile-station-classmark-2:01 00 00
    mobile-station-classmark-3:12 11 11 11 11 11 11
    supported-codec-list:10 02 08 00
```

图8-17　PS to CS Request消息示例

流程2～3：SRVCC IWF进行编解码协商得到切换方UE_A支持的编解码，发送ADD Req消息给MGW建立UE_A侧的承载端点。

流程4～5：SRVCC IWF将UE_A的编解码和中继网关支持的编解码取交集，使用交集的首选编解码，发送ADD Req消息给MGW建立IMS侧的承载端点。

流程6：SRVCC IWF向MME返回PS to CS Response消息。MME收到消息后，指示UE_A向UTRAN/GERAN网络发起切换。

流程7：SRVCC IWF根据STN-SR向ATCF发送Invite消息，携带SRVCC IWF与UE_A进行编解码协商后得到编解码。

Invite消息示例如下。
```
Invite sip:+6666606@193.3.16.136;user=phone SIP/2.0
......
v=0
o=Huawei 1073741854 1073741855 IN IP4 193.3.20.40
s=SipCall
c=IN IP4 193.3.19.6
t=0 0
m=audio 3384 RTP/AVP 101
a=rtpmap:101 AMR-WB/16000
a=fmtp:101 mode-set=0,1,2,8
a=ptime:20
```

P1：ATCF进行编解码协商，流程如图8-18所示。

备注：现网ATCF一般与SBC同是物理实体，即在SBC上新增的一个逻辑功能实体。

流程8：ATCF向SRVCC IWF返回200 OK，携带协商后的编解码信息。

200 OK消息示例如下。
```
SIP/2.0 200 OK
......
v=0
o=- 227 227 IN IP4 193.3.**.**
```

```
s=SBC call
c=IN IP4 193.3.**.**
t=0 0
m=audio 11302 RTP/AVP 101
a=rtpmap:101 AMR-WB/16000
a=fmtp:101 modeset=0,1,2,8
a=ptime:20
```

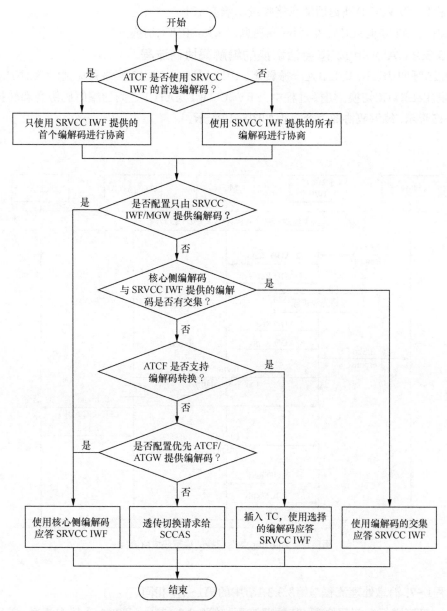

图8-18 Active会话切换的ATCF编解码协商流程

P2: SRVCC IWF收到ATCF的200 OK后，直接使用消息中携带的编解码，不再进行后续的编解码协商。如果ATCF返回的编解码和SRVCC IWF在Invite消息中携带的首选编解码不一致，则SRVCC IWF需要更改编解码，插入TC，控制MGW完成媒体转换。

（可选）流程9~10：如果ATCF返回的编解码和SRVCC IWF在Invite消息中携带的首选编解码不一致，SRVCC IWF根据ATCF返回的编解码，发送MOD Req消息给MGW修改IMS侧的承载端点。

流程11：SRVCC IWF返回消息接收成功响应ACK。

流程12：ATCF向SCCAS发送Invite消息，请求eSRVCC切换。

8.3.3.2　Alerting状态会话切换的编解码协商流程

UE_A呼叫UE_B，UE_B处于振铃态。UE_A从E-UTRAN网络移动到UTRAN/GERAN网络，发生eSRVCC切换。切换过程中，SRVCC IWF与ATCF之间的编解码协商和转换流程如图8-15所示，编解码协商信令流程如图8-19所示。

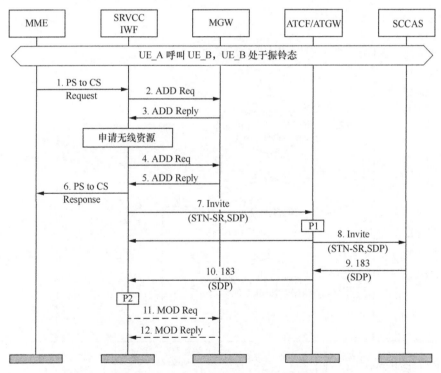

图8-19　Alerting会话切换的编解码协商流程

流程1~7：消息处理流程与第8.3.3.1节中的第1~7步相同。

P1：ATCF进行编解码协商，其处理流程与第8.3.3.1节中（图8-16）基本相同，差别在于ATCF完成编解码协商和转换后，向SCCAS发起切换请求，编解码协商结果通过183消息返回给SRVCC IWF。

流程8：ATCF向SCCAS发起切换请求，携带协商后的编解码信息。

流程9~10：SCCAS返回183消息，携带协商后的编解码信息。

P2：SRVCC IWF收到183消息后，处理流程与第8.3.3.1节中的P2相同。

（可选）流程11~12：如果ATCF返回的编解码和SRVCC IWF在Invite消息中携带的首选编解码不一致，SRVCC IWF根据ATCF返回的编解码，发送MOD Req消息给MGW修改IMS侧的承载端点。

8.4 应用实例一

8.4.1 问题现象

被叫用户接听后听不到对方主叫用户的声音。

8.4.2 问题分析

通过信令监测系统的语音质量单据查询主、被叫用户的语音MOS值情况，如图8-20所示。

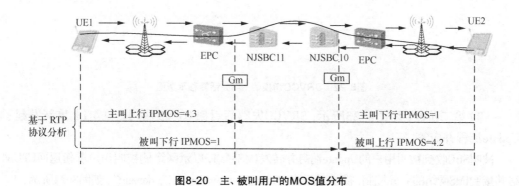

图8-20 主、被叫用户的MOS值分布

1. 主叫下行IPMOS差，有可能是被叫空口上行→被叫S1-U上行→被叫SGW→被叫SBC→主叫SBC段有问题。

2. 结合被叫的上行IPMOS好分析，说明被叫空口上行→被叫S1-U上行→被叫SGW→被叫SBC段没问题，判定被叫SBC→主叫SBC段有问题。

3. 反之，被叫下行IPMOS差，结合主叫的上行IPMOS分析，判定主叫SBC→被叫SBC段有问题。

从上面分析可以看到语音问题出现在主叫SBC和被叫SBC之间的这段通道上。

8.4.3 问题原因

查询用户的信令流程,发现了如图8-21所示的事件。

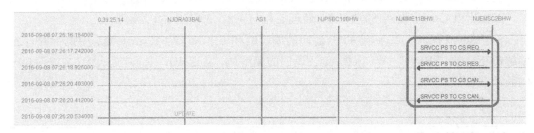

图8-21 用户通话过程中发生的SRVCC事件

从信令流程可以看到,被叫用户发生了SRVCC失败事件,同时用户发现4G信号恢复之后,用户返回4G网络导致MME发起切换取消消息。

这个过程细化为两个阶段,第一阶段是SRVCC切换到2G的过程,第二个阶段是切换失败后返回4G的过程。

(1)第一阶段:SRVCC切换到2G后,e-MSC进行IMS会话转移,如图8-22所示。

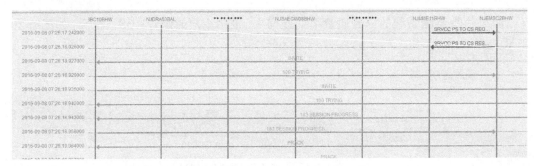

图8-22 SRVCC切换的IMS会话转移示意图

(2)第二阶段:如图8-23所示,SRVCC失败后返回4G,被叫用户在4G上重新发起了Update流程并应答。

被叫SBC收到被叫用户的Update消息并转发IMS网络,以示网络侧被叫用户重新返回LTE网络并接受IMS网络的业务控制,携带原因值"Failure to transition to CS domain",如图8-24所示。

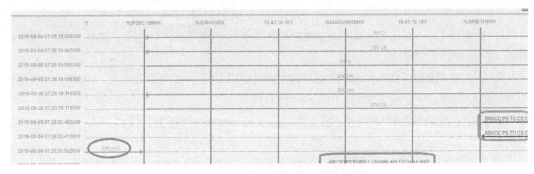

图8-23 SRVCC失败后返回4G网络的示意图

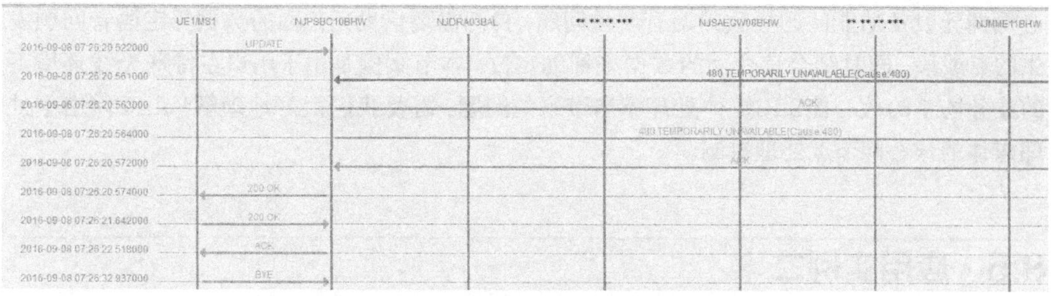

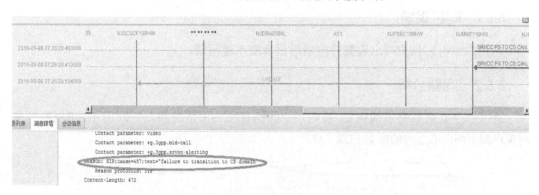

图8-23　SRVCC失败后返回4G网络的示意图（续）

图8-24　VoLTE用户返回LTE网络

结合被叫用户在振铃后从4G SRVCC切换到2G，之后因为无线信号问题又回到4G，且被叫用户在4G做了应答，我们判断是被叫SBC在这种信令场景下的媒体面处理问题。

对于此话务场景，被叫SBC针对此场景的媒体处理正常流程如图8-25所示。语音问题产生的原因是被叫SBC对于此场景的媒体处理发生异常。

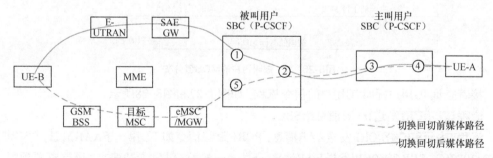

图8-25　SRVCC切换失败回切场景的媒体路径更改示意图

8.4.4　问题处理

SBC版本升级解决。

8.4.5　问题延伸

语音质量问题，一般是由无线空口信号质量问题导致的，在业务建网的初期会存在核心侧网元设备功能问题导致的语音质量问题，我们需要借助用户面的数据界定语音问题发生的点或段，同时结合信令面的数据来辅助定位。本节案例是由于用户在特殊无线环境下的业务场景的核心侧SBC媒体处理不当带来的问题，需要我们很好地理解VoLTE网络中处理媒体的核心网节点处理机制。

8.5 应用实例二

8.5.1 问题现象

4G用户呼叫2G用户时出现振铃接通后语音双不通问题。

8.5.2 问题分析

通过信令监测系统查询到主、被叫用户的语音MOS值情况如图8-26所示，可以看到主叫用户到主叫SBC之间的媒体出现了异常。

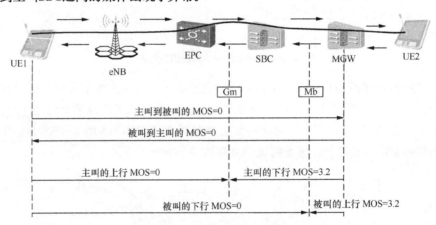

图8-26 主、被叫用户的MOS值分布

接着查询4G用户呼叫2G用户的信令流程，如图8-27和图8-28所示。

流程1表示UE1发送Invite消息给SBC。

流程2表示SBC给PCRF发送AAR消息，PCRF跟踪信令如下：第一条AAR消息，SBC带上MBR=103200，PCRF给PGW发送RAR消息，下发QoS参数，触发专载建立，进行资源预留。

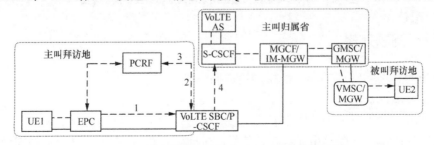

图8-27 起呼的Invite消息经由SBC转发示意图

PGW侧预留成功,上报CCR消息,通知其资源预留成功。流程3表示PCRF给SBC返回成功响应的RAR消息。流程4表示SBC将UE1的Invite消息转给主叫用户注册的S-CSCF。

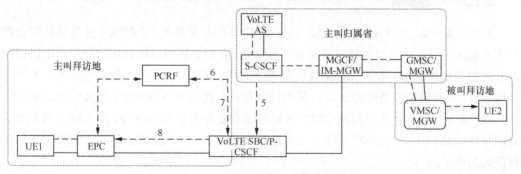

图8-28 被叫侧的183消息经由SBC转发示意图

流程5表示主叫用户注册的S-CSCF返回被叫用户响应的183消息。流程6表示SBC再次向PCRF发送了第二条AAR,但是所携带的最大带宽为0,和正常流程不同。

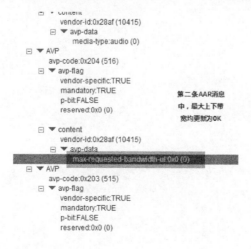

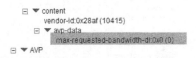

接着PCRF给PGW发送RAR消息,更新承载,并给PCRF返回成功响应的CCR消息。流程7表示PCRF返回SBC成功修改承载的RAR消息。流程8表示SBC返回UE1 183消息,呼叫流程正常继续,直到被叫用户摘机应答,由于承载带宽变为0,因此无法传输数据包,双方互相听不到声音。

8.5.3 问题原因

主叫用户所在SBC在收到被叫用户的183消息时,处理QCI=1专载资源出现了问题。

8.5.4 问题处理

SBC版本升级解决。

8.5.5 问题延伸

语音质量问题,一般是由于无线空口信号质量问题导致的。VoLTE业务建网初期会存在核心侧网元设备功能问题导致的语音质量问题,我们需要借助媒体面的数据界定语音问题发生的点或段,同时结合信令面的数据辅助定位。本节案例是SBC在处理媒体面发生的特殊事件,需要借助设备商的研发人员进行设备日志获取来定位根因。然而对于运营商人员来说,掌握VoLTE业务控制面与用户面如何配合处理的机制很重要。从上面这两个案例我们可以看到,VoLTE业务时代信令监测系统特别重要,对于我们日常维护和优化工作起到很大的作用。

第 9 章
VoLTE不掉话

> VoLTE业务不同于传统的2G/3G语音业务,VoLTE语音业务在LTE网络接入、IMS网络控制、LTE网络覆盖还不太好的时候需要借助SRVCC技术来保障VoLTE用户语音业务的连续性,即在LTE系统内没有合适小区进行切换的时候,需要进行域间切换(PS域–CS域)。系统间的切换不但牵涉两个无线接入域的切换,还牵涉IMS域和CS域之间的切换,本章主要关注的是系统间切换问题带来的VoLTE用户语音掉话事件。

9.1 基本概念

2G/3G网络的掉话一般是在通话过程中因为无线覆盖或邻区参数设置问题引起的,通过无线设备的掉线率即可表征用户的掉话率,然而在VoLTE业务网络下,不能简单地用无线掉线率来表征,分为两种场景:一个是无线掉线率大于VoLTE业务掉话率,一个是无线掉线率小于VoLTE业务掉话率。

9.1.1 无线掉线率大于VoLTE业务掉话率的场景

1. 被叫未接通之前的无线侧掉线场景

如图9-1所示,在被叫振铃之前,主叫用户的语音专载在无线空口已经建立成功(用①表示),然而在还没有收到被叫侧振铃消息(即180)之前无线基站发起了非正常原因值的UE上下文释放请求消息时(用②表示),无线基站会将其记录为掉线事件。而从VoLTE业务角度,被统计为VoLTE未接通事件,此场景带来的问题是无线掉线率大于VoLTE业务掉话率。

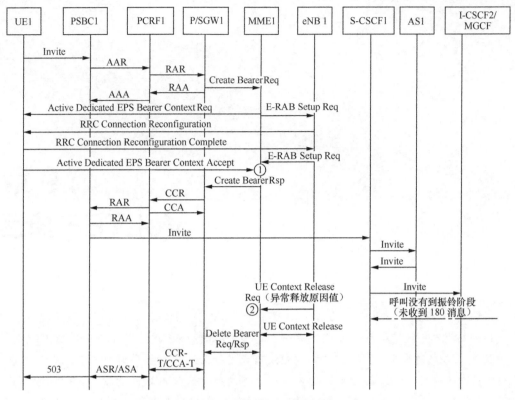

图9-1 无线侧掉话场景示意图

2. MME专载保护功能开通情况下用户返回LTE网络的场景

如图9-2所示,主叫用户的语音专载在无线空口已经建立成功(用①表示),在被叫应答之后,无线基站发起了携带UE Lost原因的UE上下文释放请求消息(用②表示),此时无线基站将其记录为掉线事件,而由于MME启用了专载保护功能,一般来说现网专载保护定时器设为2秒,如果在2秒之内MME收到了此用户的SR或TAU的消息(用③表示),则认为用户重新返回LTE网络,主、被叫用户的通话可以继续进行。从VoLTE业务角度,此场景没有被统计为VoLTE掉话事件,带来的问题也是无线掉线率大于VoLTE业务掉话率。

9.1.2 无线掉线率小于VoLTE业务掉话率的场景

如图9-3所示,主叫用户的语音专载在无线空口已经建立成功(用①表示),在被叫应答之后,无线基站发起了携带Interrat Redirection 原因的UE上下文释放请求消息(用②表示),此时无线基站不会将其记录为掉线事件,而MME开始了专载删除流程,当PSBC收到PCRF的ASR消息之后会同时给主叫用户和被叫用户侧都发Bye消息(用③表示),主、被叫用户的通话被中断。从VoLTE业务角度讲,此场景被统计为VoLTE掉话事件,带来的问题是无线掉线率小于VoLTE业务掉话率。

第 9 章 VoLTE不掉话

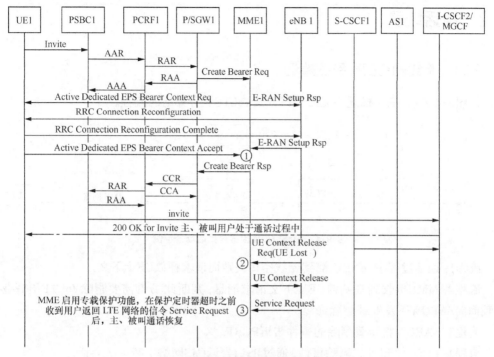

图9-2 专载保护功能开通场景示意图

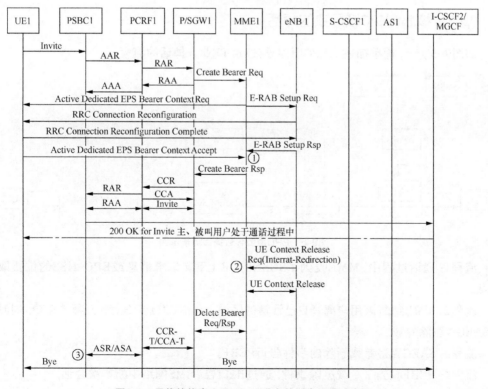

图9-3 无线掉线率小于VoLTE业务掉话率场景示意图

9.2 掉话场景

9.2.1 无线侧空口导致的掉话

如图9-4所示,简单描述下无线空口导致VoLTE业务掉话的流程。

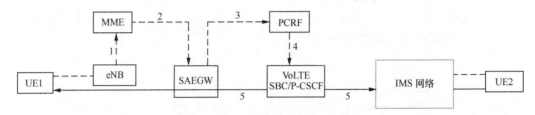

图9-4　无线空口原因导致掉话场景示例

流程1:通话过程中,eNB检测到无线空口失败而请求释放UE上下文。

流程2:MME接收到基站的UE上下文请求消息,判断此场景需要删除VoLTE语音业务专载而向SAEGW下发专载删除命令。

流程3:SAEGW将专载删除的事件告诉PCRF。

流程4:PCRF收到专载删除事件,通过Rx口告诉IMS网络中断本次会话。

流程5:SBC同时给UE和IMS网络发送释放本次呼叫业务的信令。

9.2.2 核心侧EPC域导致的掉话

如图9-5所示,简单描述下EPC原因导致VoLTE业务掉话的流程。

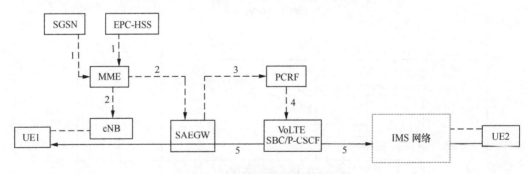

图9-5　EPC原因导致掉话场景示例

流程1:通话过程中,MME收到了SGSN的UE上下文请求消息或EPC-HSS的位置取消消息。

流程2:MME判断该用户离开自己管辖的区域,给eNB发送UE上下文释放命令,同时告诉SAEGW删除专载。

流程3:SAEGW将专载删除的事件告诉PCRF。

流程4:PCRF收到了专载删除事件,通过Rx口告诉IMS网络中断本次会话。

流程5:SBC同时给UE和IMS网络发送释放本次呼叫业务的信令。

9.2.3 核心侧IMS域导致的掉话

如图9-6所示，简单描述下IMS网络原因导致VoLTE业务掉话的流程。

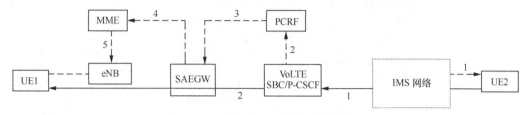

图9-6　IMS网络原因导致掉话场景示例

流程1：通话过程中，SBC收到了IMS网络的异常释放呼叫的消息。

流程2：SBC通过Rx口告诉PCRF去激活用户的专载，同时告诉主叫用户UE1释放本次呼叫。

流程3：PCRF通知SAEGW删除专载。

流程4：SAEGW向MME申请删除专载。

流程5：MME通知eNB删除专载。

9.3　应用实例一

9.3.1　问题现象

路测过程中通话时长没有达到设定的时长，终端主动发起结束会话，形成掉话事件。

9.3.2　问题分析

测试中每次会话保持时间设定为3min，所以终端提前发起结束会话为异常事件。与测试人员确认当天是否发生过误操作，首先应排除测试人员操作错误的情况，然后考虑Bye消息是否是由终端发出的，是否因为终端判断无线信道恶化而主动终止了会话。

（1）主叫在14:02:16.807时发起Invite，14:02:28.344时会话建立，开始通话。但在14:04:31.744时发起Bye消息，会话保持时间不够180s，为掉话现象。

```
14:02:16.807  ↑  IMS_SIP_INVITE->Request
14:02:17.650  ↓  IMS_SIP_INVITE->Trying 100
14:02:24.036  ↓  IMS_SIP_INVITE 183
14:02:24.131  ↑  IMS_SIP_PRACK
14:02:24.954  ↓  IMS_SIP_PRACK 200
14:02:24.964  ↑  IMS_SIP_UPDATE
14:02:26.523  ↓  IMS_SIP_UPDATE 200
14:02:26.523  ↓  IMS_SIP_INVITE->Ringing 180
14:02:27.853  ↓  IMS_SIP_INVITE->OK 200
14:02:27.853  ↑  IMS_SIP_ACK
14:02:28.444  ↓  IMS_SIP_INVITE->OK 200
14:02:28.444  ↑  IMS_SIP_ACK
14:04:31.744  ↑  IMS_SIP_BYE->Request
14:04:40.345  ↓  IMS_SIP_BYE 408
```

（2）查看掉话前后无线信号情况，发现信号较差且不稳定。

PC Time	LTE RSRP	LTE SINR	PC Time	LTE RSRP	LTE SINR
14:04:17.704	-114.56	-3.10	14:04:25.556	-110.43	-3.40
14:04:17.704	-114.56	-3.10	14:04:25.556	-110.43	-3.40
14:04:17.704	-114.56	-3.10	14:04:25.556	-110.43	-3.40
14:04:17.708	-114.56	-3.10	14:04:25.556	-110.43	-3.40
14:04:17.708	-114.56	-3.10	14:04:25.556	-110.43	-3.40
14:04:17.710	-114.56	-3.10	14:04:25.568	-110.43	-3.40
14:04:17.710	-114.56	-3.10	14:04:25.568	-110.43	-3.40
14:04:17.710	-114.56	-3.10	14:04:25.568	-110.43	-3.40
14:04:17.812	-114.56	-3.10	14:04:25.568	-110.43	-3.40
14:04:17.812	-114.56	-3.10	14:04:25.568	-110.43	-3.40
14:04:17.812	-114.56	-3.10	14:04:25.568	-110.43	-3.40

（3）从信令上看，被叫一直有发出RTP包，但主叫在14:04:11.685时收到下行最后一个RTP（Num:1622）包后，一直未能收到其他RTP包。

（4）直到14:04:31.744时主叫发起Bye请求，形成掉话事件，此时距离主叫收到最后一个RTP包时间刚好是20s。

```
14:04:30.631    IMS RTP SN and Payload
14:04:30.757    IMS RTP SN and Payload
14:04:30.854    IMS RTP SN and Payload
14:04:31.027    IMS RTP SN and Payload
14:04:31.225    IMS RTP SN and Payload
14:04:31.328    IMS RTP SN and Payload
14:04:31.541    IMS RTP SN and Payload
14:04:31.648    IMS RTP SN and Payload
14:04:31.744    IMS_SIP_BYE->Request
```

终端下行连续20s未收到RTP包，终端主动结束通话。

9.3.3 问题原因

终端上有语音RTP包的监测机制，当20s内没有任何RTP包的时候会主动释放本次呼叫。

9.3.4 问题处理

（1）基础优化，改善路段RSRP及SINR值。

（2）优化2G邻区信息，使得终端在弱场区域尽快切换到2G。

9.3.5 问题延伸

本次问题仅是空口日志分析，在终端20s都没有收到RTP包的时候，基站是否已经早检测到终端失步了呢？这需要借助网络侧的信令数据来分析。从终端在14：04：31时给网络侧发送Bye消息之后到14：04：40时才收到网络侧的408消息，可以看到网络侧已经释放了本次呼叫。

9.4 应用实例二

9.4.1 问题现象

魅族M681Q作为主叫，呼叫A，建立VoLTE通话后，B呼叫M681Q，接通后M681Q进行切换通话，与A保持通话，与B保留呼叫保持，B同时添加通话呼叫10086，接通后，M681Q进行切换通话时手机未正常切换，且切换通话按钮变灰，无法使用。

9.4.2 问题分析

（1）根据拨测情况可以分为以下几步。
① M681Q呼叫A。
② B呼叫M681Q。
③ M681Q保留呼叫A。
④ M681Q应答B。
⑤ M681Q保留呼叫B。
⑥ M681Q解保留呼叫A。
⑦ B保留呼叫M681Q。
⑧ B呼叫10086。
⑨ M681Q解保留呼叫B。
⑩ B由于之前保留呼叫M681Q，B向MRFC发起放音请求时回500错误。

（2）梳理下测试场景中所有涉及MRFC的流程。
① M681Q保留呼叫A/B过程如图9-7所示。
从M681Q保留呼叫A/B的过程中，M681Q-MRFC在最终播放呼叫保持音时采用98-AMR编解码。
② B保留呼叫M681Q的过程如图9-8所示。
③ 此时，M681Q和B处于双保持状态。

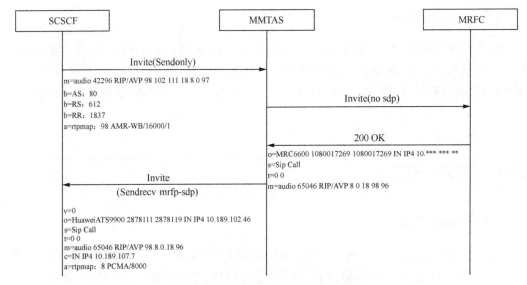

图9-7 M681Q保留呼叫A或B过程的示例

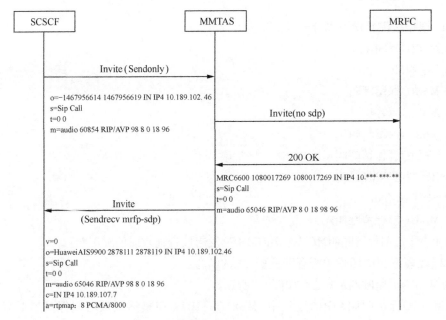

图9-8 B保留呼叫M681Q过程的示例

④ M681Q解保留B过程如图9-9所示。

由于之前B保留呼叫M681Q与MRFC协商的媒体编解码为98-AMR编解码，当M681Q发起解保持使用111 AMR编解码时，B侧MRFC回500错误。

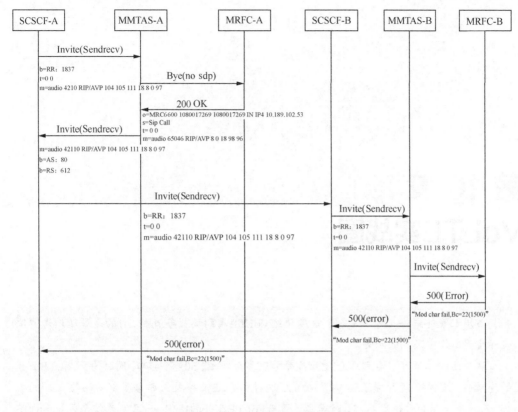

图9-9　M681Q解保留B过程的示例

9.4.3　问题原因

从整个解保持过程看，M681Q在保持和解保留过程中使用了不同的编解码，导致MRFC不支持回错导致。

9.4.4　问题处理

（1）终端修改保留和解保留过程中编解码一致。

（2）MRFC增加编解码适配功能。

9.4.5　问题延伸

在VoLTE业务语音质量问题的处理过程中，我们需要关注媒体面的编解码转换原理。

第10章
VoLTE实战图

百川汇聚终到海，我们从各个维度介绍VoLTE端到端业务流程，目的是帮助读者解决实际生产工作中遇到的问题。

从前面的章节可以看到VoLTE业务牵涉20多个网元、50多个接口，同时为了VoLTE业务的连续性，现网一般开通了SRVCC功能，这样VoLTE业务就又牵涉多制式网络之间的配合，而且跨专业的问题定界难、效率低。随着VoLTE业务的IP化，一旦发生信令风暴和网络安全问题，很难具备VoLTE业务的快速定界定位能力，导致事故解决难度增大，影响范围不可控。VoLTE业务的复杂度明显高于传统2G/3G网络，承载和业务分离，关键性能指标无关联，分别分散在EPC、IMS和CS各个域，网络问题的定位和分析不能简单利用各个网元单设备的传统维护工具，如告警、话统等来完成，因而催生了VoLTE业务信令监测系统的建设需求，这需要利用各个接口信令数据还原VoLTE业务端到端信令流程进行分析。

典型的VoLTE业务信令监测系统数据采集点如图10-1所示，我们需要很清晰地认识到两条传送路径：一条是VoLTE用户的SIP信令的传送路径，即UE→eNB→SGW/PGW→SBC（UE和eNB之间是走QCI=5的DRB）；另一条是VoLTE用户的语音RTP包的传送路径，即UE→eNB→SGW/PGW→SBC（UE和eNB之间是走QCI=1的DRB）。

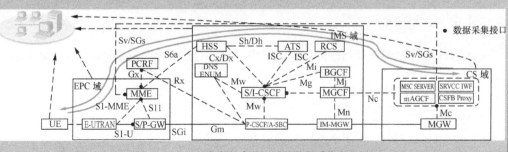

图10-1　VoLTE业务信令监测系统数据采集点示例

10.1 接通问题

10.1.1 基本流程

1. VoLTE用户主叫业务

如图10-2所示，VoLTE用户的主叫业务流程可简要描述如下。

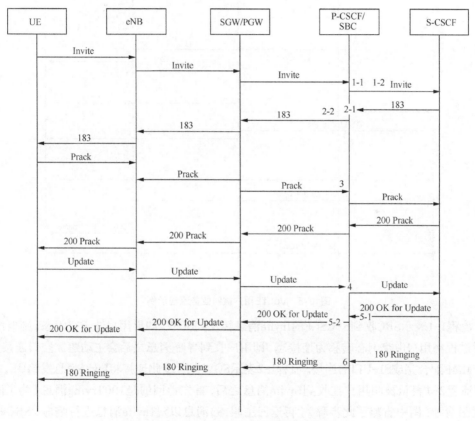

图10-2　VoLTE用户主叫业务流程示例

流程1-1表示SBC收到UE的Invite消息，需要通过Rx接口建立QCI=1专载，成功之后才会将Invite消息转发出去，即流程1-2。

流程2-1表示SBC收到被叫的183消息，需要通过Rx接口去更新QCI=1专载，成功之后才会将183转发给UE，即流程2-2。

流程3表示SBC收到UE的Prack消息，直接转发出去。

流程4表示SBC收到主叫UE的Update消息，通过Rx接口去更新QCI=1专载，成功之后才会将Update消息转发出去，即流程5-1。

流程5-2表示SBC收到被叫侧200 OK for Update直接转发给主叫UE。

流程6表示SBC收到被叫的180消息才认为本次通话接通。

备注：SBC在2-1和4-1消息阶段是否去修改专载是可选的，本篇是假设设置为需要修改专载。

2. VoLTE用户被叫业务

如图10-3所示，VoLTE用户的被叫业务流程可简要描述如下。

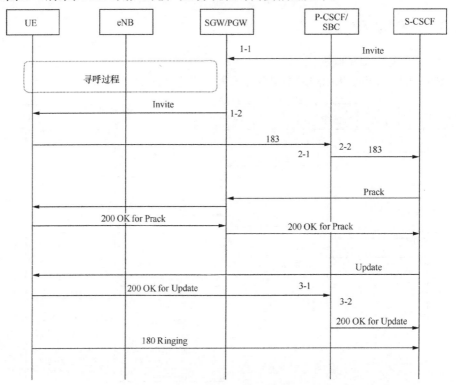

图10-3 VoLTE用户被叫业务流程示例

流程1-1表示SBC收到S-CSCF的Invite消息转发到SGW，如果用户处于空闲态，则要经过寻呼过程将用户由空闲态转移为连接态，即用户收到寻呼消息之后会主动建立空口连接，基站和MME配合完成S1-U口的连接。流程1-2表示SGW会通过此连接将Invite消息发给UE。

流程2-1表示被叫用户在收到Invite消息之后，首先返回的是100Trying消息（为了信令流程图清晰，图中省略了此步骤），再返回主叫183消息以对Invite消息进行响应，SBC收到被叫的183消息，需要通过Rx接口去为被叫用户建立QCI=1专载。流程2-2表示成功之后才会将183消息转发给主叫侧。

主叫侧会针对183消息返回Prack，被叫用户针对Prack返回200 OK for Prack消息，主叫侧向被叫用户发出Update消息以更新SDP等信息，被叫UE针对主叫侧Update消息返回200 OK for Update。

流程3-1表示SBC收到被叫UE的200 OK for Update，需要通过Rx接口去更新被叫用户的QCI=1专载。流程3-2表示被叫用户的专载修改成功之后SBC才会将200 OK for Update转发给主叫侧。

被叫用户在空口承载按照200 OK for Update中的相关信息修改成功后，会返回180消息给主叫侧。

10.1.2 关键信息

VoLTE业务的话务模型很复杂，从第6.1节可以看到包含三大类，为更加清晰地陈述接通问题的分析方法，本章节以VoLTE始呼接通率问题为例进行说明。

VoLTE用户在LTE网络做主叫，呼叫被接通的概率怎么统计呢？如图10-4所示。

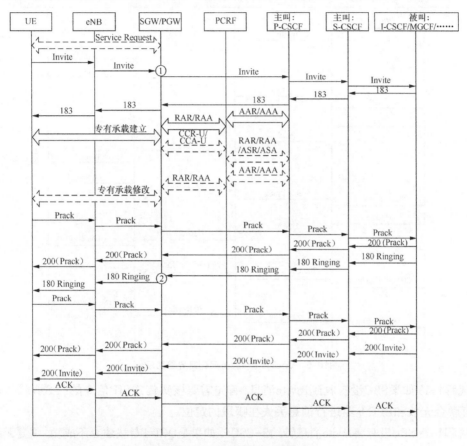

图10-4　VoLTE始呼接通率示例

始呼接通率=始呼接通次数/始呼请求次数，其中：

（1）始呼接通次数：主叫侧SIP 180 Ringing次数，图中位置为②；

（2）始呼请求次数：主叫侧SIP Invite次数，图中位置为①。

数据来源：信令监测平台的S1-U口或Mw口。

说明：

① VoLTE用户的始呼接通率可以区分语音和视频，指标计算时既可以分开也可以合并。

② 始呼区分语音和视频的方法是，判断主叫侧建立专有承载时的QCI，QCI=1代表语音，QCI=2代表视频。

③ 网络接通率：为了排除用户行为的影响，运营商一般会要求把一些非网络原因导致的未接通（根据SIP响应码判断）当作接通，计算网络接通率。如某运营商要求把403、404、405、413、414、415、416、422、423、480、486、487、488、600、603、604、606失败当作接通。

10.1.3 定界思路

1. VoLTE用户主叫业务

如图10-5所示，VoLTE用户主叫业务问题的定界思路简单描述如下。

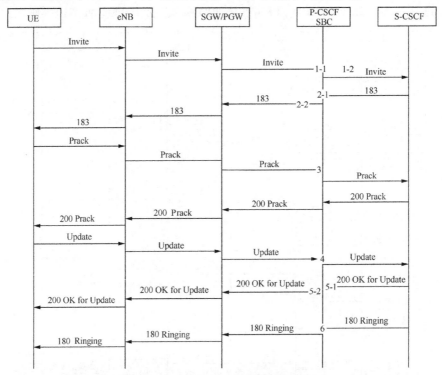

图10-5　VoLTE主叫业务问题定界思路示例

流程1-1：如果SBC没有收到Invite消息，首先需要核实传送SIP信令的EPS承载是否建立，再联合无线和EPC专业进行消息丢失在哪段的定位。

流程1-2：SBC没有将Invite消息转给S-CSCF，如果是QCI=1专载建立不成功，需要无线和EPC专业进行定位哪段专载建立失败。

流程2-1：SBC如果没有收到被叫183消息，需要IMS、EPC、无线专业核实被叫的信令流程。

流程2-2：SBC没有将183消息转给UE，如果是专载更新失败，需要无线和EPC专业进行定位哪段专载更新失败。

流程3：如果SBC没有收到主叫用户的Prack消息，则要EPC、基站、终端联合定位是主叫用户没有收到183消息，还是主叫用户发送的Prack消息到不了SBC；SBC如果收到了主叫用户的Prack消息但没有转发出去，则需要对SBC进行分析和定位原因。

流程4：如果没有收到主叫用户的Update消息，需要IMS、EPC、无线专业核实主叫的信令流程。

流程5-1：SBC没有将Update消息转给被叫侧，如果是专载更新失败，需要无线和EPC专业进行定位专载是在哪段更新失败。

流程5-2：如果SBC没有收到被叫的200 OK（for Update）消息，则需要IMS域核实被叫侧流程；如果SBC收到了被叫的200 OK for Update消息，但没有转发给主叫用户，则需要SBC进行分析和定位原因。

2. VoLTE用户被叫业务

如图10-6所示，VoLTE用户被叫业务问题的定界思路简单描述如下。

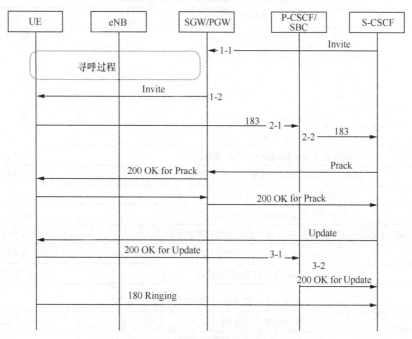

图10-6　VoLTE被叫业务问题定界思路示例

流程1-1和流程1-2表示两条消息之间，如果VoLTE用户是处于空闲态，则还有寻呼过程，当消息到达SGW时，SGW会去看用户的S1-U口的E-RAB承载是否存在，如果不存在则会发DDN消息给MME，MME就会去寻呼该用户。

流程2-1：如果SBC没有收到100Trying消息，首先需要SBC和EPC专业进行定位Invite消息是否发送到SGW；对于空闲态的用户MME是否下发寻呼；基站是否下发寻呼；UE是否响应了寻呼；传送SIP信令的EPS承载是否建立成功。

流程2-2：如果SBC收到了183消息但没有将183消息转发给S-CSCF，则需要核实QCI=1专载是否建立成功，需要联合无线和EPC专业进行定位哪段专载建立失败。

流程3-1：SBC没有收到被叫用户的200 OK for Update，则需EPC和eNB联合定位是哪段问题或UE终端问题。

流程3-2：如果SBC没有将200 OK for Update转发给主叫侧，则需要联合无线和EPC专业进行定位哪段专载修改失败。

10.1.4　分析示例

在现网分析中一般用第一拆线原因来描述未接通事件，3XX、4XX、5XX、6XX分别代表重定向原因、用户原因、服务器原因、全局原因。

某地通过信令监测系统统计到的第一拆线原因及占比情况如表10-1所示。

从表10-1可以看到，拆线原因除了用户原因（被叫用户忙、被叫用户缺席等）类型外，503 Service Unavailable的占比最大，再次提取503消息中携带的原因并进行分析，如表10-2所示。

表10-1 各个拆线场景占比示例

第一拆线原因	占比
用户原因（被叫用户忙、缺席等原因）	52.66%
503 Service Unavailable（业务不可用）	15.59%
504 Gateway Time-out（网关超时）	12.44%
500 Internal Server Error（内部服务器错误）	7.02%
502 Bad Gateway（网关错误）	5.36%
580	3.97%
408 Request Timeout（请求超时）	1.26%
484 Address Incomplete（地址不全）	1.04%
400 Bad Request（请求错误）	0.29%
501 Not Implemented（未执行）	0.28%
481 Call/Transaction Does Not Exist（呼叫/事务不存在）	0.03%
402 Payment Required（保留状态码）	0.03%
483 Too Many Hops（跳数超限）	0.02%

表10-2 503各个失败场景占比示例

503信令中携带的原因	占比
No circuit/channel available（没有电路可用）	73.98%
Resource unavailable, unspecified（资源不可用，未指定）	7.83%
Requested circuit/channel not available（请求的电路/信道不可用）	7.58%
Temporary failure（临时错误）	5.29%
unknow（未知）	2.94%
Switching equipment congestion（交换设备拥塞）	1.15%
Bearer capability not presently available（承载能力不可用）	0.25%
Normal unspecified（正常未指定）	0.22%

从表10-2可以看出，503各个失败场景占比最大的是资源不足，可以通过扩容、资源均衡等手段合理分配资源。

10.1.5 典型事件

10.1.5.1 503事件

备注：为方便起见，典型未接通各个事件的信令流程描述均省略了VoLTE主叫用户的各个AS业务流程。

如图10-7所示，可以看出本次业务呼叫模型是VoLTE用户呼叫CS域的用户，MGCF网元是在主叫用户的SIP信令传送到针对主叫用户的Update消息返回200 OK之后才发IAM消息给被叫用户侧所在的局。

图10-7 503事件示例

如图10-8所示,可以看到由于被叫用户所在的局返回了被叫用户未接通的BICC信令REL,拆线原因为Requested Circuit/Channel not Available(44),如图10-9所示。MGCF转给IMS域的拆线信令为SIP信令503,携带了Q.850的拆线原因值44在Reason头域中,如图10-10所示。

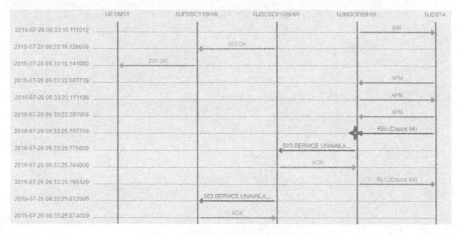

图10-8 503事件示例

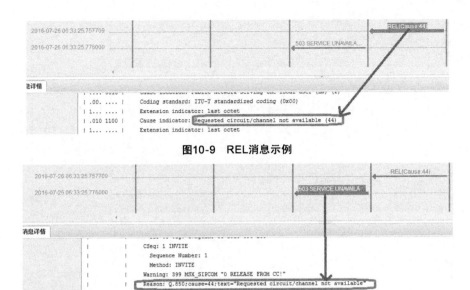

图10-9　REL消息示例

图10-10　503消息示例

10.1.5.2　504事件

同样，如图10-11所示，可以看出本次呼叫的模型是VoLTE用户呼叫CS域用户。

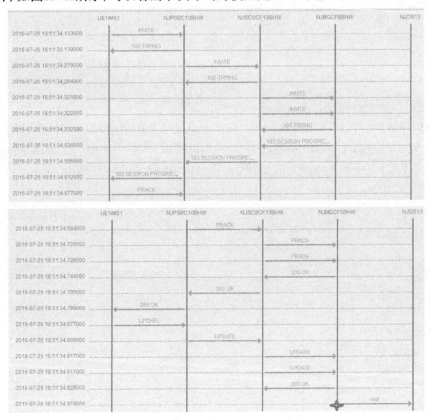

图10-11　504事件示例

如图10-12所示，本次呼叫未接通的原因是CS域返回了未接通的BICC信令REL消息，拆线原因为定时器超时，如图10-13所示。MGCF转给IMS域的拆线信令为SIP信令504，携带了Q.850的拆线原因值102在Reason头域中，如图10-14所示。

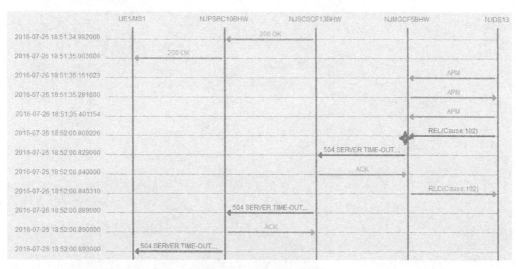

图10-12　504事件示例

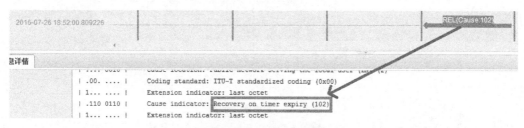

图10-13　REL消息示例

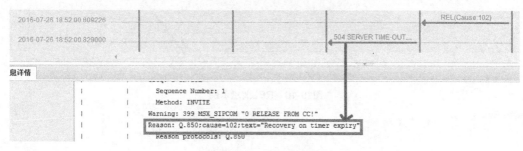

图10-14　504消息示例

10.1.5.3　500事件

如图10-15所示，可以看到本次呼叫未接通的原因是CS域返回了未接通的BICC信令REL消息，拆线原因为网络故障（38），如图10-16所示。MGCF转给IMS域的拆线信令为SIP信令500，携带了Q.850的拆线原因值38在Reason头域中，如图10-17所示。

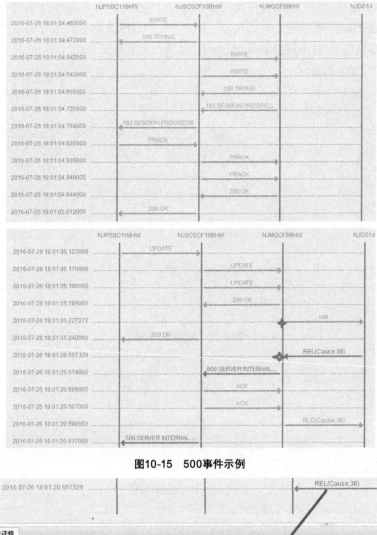

图10-15 500事件示例

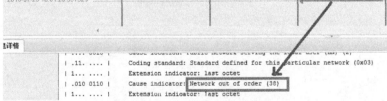

图10-16 REL消息示例

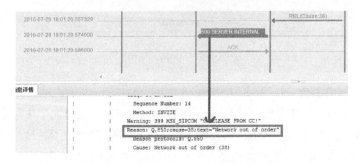

图10-17 500消息示例

10.1.5.4　501事件

如图10-18所示，可以看到被叫用户发生了呼转。BICC的ACM信令携带的相关呼转信令如图10-19所示。NJDS13返回ACM消息之后与NJMGCF5BHW之间交互了三条APM消息，即相互交换彼此的媒体地址信息，为后续通话建立媒体通道，如图10-20所示。

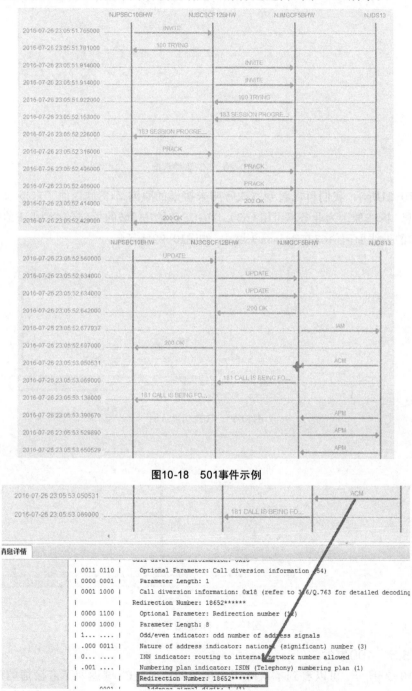

图10-18　501事件示例

图10-19　ACM消息示例

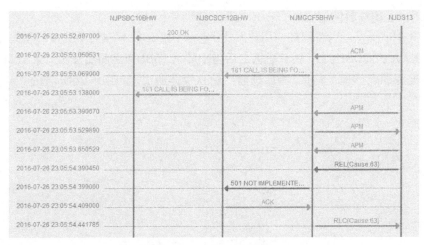

图10-20 501事件示例

如图10-21所示,我们可以看到本次呼叫未接通的原因是CS域返回了未接通的BICC信令REL消息,拆线原因为业务不可用(63)。MGCF转给IMS域的拆线信令为SIP信令501,携带了Q.850的拆线原因值63在Reason头域中,如图10-22所示。

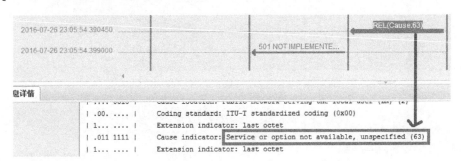

图10-21 REL消息示例

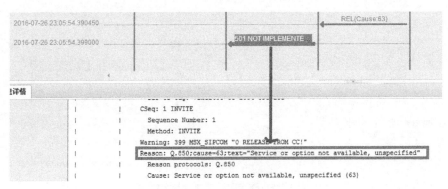

图10-22 501消息示例

10.1.5.5 400事件

如图10-23所示,可以看到本次呼叫未接通的原因是CS域返回了未接通的BICC信令REL消息,拆线原因为协议未指定(111),如图10-24所示。MGCF转给IMS域的拆线信令为

SIP信令400，携带了Q.850的拆线原因值111在Reason头域中，如图10-25所示。

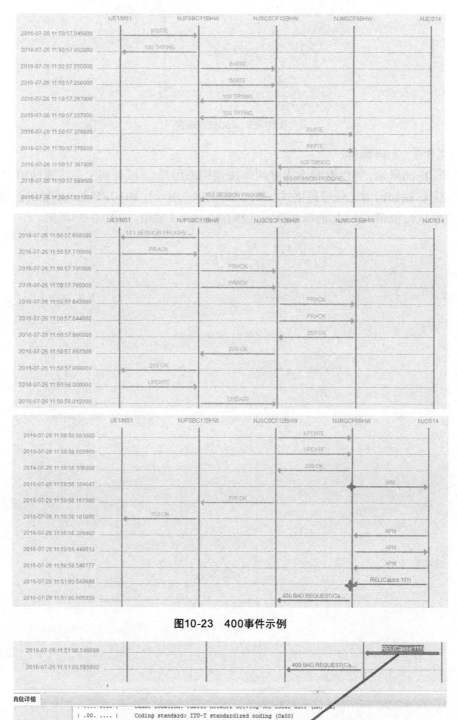

图10-23　400事件示例

图10-24　REL消息示例

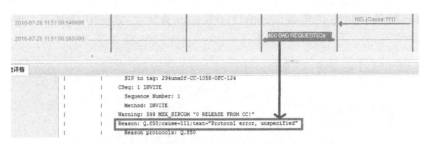

图10-25　400消息示例

10.1.5.6　484事件

如图10-26所示,可以看到本次呼叫未接通的原因是CS域返回了未接通的BICC信令REL消息。拆线原因为无效号码格式(28),如图10-27所示。MGCF转给IMS域的拆线信令为SIP信令484,携带了Q.850的拆线原因值28在Reason头域中,如图10-28所示。

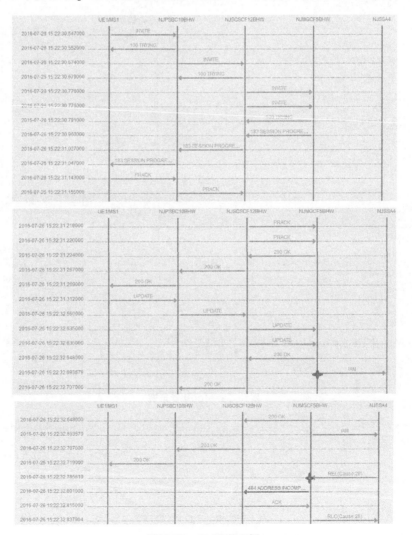

图10-26　484事件示例

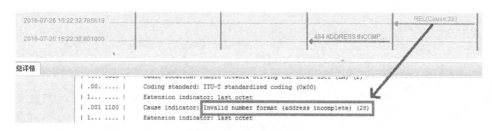

图10-27 REL消息示例

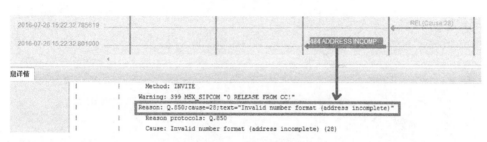

图10-28 484消息示例

10.1.5.7 404事件

如图10-29所示,S-CSCF在分析被叫号码时发现被叫用户不存在,并针对主叫用户的Invite消息返回了404消息,消息里携带了未分配号码的原因值 `Reason: Q.850;cause=1;text="Unallocated (unassigned) number"`。

图10-29 404事件示例

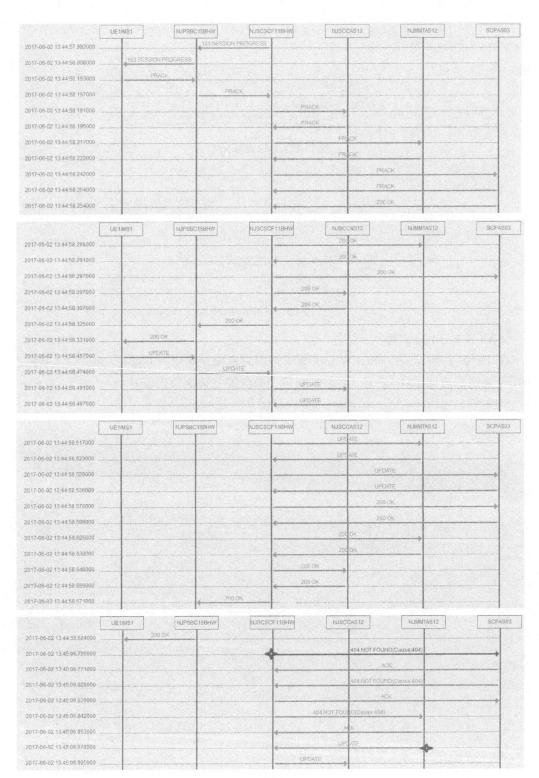

图10-29 404事件示例（续）

主叫用户所在的MMTel AS针对404的失败场景进行了录音通知播放的处理,可以从MMTel AS返回S-CSCF的Update消息的P-E-M头域字段看到,如图10-30所示,网络侧录音通知播放的地址是**.***.***.***、端口号是21438,如图10-31所示。

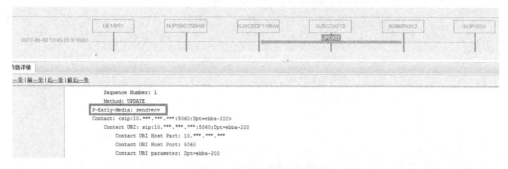

图10-30　Update消息示例

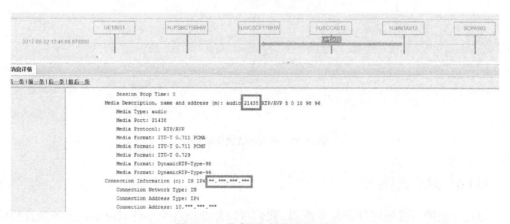

图10-31　录音通知播放媒体示例

如图10-32所示,主叫用户在2017-06-02 13:45:07.042000时开始听网络侧录音通知,2秒后于2017-06-02 13:45:09.047000挂机释放了本次呼叫。

图10-32　录音通知播放示意图

如图10-33所示,UE和SBC、SBC和S-CSCF、S-CSCF和SCCAS、S-CSCF和MMTel AS之间均是通过Cancel、200 OK、487、ACK的消息对完成了本次业务呼叫的释放过程。

图10-33 呼叫释放过程示意图

10.1.6 解决方案

通过上面的未接通时间的信令流程,我们可以总结出各个事件对应的话务场景及后续处理措施建议,如表10-3所示。

表10-3 各个场景的解决方案建议表

拆线原因	场景	后续处理建议
503 Service Unavailable	被叫在CS域,无线空口电路不足或交换资源拥塞	结合呼叫记录中的被叫号码,利用已有CS信令检测系统确认CS域侧失败具体原因
504 Gateway Time-out	业务丢失(2.48%)	特殊场景(系签约悦聊业务用户华为M8终端不响应网络侧Option消息导致的呼叫未接通情况)
	定时器超时(10%)	结合呼叫记录中的被叫号码,利用已有CS信令检测系统确认CS域侧超时的具体原因
500 Internal Server Error	被叫在CS域,Network out of Order	结合呼叫记录中的被叫号码,利用已有CS信令检测系统确认CS域侧失败具体原因
502 Bad Gateway	被叫在CS域,目的不可达	
580	被叫侧发送183后未收到主叫侧Prack或发送Prack200后未收到主叫侧Update,和LTE空口有关	结合呼叫记录中小区、SGW信息进行聚类,分析是空口丢包、核心丢包,还是终端问题

续表

拆线原因	场景	后续处理建议
408 Request Timeout	网络侧定时器超时	结合呼叫记录中的被叫号码,利用已有CS信令检测系统确认CS域侧失败具体原因
484 Address Incomplete	被叫在CS域,28原因值	
400 Bad Request	被叫在CS域,111协议未指定原因值	
501 Not Implemented	被叫在CS域,63原因值	

10.2 掉话问题

10.2.1 基本流程

传统移动通信网络的掉话指无线信道上的掉话,比如2G网络的业务信道(TCH, Traffic Channel)的掉话,是指在通话过程中由于无线信号质量问题导致基站检测到TCH信道失步,无线基站判断用户已经发生掉话,接着把掉话事件告诉核心网。

而对于VoLTE业务,由于业务控制是IMS网络,同传统移动通信网络一样,无线基站也会判断用户是否已经发生掉话,接着把掉话事件告诉核心网,这时核心网是广义的概念,具体包括EPC和IMS两个核心网,具体流程如第9.2.1节所述。

我们知道呼叫业务经历的网元都有可能带来掉话的问题,VoLTE业务时代也会出现EPC核心网决定的掉话和IMS核心网决定的掉话,核心网决定的掉话指核心网直接释放了呼叫,而不是用户主动挂断了呼叫,具体流程如第9.2.2节和第9.2.3节所述。

10.2.2 关键信息

1. 无线侧导致的掉话率统计

根据第9.2.1节所述的掉话流程,我们可以看到无线空口导致的掉话是基于Rx口来统计的,如图10-34所示,掉话率=Rx口掉话次数/(始呼应答次数+终呼应答次数)。

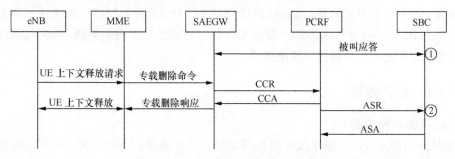

图10-34 无线侧导致的掉话率统计示例

- Rx口掉话次数：PCRF发起ASR的次数，图10-34中位置②。
- 始呼和终呼应答次数：主、被叫处于通话过程中，图10-34中位置①。

2. EPC域导致的掉话率统计

如图10-35所示，EPC域导致掉话和无线侧导致掉话的区别仅在于触发MME告诉SAEGW删除专载的场景是MME主动决定的，还是MME被动决定的（无线侧基站告诉MME），掉话率的统计点一样。

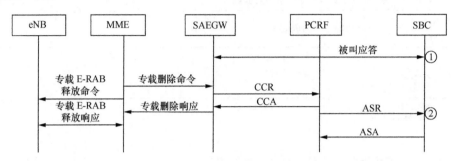

图10-35　EPC域侧导致的掉话率统计示例

3. IMS域导致的掉话率统计

如图10-36所示，以SBC决定的掉话场景为例进行说明，正常通话的Bye消息是由通话双方发起的，当网络侧释放呼叫时，即SBC决定释放本次呼叫时就会同时给UE和IMS网络的其他网元发Bye消息，通话中的用户会感知到呼叫突然断了，这也就是用户感知的掉话。

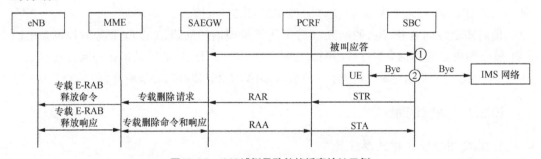

图10-36　IMS域侧导致的掉话率统计示例

EPC、IMS导致的掉话和无线侧导致的掉话感知是不同的，无线侧导致的掉话用户感知一般来说一开始是听不太清楚，然后没声音，而EPC、IMS导致的掉话一般来说是声音突然就没了，当然EPC、IMS导致的掉话一般来说是通过故障处理手段来解决，而无线侧导致的掉话一般来说需要常态化网优手段来提升。

10.2.3　分析思路

1. 无线侧导致的掉话

如图10-37所示，无线侧导致掉话是现网最常见且最难优化的问题，对于无线侧导致的掉话通常和无线空口信号质量相关，而空口质量的问题又是移动通信网络最难解决的，然而即使很难，我们依然需要寻找可以协助解决问题的方法，比如现在大多数基站设备支持单用户日志的查询功能，一般是采取先分析掉话信令再结合基站用户日志来定位问题的方法，这个方法需要我们对信令以及基站日志的分析均有一定的经验，在后续章节会着重叙述每一种掉话场景的分析结果，分析过程还需要大家在实际生产活动中不断积累经验。

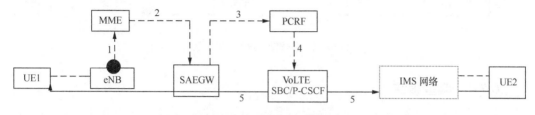

图10-37　无线侧导致掉话示例

2. EPC侧导致的掉话

如图10-38所示，EPC导致掉话的场景主要是在MME判断需要删除用户语音专载的时候，MME是移动性管理的网元，可参与会话管理。对于VoLTE业务来说，EPC可参与VoLTE用户的移动性管理以及EPS-Bearer管理，EPC对于VoLTE用户的相关管理动作均通过PCRF传递到IMS域，最后由IMS域进行业务控制。比如掉话场景，EPC决定删除VoLTE用户的专载，当这个动作传递到IMS域时，IMS域知道VoLTE用户的业务需要释放，因为用户语音业务所依赖的语音专载通道需要释放。

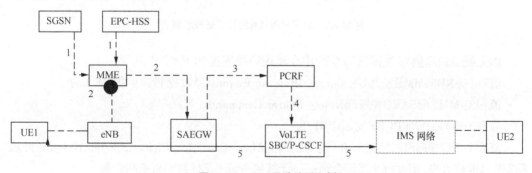

图10-38　EPC导致掉话示例

3. IMS域导致的掉话

如图10-39所示，IMS域导致掉话的场景主要是在IMS域处理VoLTE用户的语音业务发现异常需要释放本次业务呼叫的时候，对于这种场景我们主要是要分析用户业务到底怎么异常了，我们可以怎么解决。同样，对于用户来说，此场景的掉话感知也是突然就中断了，和无线侧导致掉话的感知是不同的。对于这种掉话，我们是用故障处理方法来分析和解决的，然而要注意的是，当IMS域决定释放业务呼叫时，SBC不会忘记通过Rx口、PCRF网元告诉EPC网络删除用户的语音业务专载。

由于EPC域、IMS域导致的掉话一般来说是由故障原因引起的，不属于常态化业务优化范畴，后续主要介绍典型无线空口原因导致的掉话场景和优化建议。

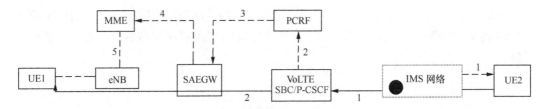

图10-39　IMS域导致的掉话示例

10.2.4　典型事件

从前面的分析可以看到，由无线空口原因导致掉话的信令流程是一样的，都是由无线基站来识别用户发生掉话事件，并通过S1-MME口的消息告诉MME，各个场景的不同在信令里面仅仅是体现在消息①中基站所携带的原因值不同，如图10-40所示。

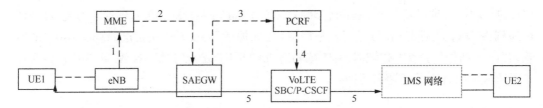

图10-40　21号原因值导致掉话场景示例

由无线空口原因导致掉话场景的信令流程简单描述如下。

流程1：eNB向MME发起UE Context Release Request释放携带原因值UE Lost。

流程2：MME向SAEGW发起Delete Bearer Command。

流程3：SAEGW向PCRF发起CCR-T。

流程4：PCRF向SBC发起ASR，携带原因值Abort-Cause:Insufficient_Bearer_Resources；流程2表示承载丢失，需要终止当前会话——无线侧资源不足导致专有承载失败。

流程5：SBC同时向主叫和被叫用户发起Bye消息，携带原因值Cause=503,Text: Insufficient Bearer Resource，因为承载不足。

10.2.4.1　UE的无线连接丢失

1. 话务场景

无线信号问题导致的VoLTE掉话。

2. 信令流程

UE Context Release Request消息携带无线网络原因值（21）的消息示例如图10-41所示。

如图10-42所示，PCRF向SBC发起ASR，携带原因值Abort-Cause:Insufficient_Bearer_Resources（2）。

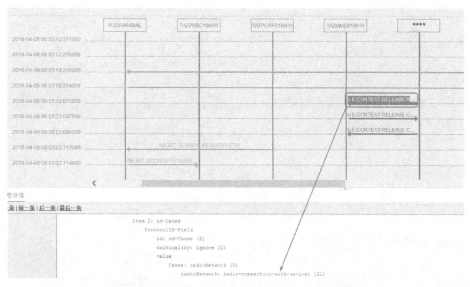

图10-41　UE Context Release Request消息示例

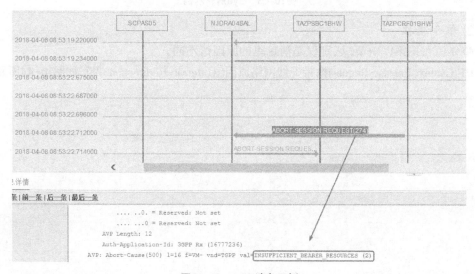

图10-42　ASR消息示例

如图10-43所示，SBC同时向主叫和被叫用户发起Bye消息，携带原因值Cause=503。

3.问题原因

（1）DRB或者SRB承载RLC重传达到最大；

（2）用户上行失步。

4.优化建议

优化无线覆盖或邻区参数。

10.2.4.2　Interrat-Redirection (28)

1.话务场景

QCI优先级设置错误导致在VoLTE通话过程中用户发生重定向引起掉话。

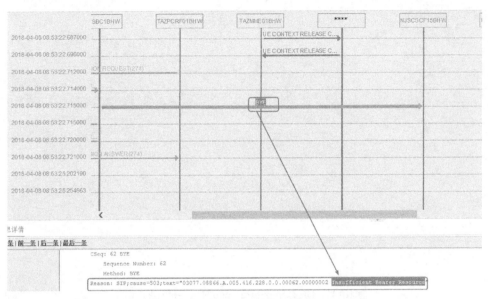

图10-43 Bye消息示例

2. 信令流程

整体流程同第9.3.1节，区别仅是消息里的原因值不同。

UE Context Release Request携带无线网络原因值Interrat-Redirection (28)，如图10-44所示。

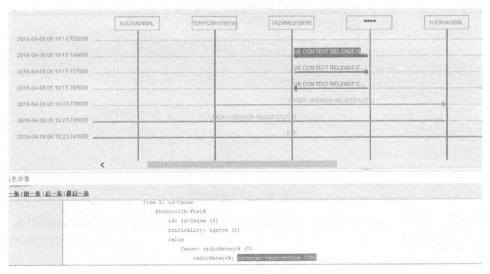

图10-44 UE Context Release Request消息示例

ASR消息携带原因值Bearer_Released (0)，如图10-45所示。

SBC触发Bye携带原因Cause=503, Text: Bearer Released的消息，如图10-46所示。

3. 问题原因

正常情况下QCI1的切换优先级要高于QCI5的切换优先级，当QCI1存在时，优先采用QCI1的异系统切换策略，当QCI1不存在时，采用QCI5/9的切换策略。当QCI1的优先级低于

QCI5时，优先采用QCI5的切换策略，发出重定向。

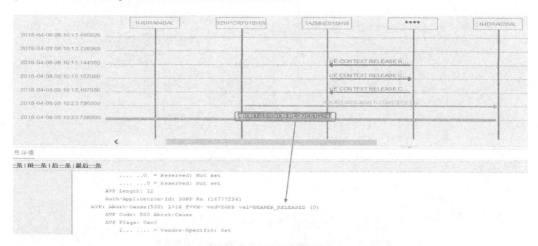

图10-45　ASR消息示例

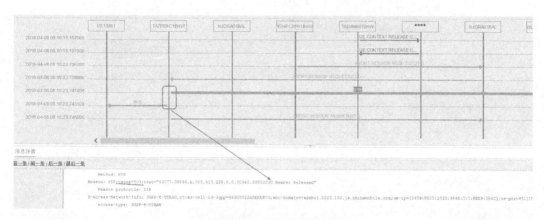

图10-46　Bye消息示例

4. 优化建议

核查QCI切换优先级配置参数。

10.2.4.3　Cell-not-Available (10)

1. 话务场景

小区不可用告警导致掉话。

2. 信令流程

UE Context Release Request携带无线网络原因值Cell-not-Available (10)，如图10-47所示。

如图10-48所示，PCRF触发ASR携带原因值Abort-Cause:Insufficient_Bearer_Resources (2)（表示承载丢失），需要终止当前会话——无线侧资源不足导致专有承载失败。

如图10-49所示，SBC触发BYE携带原因值Cause=503, Text: Insufficient Bearer Resource，因为承载不足。

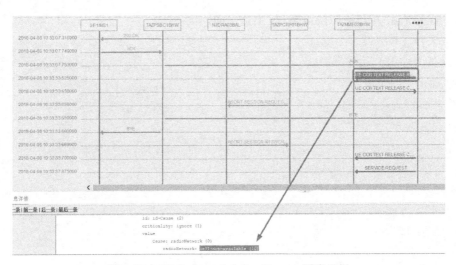

图10-47 UE Context Release Request消息示例

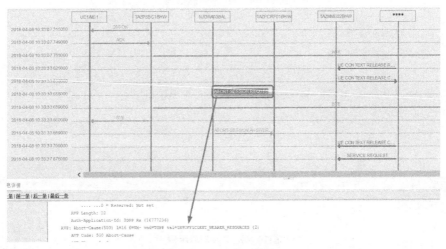

图10-48 ASR消息示例

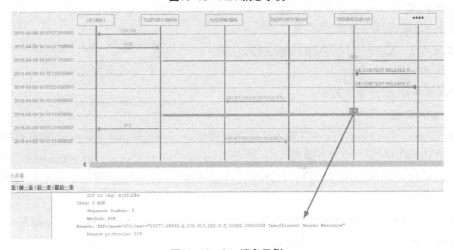

图10-49 Bye消息示例

3. 问题原因

基站发生了RRU启动和资源故障导致小区不可用的故障事件。

4. 优化建议

处理小区不可用故障。

10.2.4.4　tx2relocoverall-expiry (1)

1. 话务场景

X2切换超时导致的VoLTE掉话。

2. 信令流程

如图10-50所示，eNB发起UE Context Release Request释放携带原因值tx2relocoverall-expiry (1)。

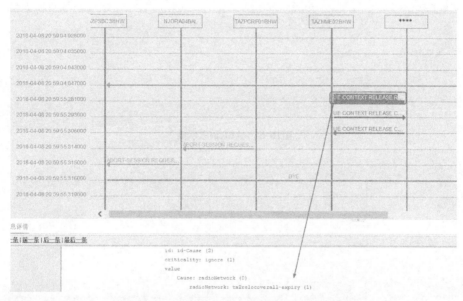

图10-50　UE Context Release Request消息示例

如图10-51所示，PCRF触发ASR携带原因值Abort-Cause:Insufficient_Bearer_Resources (2)（承载丢失），需要终止当前会话——无线侧资源不足导致专有承载失败。

如图10-52所示，SBC触发Bye携带原因值Cause=503, Text: Insufficient Bearer Resource（承载资源不足）。

3. 问题原因

X2切换过程中，源小区侧没有收到正常释放UE_Context_Rel消息，常见原因是目标小区路径选择处理失败，包括以下几种情况：路径选择消息没有发送出去，或者收到路径选择失败消息，以及处理路径选择过程失败。

4. 优化建议

检查目标基站关于路径选择处理失败的相关日志消息、基站和MME之间的链路是否正常以及MME是否返回路径选择失败消息。

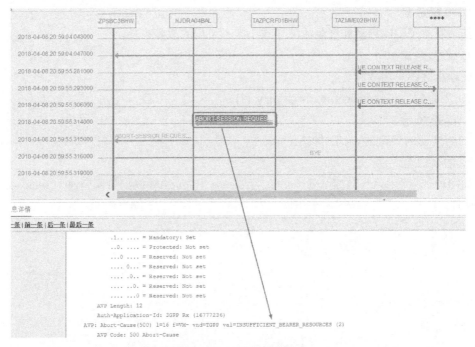

图10-51 ASR消息示例

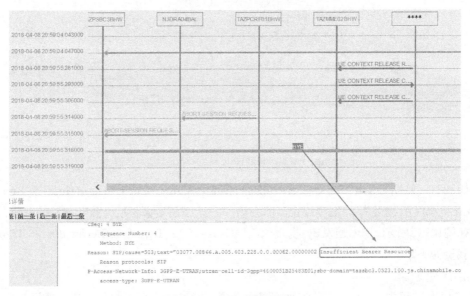

图10-52 Bye消息示例

10.2.4.5 tS1relocoverall-expiry(8)场景1

1. 话务场景

SRVCC切换失败导致VoLTE掉话。

2. 信令流程

如图10-53所示,SRVCC切换过程源基站等待MME发起UE Context Release Command消息超时。

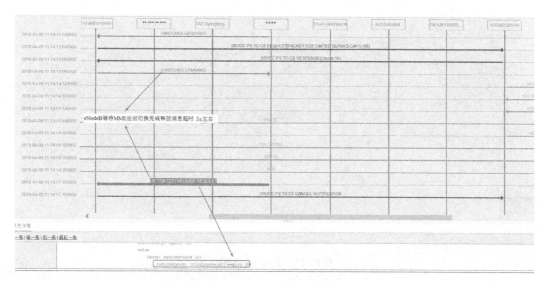

图10-53　UE Context Release Request消息示例

PGW向PCRF发起CCR-U Resource_Allocation_Failure (10)，如图10-54所示。

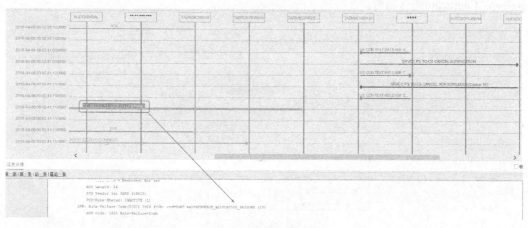

图10-54　ASR消息示例

PCRF触发ASR携带原因值Abort-Cause:Insufficient_Bearer_Resources (2)（承载丢失），需要终止当前会话——无线侧资源不足导致专有承载失败，如图10-55所示。

3. 问题原因

LTE侧出现快衰，UE未能正确接收eNB下发的切换命令，无法向CS切换，eNB在定时器超时之后主动发起UE上下文释放。

4. 解决方案

无线侧空口问题，建议优化无线空口。

10.2.4.6　tS1relocoverall-expiry（8）场景2

1. 话务场景

系统内S1切换超时导致VoLTE掉话。

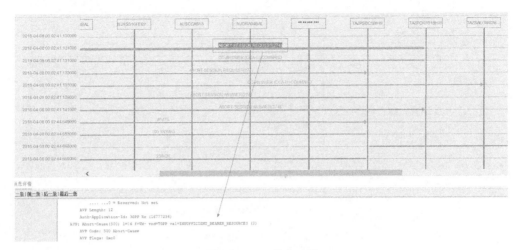

图10-55 Bye消息示例

2. 信令流程

如图10-56所示,通话过程中发生S1切换,切换过程源基站等待MME发起UE Context Release Command消息超时。

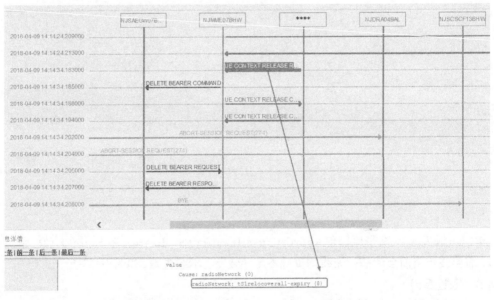

图10-56 UE Context Release Request消息示例

PCRF触发ASR携带原因值Abort-Cause:Insufficient_Bearer_Resources (2)(承载丢失),需要终止当前会话——无线侧资源不足导致专有承载失败,如图10-57所示。

SBC触发Bye携带原因值Cause=503,Text: Insufficient Bearer Resource承载不足,如图10-58所示。

3. 问题原因

LTE侧出现快衰,UE未能正确接收eNB下发切换命令,无法向CS切换,eNB在定时器超时之后主动发起UE上下文释放。

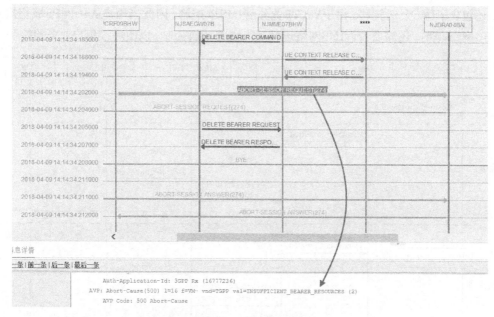

图10-57 ASR消息示例

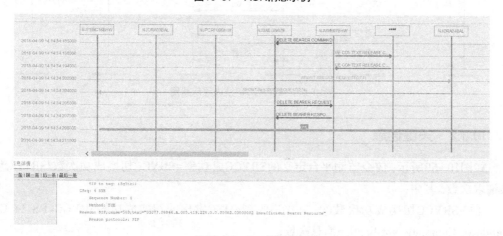

图10-58 Bye消息示例

4. 解决方案

优化无线空口问题。

10.3 SRVCC专题

10.3.1 基本流程

如图10-59所示，SRVCC切换和传统切换一样包含四个过程：切换判决（测量报告）、切换准备、切换执行、切换完成，然而不同的是切换执行过程中既包含了传统的无线空口的切换，还包含了IMS会话转移。由于VoLTE业务受IMS域控制，因此当用户从4G网PS域切换到2G/3G网CS域时，还需要告诉IMS网络进行接入域的转换控制，以便后续用户业务的控制。

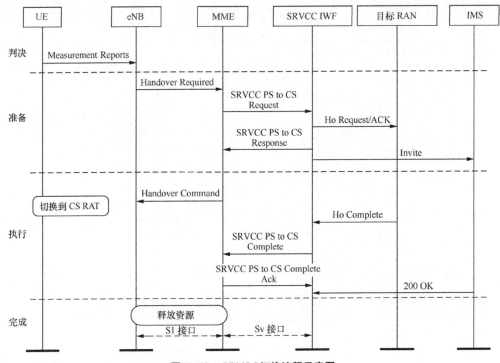

图10-59　SRVCC切换流程示意图

10.3.2　关键信息

如图10-60所示，信令监测平台定义的SRVCC成功率=SRVCC切换成功次数/SRVCC切换请求次数。其中：

（1）SRVCC切换成功次数②：Sv接口收到eMSC发出的切换成功的SRVCC PS to CS Handover Complete Notification消息次数；

（2）SRVCC切换请求次数①：Sv接口收到MME发出的SRVCC PS to CS Handover Request消息次数。

说明：表示SRVCC切换成功的PS to CS Handover Complete消息必须不携带原因值SRVCC Post Failure Cause, Cancel Cause, SRVCC Rejected Cause。

10.3.3　分析思路

SRVCC切换是跨域之间进行的切换，包含测量报告、切换准备和切换执行三个阶段。测量报告阶段牵涉终端、无线覆盖、切换参数等问题，属于无线和终端范畴的内容。本节主要讨论利用VoLTE信令监测系统分析的过程，暂只考虑切换准备和切换执行两个阶段的问题。

第 10 章 VoLTE实战图

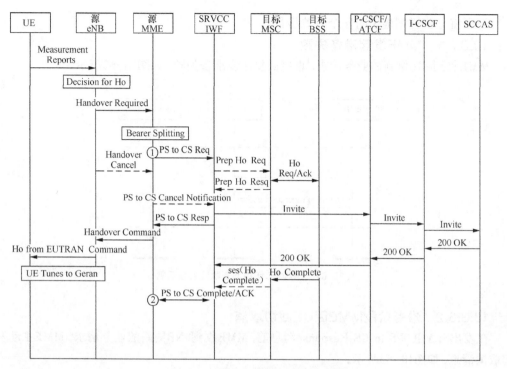

图10-60　SRVCC切换测量打点示例

按照SRVCC切换准备、切换执行两个阶段牵涉的网元，逐一分析有可能存在失败的场景。失败的全景图如图10-61所示。

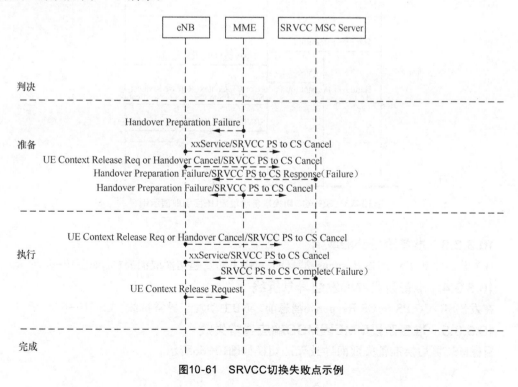

图10-61　SRVCC切换失败点示例

315

下面将分步详细地说明各个失败场景。

10.3.3.1　MME发起准备失败

MME收到eNB侧新的业务请求，直接回复切换准备失败，如图10-62所示。

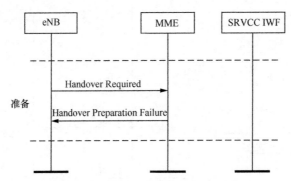

图10-62　SRVCC切换准备阶段失败示例

10.3.3.2　准备阶段MME因UE回切取消

在发出SRVCC PS to CS Response消息前，MME收到eNB侧新的业务请求，MME主动发起取消消息，如图10-63所示。

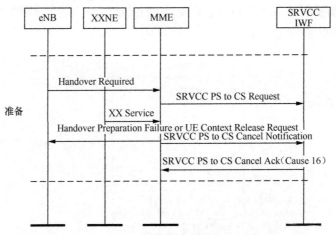

图10-63　SRVCC切换准备阶段因UE回切取消示例

10.3.3.3　准备阶段eNB取消

在发出SRVCC PS to CS Response消息前，eNB主动发起切换取消消息，如图10-64所示。

10.3.3.4　准备阶段eNB发起异常拆线

在发出SRVCC PS to CS Response消息前，eNB主动发起异常拆线，如图10-65所示。

10.3.3.5　准备阶段MME因MSC响应异常失败

目标MSC侧切换准备失败而导致无法切换如图10-66所示。

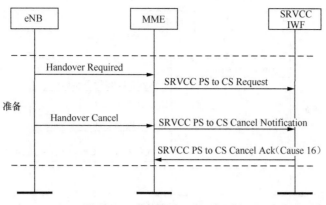

图10-64 准备阶段eNB取消示例

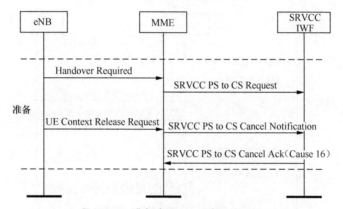

图10-65 准备阶段eNB异常拆线示例

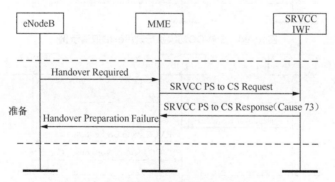

图10-66 切换准备阶段MSC响应异常失败示例

10.3.3.6 准备阶段MME等待响应超时取消

在发出SRVCC PS to CS Response消息前，T3定时器（现网8秒）超时导致MME主动切换取消，如图10-67所示。

10.3.3.7 执行阶段eNB取消

在发出SRVCC PS to CS Response消息后，eNB主动发切换取消，如图10-68所示。

10.3.3.8 执行阶段eNB异常拆线

在发出SRVCC PS to CS Response消息后，eNB发起异常拆线，如图10-69所示。

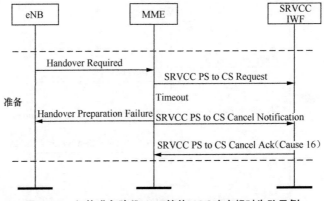

图10-67　切换准备阶段MME等待MSC响应超时失败示例

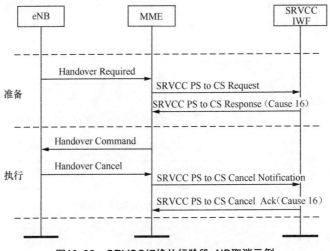

图10-68　SRVCC切换执行阶段eNB取消示例

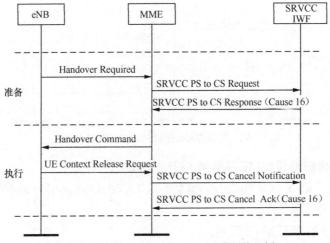

图10-69　SRVCC执行阶段eNB异常拆线示例

10.3.3.9　执行阶段MME因UE回切取消

在发出SRVCC PS to CS Response消息后，MME收到eNB侧新的业务请求，MME主动发起取消消息，如图10-70所示。

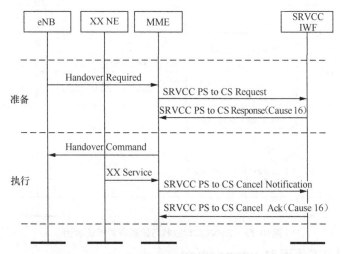

图10-70　SRVCC切换执行阶段UE回切取消示例

10.3.3.10　执行阶段MME因MSC完成异常取消

MME等待切换完成消息时收到了切换失败的消息，如图10-71所示。

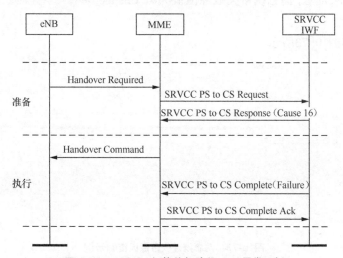

图10-71　SRVCC切换执行阶段MSC异常示例

10.3.3.11　执行阶段eNB因等待超时发起异常拆线

MME等待切换完成消息时收到了基站的UE上下文请求释放消息，如图10-72所示。

10.3.4　典型事件

准备阶段失败主要是由于GSM侧回复准备失败、GSM侧无响应或UE重新返回LTE网络导致。执行阶段失败主要是由于无线环境问题导致，例如切换执行过程中4G侧信号突降、2G侧信号质量差等。

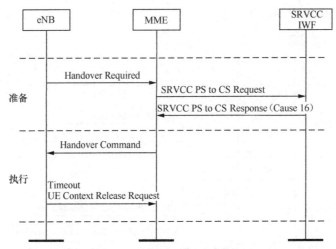

图10-72 SRVCC切换执行阶段异常拆线示例

10.3.4.1 MSC原因#1 unspecified

1. 场景描述

MME在SRVCC准备阶段向eMSC发送SRVCC PS to CS Request消息，eMSC响应SRVCC PS to CS Response消息，消息携带失败原因值为#1 Unspecified。

2. 信令流程

信令流程如图10-73所示。

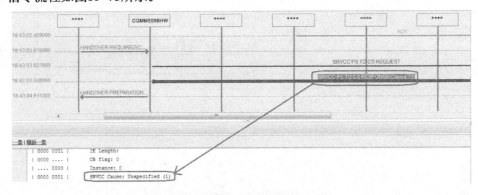

图10-73 消息携带失败原因值#1示例

10.3.4.2 MSC原因#3 Handover/Relocation Failure with Target System

1. 场景描述

MME发送SRVCC PS to CS Request给eMSC，eMSC返回SRVCC PS to CS Response消息，消息携带失败原因值#3 Handover/Relocation Failure with Target System。

2. 信令流程

信令流程如图10-74所示。

10.3.4.3 MSC原因#7 No Radio Resources Available in Target Cell

1. 场景描述

MME发送SRVCC PS to CS Request给eMSC，eMSC返回SRVCC PS to CS Response消息，

消息携带失败原因值#7 No Radio Resources Available in Target Cell。

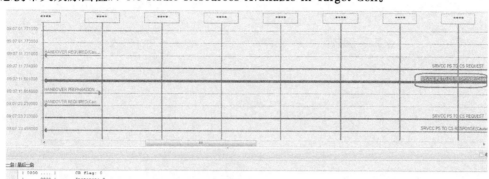

图10-74　消息携带原因值#3示例

2. 信令流程

信令流程如图10-75所示。

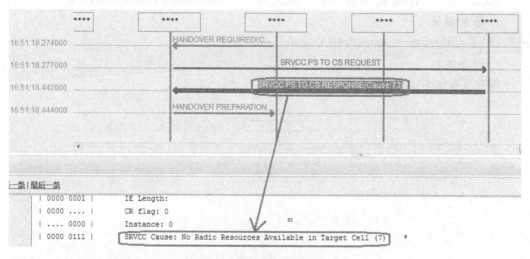

图10-75　消息携带原因值#7示例

10.3.4.4　eNB发起异常拆线导致失败

注：eNB发起取消可以在SRVCC的准备、执行任一阶段。

1. 场景描述

eNB发送UE Context Release Request消息，携带Radio-Connection-with-UE-Lost (21)，MME收到后发送SRVCC PS to CS Cancel Notification消息，携带Handover/Relocation Cancelled by Source System (2)给eMSC，切换取消。

该失败场景一般是由于无线环境导致，例如在无线侧发生RRC重建且重建失败，无线环境比较差（例如弱覆盖、干扰等），最终导致终端在SRVCC未完成时发起S1 Release请求，导致SRVCC失败。

2. 信令流程

信令流程如图10-76所示。

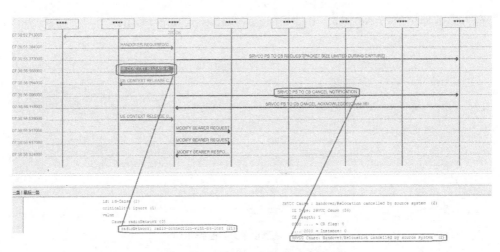

图10-76　eNB发起异常拆线导致失败

10.3.4.5　eNB发起切换取消导致失败——取消原因#0 Unspecified

1. 场景描述

eNB发起Handover Cancel带#0 Unspecified。

2. 信令流程

信令流程如图10-77所示。

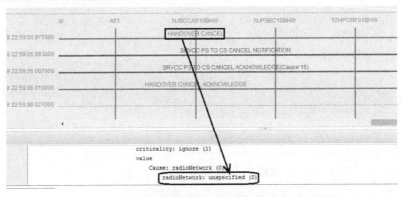

图10-77　eNB发起切换取消原因#0示例

10.3.4.6　eNB发起切换取消导致失败——取消原因#4 Handover Cancelled

1. 场景描述

eNB发起Handover Cancel带#4 Handover Cancelled。

2. 信令流程

信令流程如图10-78所示。

10.3.4.7　eNB发起切换取消导致失败——取消原因#9 Ts1relocprep Expiry

1. 场景描述

eNB发起Handover Cancel带#9 Ts1relocprep Expiry。

2. 信令流程

信令流程如图10-79所示。

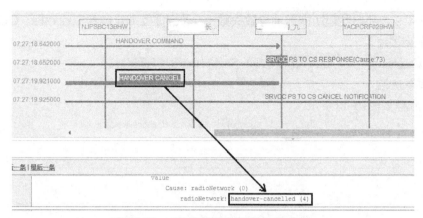

图10-78　eNB发起切换取消原因#4示例

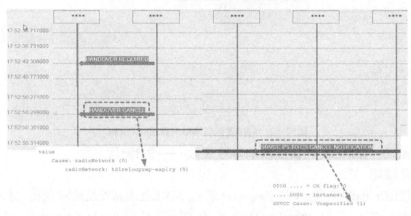

图10-79　eNB发起切换取消原因#9示例

10.3.4.8　eNB发起切换取消导致失败——取消原因#26 Failure in the Radio Interface

1. 场景描述

eNB发起Handover Cancel带#26 Failure in the Radio Interface。

2. 信令流程

信令流程如图10-80所示。

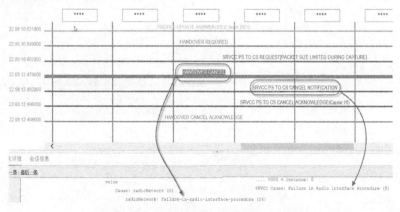

图10-80　eNB发起切换取消原因#26示例

10.3.4.9 eNB发起切换取消导致失败——取消原因#37 Not-Supported-QCI-Value

1. 场景描述

eNB发起Handover Cancel带#37 Not-Supported-QCI-Value。

2. 信令流程

信令流程如图10-81所示。

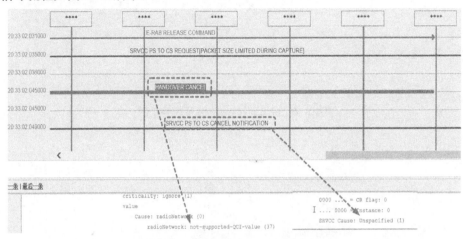

图10-81 eNB发起切换取消原因#37示例

10.3.4.10 MME发起切换取消导致失败——SR流程

1. 场景描述

UE发送的Initial UE（Service Request）消息，MME处理新发起的SR流程，并向eMSC发送SRVCC PS to CS Cancel Notification（Handover/Relocation Cancelled by Source System）流程。

2. 信令流程

信令流程如图10-82所示。

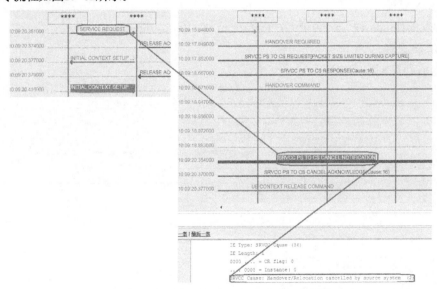

图10-82 MME发起切换取消导致失败——SR流程示例

该场景一般是由于无线环境导致，例如在无线侧发起RRC重建且重建失败，无线环境比较差（例如弱覆盖、干扰等），最终导致终端在SRVCC未完成时发起了SR请求，导致SRVCC失败。

10.3.4.11　MME发起切换取消导致失败——TAU流程

1. 场景描述

UE发送的Initial UE（TAU Request）消息，MME处理新发起的TAU流程，并向eMSC发送SRVCC PS to CS Cancel Notification（Handover/Relocation Cancelled by Source System）消息。

该场景一般是由于无线环境导致，例如在无线侧发起RRC重建且重建失败，无线环境比较差（例如弱覆盖、干扰等），最终导致终端在SRVCC未完成时发起了TAU请求，导致SRVCC失败。

工作人员可采取统计取消场景的小区信息提供给无线侧进行分析优化，排查弱覆盖或者干扰等问题。

2. 信令流程

信令流程如图10-83所示。

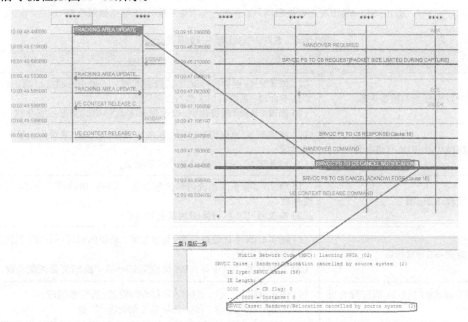

图10-83　MME发起切换取消导致失败——TAU流程示例

10.3.4.12　MME发起切换取消导致失败——准备阶段MME等待响应超时而取消导致失败

1. 场景描述

MME发出SRVCC PS to CS Request消息后，等待定时器超时导致MME主动发起切换取消。

2. 信令流程

信令流程如图10-84所示。

10.3.5　解决方案

SRVCC切换和传统移动通信网络的切换一样，同一个失败事件可能是发生在切换执行阶段,也有可能是发生在切换准备阶段,只是在切换失败的信令流程不同,因而可按照失败原因进行失败场景总结,可以参考表10-4。

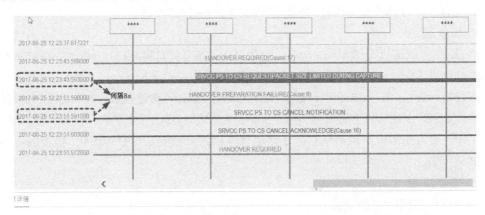

图10-84　MME发起切换取消导致失败——准备阶段MME等待超时示例

表10-4　SRVCC切换失败场景示例

失败场景	优化方案
准备阶段MME发起准备失败	(1)核实MME侧的目标2G小区数据配置、4G源小区切换过晚、系统内邻区不合理、系统内切换带不合理问题; (2)修改MME侧配置数据、修改源4G小区切换B2测量控制参数
准备阶段MME因UE回切取消	(1)核实4G源小区切换过晚、系统内邻区不合理、系统内切换带不合理问题; (2)修改源4G小区切换B2测量控制参数
准备阶段eNB取消	(1)核实4G源小区系统内邻区不合理、系统内切换带不合理、切换过晚问题; (2)修改源4G小区切换B2测量控制参数
准备阶段eNB异常拆线	(1)核实4G源小区设备告警、切换过晚、系统内邻区不合理、系统内切换带不合理问题; (2)处理4G源小区设备告警、修改源4G小区切换B2测量控制参数
准备阶段MME因MSC响应异常准备失败	(1)核实目标2G小区、目标CS域核心网资源、告警等问题; (2)处理目标2G小区、目标CS域核心网资源、告警
准备阶段MME等待响应超时取消	(1)核实目标2G小区、目标CS域核心网资源、告警等问题; (2)处理目标2G小区、目标CS域核心网资源、告警
执行阶段eNB取消	(1)核实2G目标小区质差、4G源小区切换过晚、系统内邻区不合理、系统内切换带不合理问题; (2)处理目标2G小区质差、修改源4G小区切换B2测量控制参数
执行阶段eNB发起异常拆线	
执行阶段MME因UE回切取消	
执行阶段MME因MSC完成异常取消	(1)核实目标2G小区、目标CS域核心网资源、告警等问题; (2)处理目标2G小区、目标CS域核心网资源、告警
执行阶段eNB因等待超时发起异常拆线	(1)核实2G目标小区质差、4G源小区切换过晚、系统内邻区不合理、系统内切换带不合理问题; (2)处理目标2G小区质差、修改源4G小区切换B2测量控制参数

10.3.6 典型特性

10.3.6.1 SRVCC切换失败后的回切流程

切换准备和切换执行阶段失败的场景包括UE返回LTE网络的场景，这是LTE网络的新特性。传统2G/3G网络用户在切换失败时就掉话了，VoLTE业务为了保证语音业务的连续性，即使UE在LTE网络掉话或SRVCC执行失败之后还可以在LTE网络重新进行小区选择并恢复业务，当然前提条件是通话双方没有主动挂机，即没有主动发出SIP协议的Bye消息。

在此我们仅讨论VoLTE用户在SRVCC切换执行失败后返回LTE网络恢复语音业务的场景，此场景也常称为SRVCC切换失败后的回切。

执行阶段SRVCC切换执行失败后返回LTE网络的场景主要有三种：目标2G小区质差；4G源小区快衰；4G源小区切换过晚。

典型的回切流程，如图10-85所示。

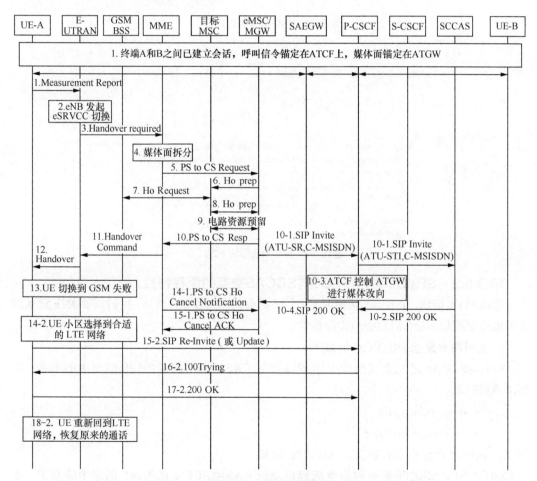

图10-85 回切流程示例

注：14-5和15-1是MME和目标MSC之间的信令流程序列；在这个流程序列的同时UE和LTE网络、IMS网络发生着14-2、15-2、16-2、17-2、18-2的信令流程序列。

其中，第15-2步UE是发送Re-Invite消息还是Update消息，是UE根据自己的通话状态来确定的，如果是振铃或应答阶段则发送Re-Invite消息，如果是振铃前阶段则发送Update消息，两个消息具体流程如图10-86和图10-87所示。

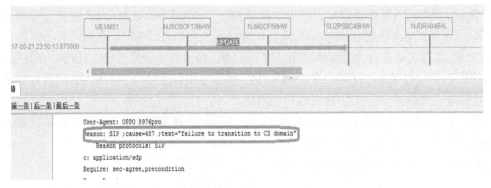

图10-86　回切消息示例（一）

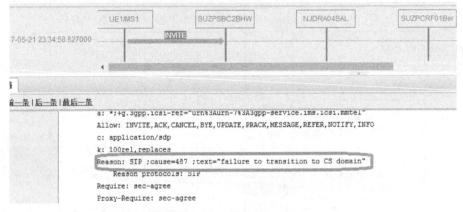

图10-87　回切消息示例（二）

10.3.6.2　SRVCC切换中SBC与SCCAS交互的流程特性

当aSRVCC切换、bSRVCC切换时，SCCAS都会给SBC发Info消息，我们需要关注交互的整体信令流程以及Info消息中的关键参数。

1. 主叫用户发生aSRVCC切换

SBC与SCCAS之间交互的信令流程以及SCCAS给SBC发送的Info消息中的参数，如图10-88所示。

- state-info: early
- Direction: initiator

2. 被叫用户发生aSRVCC/bSRVCC切换

SBC与SCCAS之间交互的信令流程以及SCCAS给SBC发送的Info消息中的参数，如图10-89所示。

- state-info: early
- Direction: receiver

图10-88　Info消息示例（一）

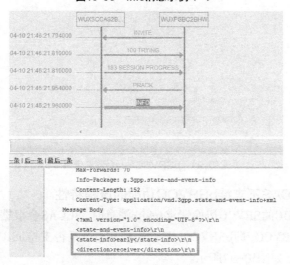

图10-89　Info消息示例（二）

3. 主叫用户发生bSRVCC切换

SBC与SCCAS之间交互的信令流程以及SCCAS给SBC发送的Info消息中的参数，如图10-90所示。

- state-info：Pre-alerting
- Direction：initiator

4. 被叫用户发生bSRVCC切换

SBC与SCCAS之间交互的信令流程以及SCCAS给SBC发送的Info消息中的参数，如图10-91所示。

- state-info：Pre-alerting
- Direction：receiver

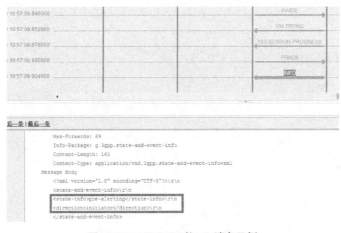

图10-90　bSRVCC的Info消息示例

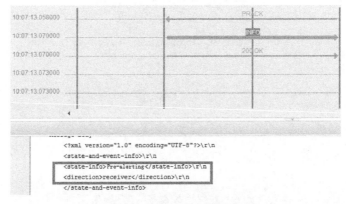

图10-91　bSRVCC的Info消息示例

10.3.6.3　SCCAS不支持bSRVCC功能的流程特性

当SCCAS收到SBC的SRVCC切换请求Invite消息时，SCCAS会根据UE现在所处的通话状态判断为振铃前SRVCC，即bSRVCC，且会去核实自己是否支持bSRVCC功能，当不支持时直接返回480消息，如图10-92所示。

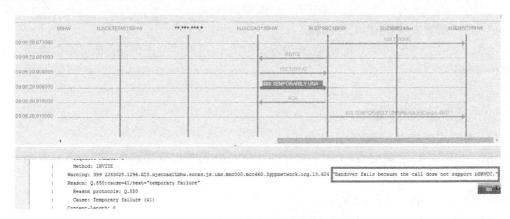

图10-92　不支持bSRVCC的消息流程示例

10.4 语音质量问题

10.4.1 基本知识

我们可以看到控制面的协议栈是SIP/TCP或UDP/IP、用户面的协议栈是净荷/RTP或+RTCP/UDP/IP，VoLTE业务的语音质量问题更加需要通过信令监测平台来处理。对于语音质量问题，我们一般会采取两步法，先查询用户的语音质量单据来定界，再查询用户的语音RTP/RTCP包来最终定位问题原因。

那语音RTP/RTCP包长得是什么样子，和信令控制面又有什么关系呢？

由于VoLTE业务的SIP信令在IMS网络的各个接口都能采集，信令面和控制面的对应关系存在于一个接口上，为了更好地理解用户面和信令面之间的对应关系，我们本次列举的是被叫Gm口的用户面和控制面的抓包样例。

采集接口：被叫SBC——被叫UE之间的Gm口。

1. 用户面

（1）RTP包示例如图10-93所示。

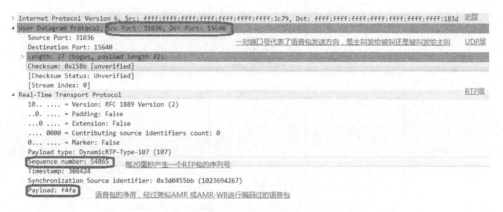

图10-93　RTP包示例

（2）RTCP包示例如图10-94所示。

2. 控制面

用户面与控制面需要一对一进行关联分析，抓取与用户面对应的控制面需要进行比对分析。

（1）典型呼叫流程。如图10-95所示，VoLTE用户发起语音呼叫时，前提条件是用户已注册到IMS网络并驻留在LTE网络，通过SIP消息携带SDP信息，完成会话承载的协商，主要包括承载的IP地址、端口号、编解码类型、打包时长等信息。

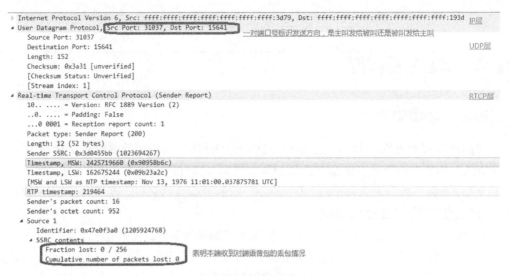

图10-94　RTCP包示例

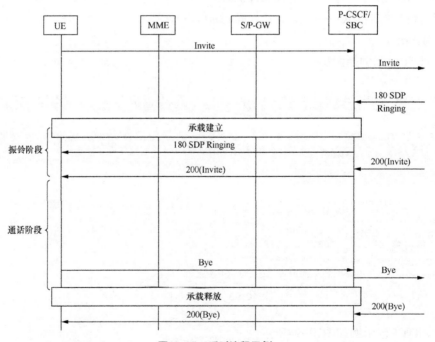

图10-95　呼叫流程示例

（2）主叫发给被叫的Invite消息中的SDP，携带的是主叫侧的媒体相关属性，包含媒体类型、端口号和媒体格式，如图10-96所示。

（3）被叫发给主叫的183消息的SDP，携带的是被叫侧的媒体相关属性（由被叫侧选择的主、被叫侧共同支持），包含媒体类型、端口号和媒体格式，如图10-97所示。

107编解码的含义：Media Attribute (a): rtpmap: 107 AMR-WB/16000/1。

101编解码的含义：Media Attribute (a): rtpmap: 101 telephone-event/16000。

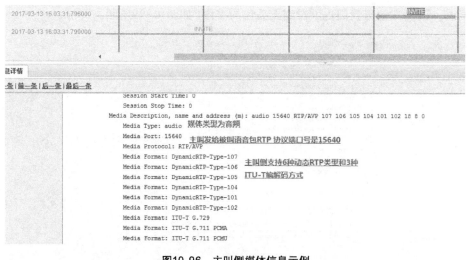

图10-96 主叫侧媒体信息示例

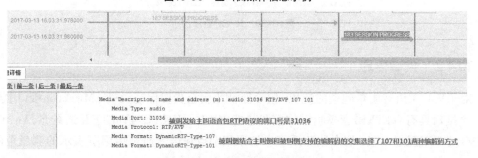

图10-97 被叫侧媒体信息示例

由上面的信息，我们可以看出被叫侧优选的是AMR-WB的编解码。

我们从控制面可以看到RTP协议的端口号，针对VoLTE语音包的RTCP端口号=RTP端口号+1，即主叫发给被叫语音包的RTCP端口号为15641，被叫发给主叫语音包的RTCP端口号为31037。

根据RTP包的序列号可以看出是否有丢包，没有丢包的时候序列号是连续的，如图10-98所示。

	Time	Source	Destination	Protocol	Length	Info
558	9.750000	ffff:ffff:ffff:ffff…	ffff:ffff:ffff:ffff…	RTP	62	PT=DynamicRTP-Type-107, SSRC=0x47E0F3A0, Seq=28597 Time=255796
560	9.894000	ffff:ffff:ffff:ffff…	ffff:ffff:ffff:ffff…	RTP	62	PT=DynamicRTP-Type-107, SSRC=0x47E0F3A0, Seq=28598 Time=258356
562	10.054000	ffff:ffff:ffff:ffff…	ffff:ffff:ffff:ffff…	RTP	62	PT=DynamicRTP-Type-107, SSRC=0x47E0F3A0, Seq=28599 Time=260916
564	10.230000	ffff:ffff:ffff:ffff…	ffff:ffff:ffff:ffff…	RTP	62	PT=DynamicRTP-Type-107, SSRC=0x47E0F3A0, Seq=28600 Time=263476
565	10.250000	ffff:ffff:ffff:ffff…	ffff:ffff:ffff:ffff…	RTP	62	PT=DynamicRTP-Type-107, SSRC=0x47E0F3A0, Seq=28601 Time=263796
567	10.270000	ffff:ffff:ffff:ffff…	ffff:ffff:ffff:ffff…	RTP	62	PT=DynamicRTP-Type-107, SSRC=0x47E0F3A0, Seq=28602 Time=264116
568	10.280000	ffff:ffff:ffff:ffff…	ffff:ffff:ffff:ffff…	RTP	62	PT=DynamicRTP-Type-107, SSRC=0x47E0F3A0, Seq=28603 Time=264436
570	10.294000	ffff:ffff:ffff:ffff…	ffff:ffff:ffff:ffff…	RTP	62	PT=DynamicRTP-Type-107, SSRC=0x47E0F3A0, Seq=28604 Time=264756
571	10.315000	ffff:ffff:ffff:ffff…	ffff:ffff:ffff:ffff…	RTP	62	PT=DynamicRTP-Type-107, SSRC=0x47E0F3A0, Seq=28605 Time=265076
572	10.334000	ffff:ffff:ffff:ffff…	ffff:ffff:ffff:ffff…	RTP	62	PT=DynamicRTP-Type-107, SSRC=0x47E0F3A0, Seq=28606 Time=265396
573	10.354000	ffff:ffff:ffff:ffff…	ffff:ffff:ffff:ffff…	RTP	62	PT=DynamicRTP-Type-107, SSRC=0x47E0F3A0, Seq=28607 Time=265716
574	10.384000	ffff:ffff:ffff:ffff…	ffff:ffff:ffff:ffff…	RTP	62	PT=DynamicRTP-Type-107, SSRC=0x47E0F3A0, Seq=28608 Time=266036
575	10.404000	ffff:ffff:ffff:ffff…	ffff:ffff:ffff:ffff…	RTP	62	PT=DynamicRTP-Type-107, SSRC=0x47E0F3A0, Seq=28609 Time=266356
577	10.424000	ffff:ffff:ffff:ffff…	ffff:ffff:ffff:ffff…	RTP	62	PT=DynamicRTP-Type-107, SSRC=0x47E0F3A0, Seq=28610 Time=266676
578	10.440000	ffff:ffff:ffff:ffff…	ffff:ffff:ffff:ffff…	RTP	62	PT=DynamicRTP-Type-107, SSRC=0x47E0F3A0, Seq=28611 Time=266996
579	10.454000	ffff:ffff:ffff:ffff…	ffff:ffff:ffff:ffff…	RTP	62	PT=DynamicRTP-Type-107, SSRC=0x47E0F3A0, Seq=28612 Time=267316
580	10.475000	ffff:ffff:ffff:ffff…	ffff:ffff:ffff:ffff…	RTP	62	PT=DynamicRTP-Type-107, SSRC=0x47E0F3A0, Seq=28613 Time=267636
581	10.494000	ffff:ffff:ffff:ffff…	ffff:ffff:ffff:ffff…	RTP	62	PT=DynamicRTP-Type-107, SSRC=0x47E0F3A0, Seq=28614 Time=267956
582	10.514000	ffff:ffff:ffff:ffff…	ffff:ffff:ffff:ffff…	RTP	62	PT=DynamicRTP-Type-107, SSRC=0x47E0F3A0, Seq=28615 Time=268276
583	10.534000	ffff:ffff:ffff:ffff…	ffff:ffff:ffff:ffff…	RTP	62	PT=DynamicRTP-Type-107, SSRC=0x47E0F3A0, Seq=28616 Time=268596
584	10.555000	ffff:ffff:ffff:ffff…	ffff:ffff:ffff:ffff…	RTP	62	PT=DynamicRTP-Type-107, SSRC=0x47E0F3A0, Seq=28617 Time=268916
586	10.575000	ffff:ffff:ffff:ffff…	ffff:ffff:ffff:ffff…	RTP	62	PT=DynamicRTP-Type-107, SSRC=0x47E0F3A0, Seq=28618 Time=269236
587	10.634000	ffff:ffff:ffff:ffff…	ffff:ffff:ffff:ffff…	RTP	62	PT=DynamicRTP-Type-107, SSRC=0x47E0F3A0, Seq=28619 Time=270196

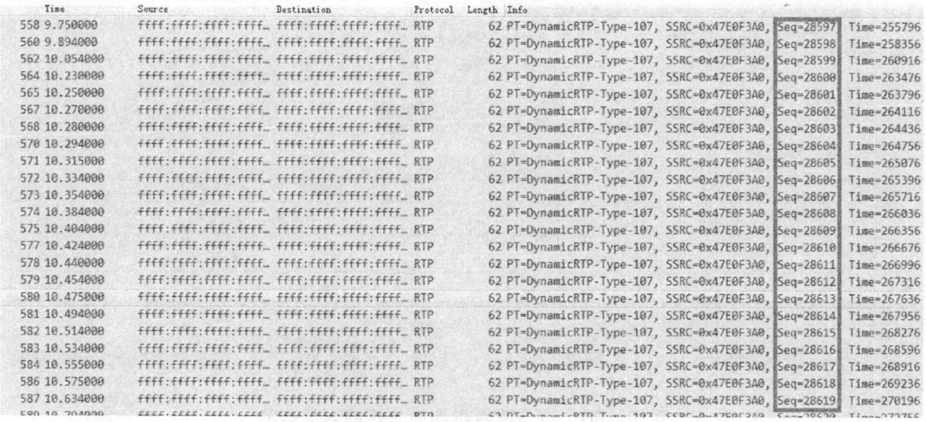

图10-98 RTP包的消息序列示例

同时，在RTCP包里我们也可看到无丢包的字段，如图10-99所示。

```
▲ Real-time Transport Control Protocol (Sender Report)
    10.. .... = Version: RFC 1889 Version (2)
    ..0. .... = Padding: False
    ...0 0001 = Reception report count: 1
    Packet type: Sender Report (200)
    Length: 12 (52 bytes)
    Sender SSRC: 0x3d0455bb (1023694267)
    Timestamp, MSW: 2425719660 (0x90958b6c)
    Timestamp, LSW: 162675244 (0x09b23a2c)
    [MSW and LSW as NTP timestamp: Nov 13, 1976 11:01:00.037875781 UTC]
    RTP timestamp: 219464
    Sender's packet count: 16
    Sender's octet count: 952
  ▲ Source 1
      Identifier: 0x47e0f3a0 (1205924768)
    ▲ SSRC contents
        Fraction lost: 0 / 256
        Cumulative number of packets lost: 0
    ▷ Extended highest sequence number received: 28208
      Interarrival jitter: 96
      Last SR timestamp: 0 (0x00000000)
      Delay since last SR timestamp: 0 (0 milliseconds)
```

图10-99　RTCP包示例

10.4.2　关键信息

对于VoLTE语音质量问题的定界，信令监测平台至少要保证S1-U、Mw或Gm接口中至少有一个接口具有VoLTE语音呼叫媒体面测量能力。对于VoLTE与VoLTE互通场景、VoLTE与2G/3G、PSTN互通场景，信令监测系统中的采集节点和语音质量指标所表示的测量范围如图10-100所示。

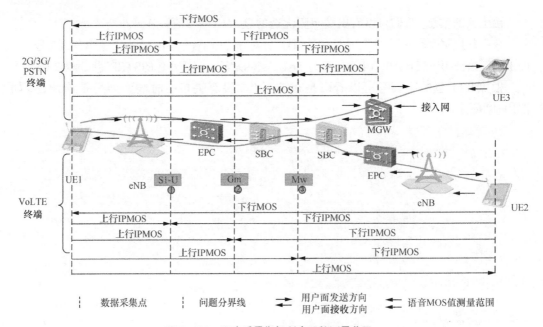

图10-100　语音质量指标所表示的测量范围

注：上、下行方向均是面向UE1用户来说。

（1）对于VoLTE与VoLTE互通场景，端到端的MOS是根据RTCP消息统计的，RTCP消息也是UE<->UE的E2E透传。分段的IPMOS是根据RTP消息统计的，表示的范围为UE到RTP消息的采集节点。

（2）对于VoLTE与2G/3G、CSFB或者PSTN互通场景，端到端的MOS是根据RTCP消息统计的，具有发送RTCP的报文的网元包括VoLTE侧的UE和CS域的MGW，端到端范围实际为VoLTE的UE到CS域的MGW。分段的IPMOS是根据RTP消息统计的，表示的范围为UE或者CS域的MGW到RTP消息的采集节点。

（3）对于VoLTE与VoBB互通场景，与2G/3G互通场景类似。具有发送RTCP报文的网元为VoBB侧的SBC。端到端测量指标表示的范围为UE到VoBB侧的SBC，分段测量指标表示的范围为UE或者VoBB侧的SBC到RTP消息的采集节点。

（4）VoLTE业务语音呼叫的关键测量点有三个，包括振铃、应答和释放，以Gm接口为例，如图10-101所示。

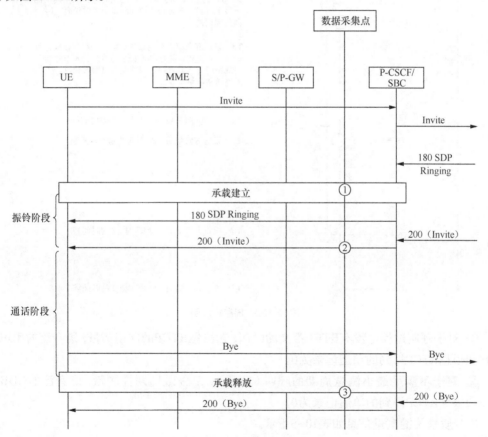

图10-101 关键测量点示例

① 测量点1：呼叫的承载建立，用户面开始周期测量，包括RTP包数、抖动、时延和编解码信息，基于这些信息可以计算语音的MOS值和单通情况，并记录语音开始的时间。

② 测量点2：呼叫应答，此时对振铃阶段的用户面的测量进行重置，重新开始进行周期测量，包括RTP包数、抖动、时延和编解码信息，以及基于这些信息计算的MOS值和单通情况，记

录语音流的开始时间。

③ 测量点3：呼叫的承载释放，用户面停止测量，记录语音流结束时间。

呼叫结束后，对周期测量的MOS、单通记录做汇总，填写到呼叫单据CDR里，并且将整条语音流的RTP包数填写到呼叫单据CDR中。

（5）语音流的周期化概念。对于VoLTE语音呼叫，根据RTCP报文的周期上报时间，把语音流做周期化处理。RTCP消息一般默认每5秒上报一个（依赖终端的发送机制），网络带宽状况不同会得到不同的RTCP周期时长。信令监测平台根据RTCP的周期性规律测量，原理如图10-102所示。

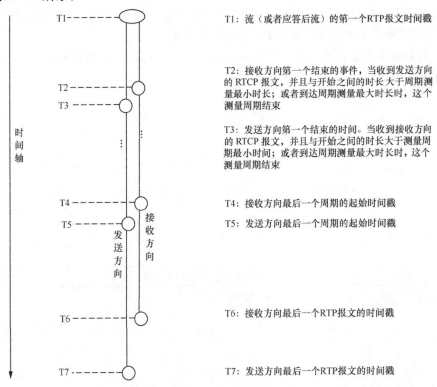

图10-102 周期化示例

① 对于呼叫过程中没有RTCP报文的呼叫，无法做RTCP的周期测量，语音流的CDR的MOS和根据RTCP得到的单通记录为0。

② 对于不满足最小测量周期的呼叫（短呼），无法做周期性测量，语音流的CDR的MOS和根据RTCP得到的单通记录为0。

语音质量关键测量信息如表10-5所示。

表10-5 关键测量字段

测量字段名称	计算公式	测量描述
上行MOS均值	每周期上行MOS的均值	端到端的指标，表示本端发送的语音质量情况。从应答开始到呼叫结束，周期性地对接收方向RTCP报文进行计算，根据E-Model模型计算得到周期上行MOS

续表

测量字段名称	计算公式	测量描述
下行MOS均值	每周期下行MOS的均值	端到端的指标，表示本端接收的语音质量情况。从应答开始到呼叫结束，周期性地对发送方向RTCP报文进行计算，根据E-Model模型计算得到周期下行MOS
上行IPMOS均值	每周期上行IPMOS的均值	分段指标，表示本端到采集节点发送的语音质量情况。从应答开始到呼叫结束，周期性地对发送方向RTP报文进行计算，根据E-Model模型计算得到周期上行IPMOS
下行IPMOS均值	每周期下行IPMOS的均值	分段指标，表示对端到采集节点接收的语音质量情况。从应答开始到呼叫结束，周期性地对接收方向RTP报文进行计算，根据E-Model模型计算得到周期下行IPMOS
RTP上行单通时长	单通周期的时长累计值	分段指标，表示本端到采集节点发送的语音单通情况。从应答开始到呼叫结束，周期性地对发送方向RTP报文进行计算，根据单通模型判断周期是否发生单通，并且记录持续时长
RTP下行单通时长	单通周期的时长累计值	分段指标，表示对端到采集节点接收的语音单通情况。从应答开始到呼叫结束，周期性地对接收方向RTP报文进行计算，根据单通模型判断周期是否发生单通，并且记录持续时长
RTCP上行单通时长	单通周期的时长累计值	端到端的指标，表示本端发送的语音单通情况。从应答开始到呼叫结束，周期性地对接收方向RTCP报文进行计算，根据单通模型判断周期是否发生单通，并且记录持续时长
RTCP下行单通时长	单通周期的时长累计值	端到端的指标，表示本端接收的语音单通情况。从应答开始到呼叫结束，周期性地对发送方向RTCP报文进行计算，根据单通模型判断周期是否发生单通，并且记录持续时长
RTCP上行包数	通话过程累计值	从应答开始到呼叫结束，对接收方向的RTCP报文进行计算，根据报文中的最大包序号和发送方向的RTP报文包序号得到
RTCP上行丢包数	通话过程累计值	从应答开始到呼叫结束，对接收方向的RTCP报文进行计算，根据报文中的累计丢包数得到
RTCP下行包数	通话过程累计值	从应答开始到呼叫结束，对发送方向的RTCP报文进行计算，根据报文中的最大包序号和接收方向的RTP报文包序号得到
RTCP下行丢包数	通话过程累计值	从应答开始到呼叫结束，对发送方向的RTCP报文进行计算，根据报文中的累计丢包数得到
RTP上行包数	通话过程累计值	从应答开始到呼叫结束，对发送方向的RTP报文包序号计算得到
RTP上行丢包数	通话过程累计值	从应答开始到呼叫结束，对发送方向的RTP报文包累计不连续值计算得到
RTP下行包数	通话过程累计值	从应答开始到呼叫结束，对接收方向的RTP报文包序号计算得到
RTP下行丢包数	通话过程累计值	从应答开始到呼叫结束，对接收方向的RTP报文包累计不连续值计算得到

10.4.3 定界思路

本节讨论的是两种话务场景的VoLTE呼叫侧语音质量问题的定界，包含VoLTE与VoLTE互通、VoLTE和CS/PSTN/VoBB互通。

对于语音MOS质差问题的定界思路是对单接口不同节点的MOS进行有效地识别和差值计算，然后根据不同接口的MOS差值和MOS所表示的测量范围，确定质差MOS的引入范围。

对于单通问题的定界思路核心是对单通结果进行有效性识别，根据不同接口是否发生单通指标的差异与单通指标代表的测量范围，确定单通问题的引入范围。

10.4.3.1　上行质差问题

单接口上行质差MOS定界流程如图10-103所示。

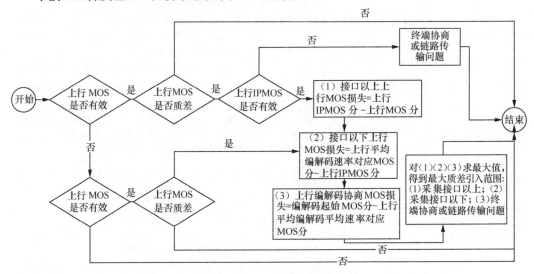

图10-103　单接口上行质差MOS定界流程

① 第一步：判断上行MOS和上行IPMOS的有效性。

当上行MOS大于0时，则上行MOS有效，否则上行MOS无效；当上行IPMOS大于0，则上行IPMOS有效，否则上行IPMOS无效。

② 第二步：判断上行MOS或者上行IPMOS是否质差。

使用上行MOS判断质差，当上行MOS无效时，使用上行IPMOS判断。方法：当上行MOS有效，并且上行MOS小于质差阈值（注释1）时，则上行MOS质差，否则上行MOS非质差；当上行MOS无效，并且上行IPMOS有效，上行IPMOS小于质差阈值（注释1）时，则上行IPMOS质差，否则上行IPMOS非质差。对于非质差的上行MOS和上行IPMOS，不需要定界分析。

③ 第三步：对质差呼叫单据做分段MOS损失计算。

采集接口以上MOS损失：当上行MOS并且上行IPMOS有效时，计算为上行IPMOS分-上行MOS分；否则为0。

采集接口以下MOS损失：当上行IPMOS有效时，计算为编解码或者上行编解码平均速率对应的MOS（注释2）分-上行IPMOS分；否则为0。

上行编解码协商MOS损失：当编解码类型为AMR或者AMR-WB时，计算为编解码起始MOS（注释3）分-编解码或者上行编解码平均速率对应MOS（注释2）分；否则为0。

④ 第四步：对质差呼叫单据做质差范围定界。当上行MOS质差，上行IPMOS无效时，无法准确定界质差引入范围。对采集接口以上MOS损失、采集接口以下MOS损失、上行编解码协商MOS损失取最大值，得到与最大值相应的主要质差引入范围。

注：注释1，参考质差MOS配置说明；注释2，参考编解码或者编解码平均速率对应的MOS分计算说明；注释3，编解码起始MOS计算说明。

10.4.3.2 下行质差问题

单接口下行质差MOS定界流程如图10-104所示。

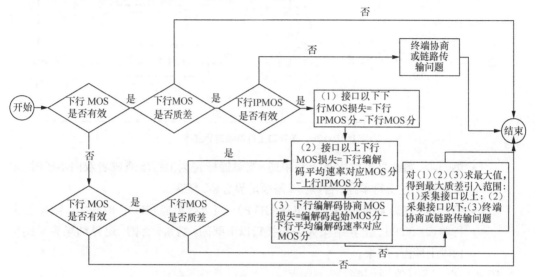

图10-104 单接口下行质差MOS定界流程

① 第一步：判断下行MOS和下行IPMOS的有效性。

当下行MOS大于0时，下行MOS有效，否则下行MOS无效；当下行IPMOS大于0时，下行IPMOS有效，否则下行IPMOS无效。

② 第二步：判断下行MOS或者下行IPMOS是否质差。

使用下行MOS判断质差，当下行MOS无效时，使用下行IPMOS判断。方法：当下行MOS有效，并且下行MOS小于质差阈值（注释1）时，下行MOS质差，否则下行MOS非质差；当下行MOS无效，并且下行IPMOS有效，下行IPMOS小于质差阈值（注释1）时，则下行IPMOS质差，否则下行IPMOS非质差。对于非质差的下行MOS和下行IPMOS，不需要定界分析。

③ 第三步：对质差呼叫单据做分段MOS损失计算。

采集接口以下MOS损失：当下行MOS并且下行IPMOS有效时，计算为下行IPMOS分-下行MOS分；否则为0。

采集接口以上MOS损失：当下行IPMOS有效时，计算为编解码或者下行编解码平均速率对应的MOS（注释2）分-下行IPMOS分；否则为0。

下行编解码协商MOS损失：当编解码类型为AMR或者AMR-WB时，计算为编解码起始MOS（注释3）分-编解码或者下行平均编解码速率对应MOS（注释2）分；否则为0。

④ 第四步：对质差呼叫单据做质差范围定界。

当下行MOS质差，下行IPMOS无效时，无法准确定界质差引入范围。

对采集接口以下MOS损失、采集接口以上MOS损失、下行编解码协商MOS损失取最大值，得到与最大值相应的主要质差引入范围。

10.4.3.3 上行单通问题

单接口上行单通定界流程如图10-105所示。

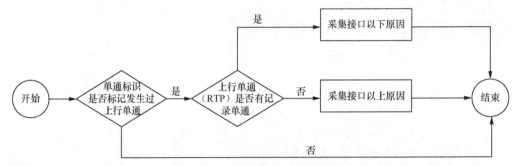

图10-105 单接口上行单通定界流程

- 第一步：判断是否发生过上行单通：当单通标记为上行单通或者双向不通时，则说明发生过上行单通；否则，不需要定界分析，结束。
- 第二步：判断是否发生上行单通（RTP）：当上行单通（RTP）时长>0，则发生上行单通（RTP），定界结果为采集接口以下原因，结束；否则，定界结果为采集接口以上原因，结束。

10.4.3.4 下行单通问题

单接口下行单通定界流程如图10-106所示。

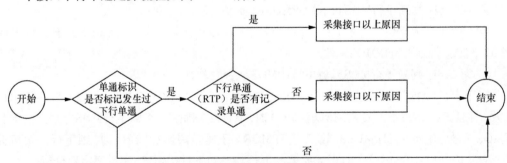

图10-106 单接口下行单通定界流程

① 第一步：判断是否发生过下行单通：当单通标记为下行单通或者双向不通时，则发生过下行单通；否则，不需要定界分析，结束。

② 第二步：判断是否发生下行单通（RTP）：当下行单通（RTP）时长>0，则发生下行单通（RTP），定界结果为采集接口以上原因，结束；否则，定界结果为采集接口以下原因，结束。

10.4.3.5 定界计算参考信息

因为计算MOS的算法模型可使用P.862.1和P.863 SWB两种计算模式，默认使用P.863 SWB模式，需要提前获取MOS的评分模式。

① 质差MOS阈值说明：当使用P.863 SWB时，质差阈值使用2.0；当使用P.862.1时，质差阈值使用2.8。

② 编解码或者编解码平均速率对应的MOS分计算说明，如表10-6所示。

表10-6 平均速率对应MOS分计算

评分模式为P.863 SWB	计算公式
AMR-WB类型的速率对应的起始分	$y=-0.0043x^2+0.1851x+2.3566$
AMR类型的速率对应的起始分	$y=-0.0078x^2+0.2422x+1.421$
评分模式为P.862.1	计算公式
AMR-WB类型的速率对应的起始分	$y=-0.0093x^2+0.3652x+0.8051$
AMR类型的速率对应的起始分	$y=0.0108x^2+0.2749x+2.3726$

x表示平均速率，y表示某平均速率对应的MOS分值。

③ 编解码起始MOS计算说明：当使用P.863 SWB模式时，对于AMR-WB编解码起始分为4.349，对于AMR编解码起始分为3.219；当使用P.862.1模式时，对于AMR-WB编解码起始分为4.2，对于AMR编解码起始分为4.134。

10.4.4 分析示例

目前，信令监测平台一般支持导出RTP/RTCP原始包，利用Wireshark来解析RTP/RTCP原始语音包可以验证质量单据的查询结果以及分析单通等语音质量问题。

比如，信令监测平台打开界面如图10-107所示。

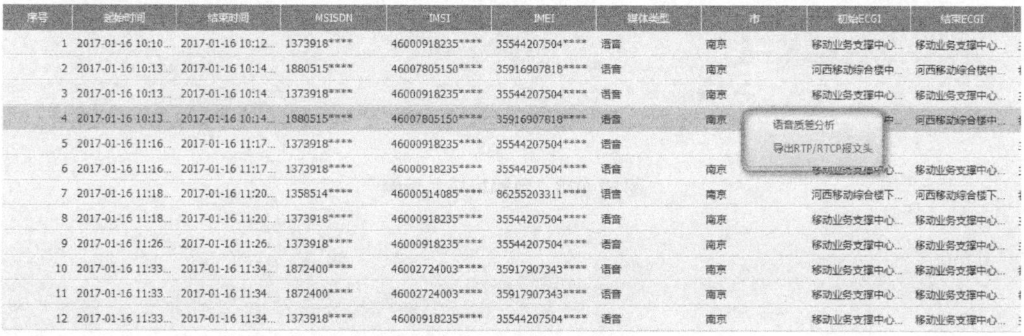

图10-107 信令监测界面示例

如果导出来的RTP/RTCP原始包界面显示为UDP，则需要先做RTP协议栈解析，如图10-108所示。

1. RTP包总包数和丢包数的计算方法

总包数=RTP头中最大SN号-RTP头中最小SN号

丢包数=RTP报文中丢包数（后一个RTP SN-前一个RTP SN+1）

2. 上下行方向的确定方法

在分析语音包之前需要确定主叫用户的上、下行包的源和目标端口号。主叫UE在给主叫SBC发送的Invite消息中获取主叫用户上行RTP包的源端口号，查询媒体端口、协议RTP（RTCP的对应端口号是RTP包的端口号+1）。从图10-109中我们可以看到主叫用户上行RTP包的源端口号是49120，同时可以计算出发出的主叫UE上行RTCP包的源端口号是49121。

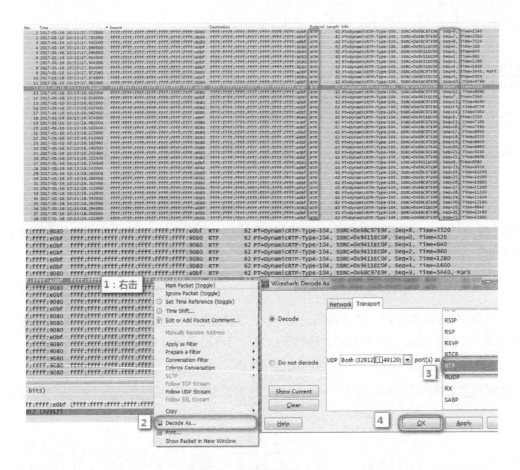

图10-108 包解析操作示例

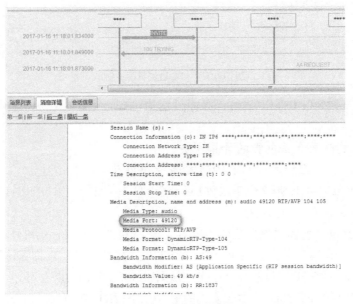

图10-109 主叫媒体端口号示例

同时，随机点击一个RTCP包可以看到源端口号是32193，目标端口号是49121，RTCP包是被叫UE发给主叫UE的，可以计算出被叫用户上行RTP包的源端口号=32192（32193-1），即主叫用户的上行RTP包的目标端口号=32192，如图10-110所示。

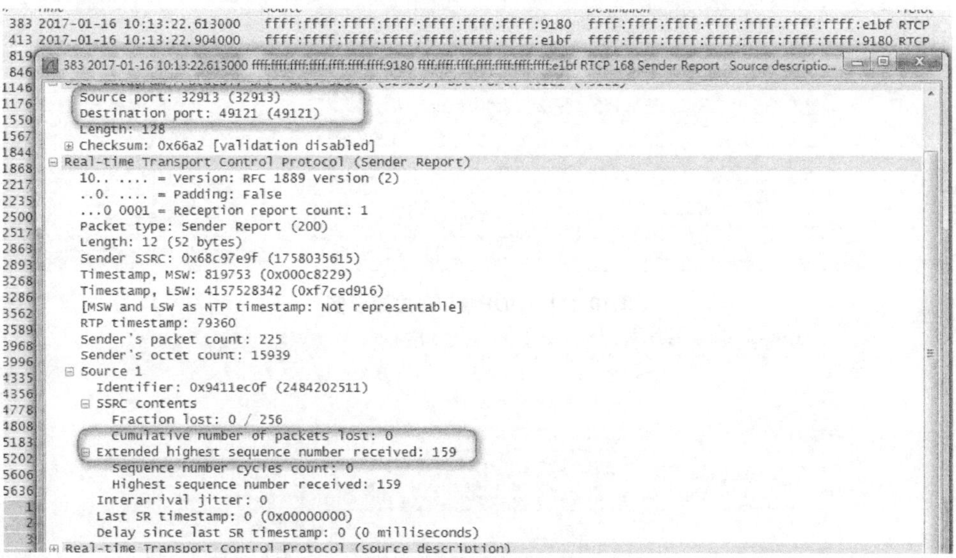

图10-110　RTCP包示例

从前面分析可以看到主叫用户上行方向RTP包的源端口号是49120、目标端口号是32192；RTCP包的源端口号是49121、目标端口号是32193。

说明：

（1）RTP端口号与RTCP端口号之间的关系为RTCP=RTP+1；

（2）RTP报文使用的UDP层的端口号通常是偶数，RTCP报文使用的UDP层的端口号通常是奇数；

（3）上行方向的RTCP获取的是下行方向RTP的测量结果，下行方向的RTCP可获取的是上行方向的RTP的测量结果。

3．RTP丢包的分析方法

以主叫用户为例进行介绍，上面的示例中使用udp.srcport==49120为过滤条件，筛选主叫侧的发包，即上行包；反之，使用udp.dstport==49120为过滤条件，筛选主叫侧的收包，即下行包。

本次我们仅分析上行方向，下行方向的分析方法与上行方向的分析方法一样。

（1）如图10-111所示，过滤udp.srcport==49120，最大Seq=2173，最小Seq=0，共2174个包，RTP上行包数为2174个。

（2）如图10-112所示，导出CSV统计结果，分析发现SN=465这个包丢了，实际收到2173个包，丢了一个包。

通过以上分析，上行RTP包总共2174个，实际收到2173个包，丢了一个RTP包（SN=465），如图10-113所示。

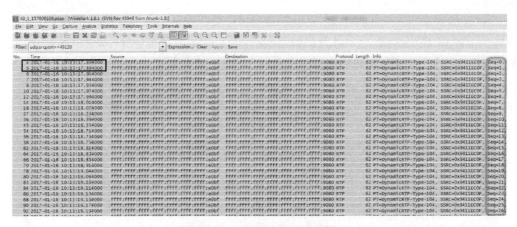

图10-111 UDP端口号过滤示例

图10-112 导出CSV格式示例

No.	Time	Source	Destination	Protocol	Length	Info	SN	丢包
923	13:29.0	ffff:ffff:ffff:ff	ffff:ffff:ffff:ffff:ffff:ffff	RTP	62	PT=DynamicRTI	453	1
930	13:29.1	ffff:ffff:ffff:ff	ffff:ffff:ffff:ffff:ffff:ffff	RTP	62	PT=DynamicRTI	454	1
939	13:29.3	ffff:ffff:ffff:ff	ffff:ffff:ffff:ffff:ffff:ffff	RTP	62	PT=DynamicRTI	455	1
947	13:29.5	ffff:ffff:ffff:ff	ffff:ffff:ffff:ffff:ffff:ffff	RTP	62	PT=DynamicRTI	456	1
956	13:29.6	ffff:ffff:ffff:ff	ffff:ffff:ffff:ffff:ffff:ffff	RTP	62	PT=DynamicRTI	457	1
965	13:29.8	ffff:ffff:ffff:ff	ffff:ffff:ffff:ffff:ffff:ffff	RTP	62	PT=DynamicRTI	458	1
974	13:29.9	ffff:ffff:ffff:ff	ffff:ffff:ffff:ffff:ffff:ffff	RTP	62	PT=DynamicRTI	459	1
983	13:30.1	ffff:ffff:ffff:ff	ffff:ffff:ffff:ffff:ffff:ffff	RTP	62	PT=DynamicRTI	460	1
992	13:30.3	ffff:ffff:ffff:ff	ffff:ffff:ffff:ffff:ffff:ffff	RTP	62	PT=DynamicRTI	461	1
996	13:30.4	ffff:ffff:ffff:ff	ffff:ffff:ffff:ffff:ffff:ffff	RTP	62	PT=DynamicRTI	462	1
1005	13:30.6	ffff:ffff:ffff:ff	ffff:ffff:ffff:ffff:ffff:ffff	RTP	62	PT=DynamicRTI	463	1
1014	13:30.7	ffff:ffff:ffff:ff	ffff:ffff:ffff:ffff:ffff:ffff	RTP	62	PT=DynamicRTI	464	1
1032	13:31.1	ffff:ffff:ffff:ff	ffff:ffff:ffff:ffff:ffff:ffff	RTP	62	PT=DynamicRTI	466	2
1039	13:31.2	ffff:ffff:ffff:ff	ffff:ffff:ffff:ffff:ffff:ffff	RTP	62	PT=DynamicRTI	467	1
1047	13:31.4	ffff:ffff:ffff:ff	ffff:ffff:ffff:ffff:ffff:ffff	RTP				1
1057	13:31.5	ffff:ffff:ffff:ff	ffff:ffff:ffff:ffff:ffff:ffff	RTP				1
1066	13:31.7	ffff:ffff:ffff:ff	ffff:ffff:ffff:ffff:ffff:ffff	RTP				1
1072	13:31.8	ffff:ffff:ffff:ff	ffff:ffff:ffff:ffff:ffff:ffff	RTP	62	PT=DynamicRTI	471	1
1074	13:31.8	ffff:ffff:ffff:ff	ffff:ffff:ffff:ffff:ffff:ffff	RTP	62	PT=DynamicRTI	472	1
1077	13:31.9	ffff:ffff:ffff:ff	ffff:ffff:ffff:ffff:ffff:ffff	RTP	62	PT=DynamicRTI	473	1
1080	13:31.9	ffff:ffff:ffff:ff	ffff:ffff:ffff:ffff:ffff:ffff	RTP	62	PT=DynamicRTI	474	1
1087	13:32.0	ffff:ffff:ffff:ff	ffff:ffff:ffff:ffff:ffff:ffff	RTP	62	PT=DynamicRTI	475	1
1088	13:32.0	ffff:ffff:ffff:ff	ffff:ffff:ffff:ffff:ffff:ffff	RTP	62	PT=DynamicRTI	476	1
1091	13:32.1	ffff:ffff:ffff:ff	ffff:ffff:ffff:ffff:ffff:ffff	RTP	62	PT=DynamicRTI	477	1
1092	13:32.1	ffff:ffff:ffff:ff	ffff:ffff:ffff:ffff:ffff:ffff	RTP	62	PT=DynamicRTI	478	1
1094	13:32.1	ffff:ffff:ffff:ff	ffff:ffff:ffff:ffff:ffff:ffff	RTP	62	PT=DynamicRTI	479	1

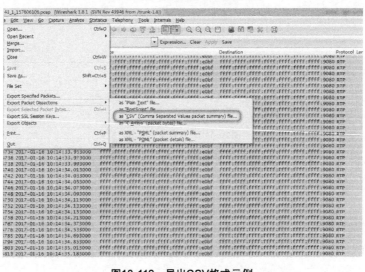

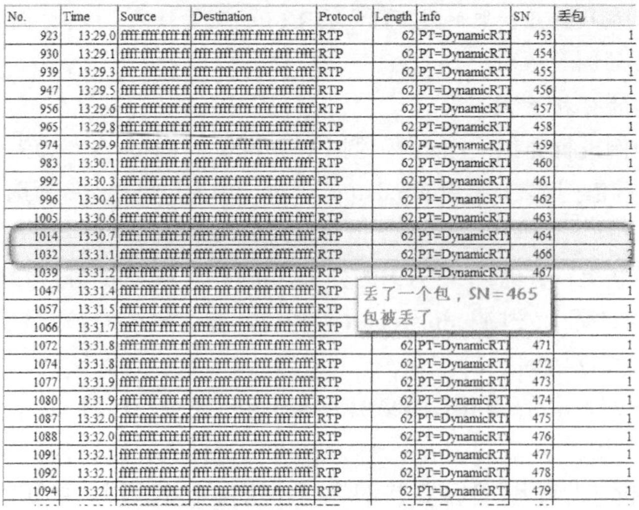

图10-113 丢包分析示例

4. RTCP丢包的分析方法

(1) RTCP总包数=后一个RTCP报文中的HSN-前一个RTCP报文的HSN，其中第一个RTCP计算方式为减去第一个RTP的SN。

(2) 丢包数=RTCP报文中丢包数。

为分析主叫用户的上行方向RTCP丢包情况，我们需要分析被叫UE给主叫UE发送的RTCP包，这个方向才是表征主叫UE给被叫UE发送的包的整体情况。

被叫UE给主叫UE发送的RTCP包的源端口=32913，目标端口=49121，筛选出的上行RTCP包如图10-114所示。根据最大HSN来计算，计算结果如图10-115和图10-116所示，终端总共收到2094个包，丢了一个包，一共2095个包。

图10-114 RTCP筛选示例

HSN	
159	159
409	250
502	93
667	165
719	52
895	176
926	31
1035	109
1210	175
1267	57
1428	161
1572	144
1770	198
1924	154
2094	170
总包数	2094

y00292026：
第一个RTCP包数=第一个HSN-第一个RTP包SN=0

图10-115 丢包数量计算示例

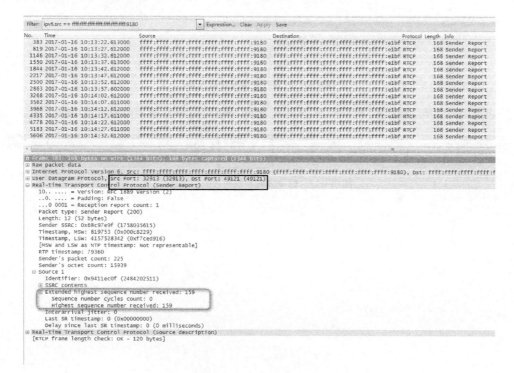

图10-116 RTCP丢包统计示例

从图10-117可以看到，基于RTP、RTCP，包的分析与信令监测平台的质量单据一致。

用户信息MSISDN	开始位置信息EGCI	结束位置信息EGCI	主被叫标识	接口类型	RTP承载类型	上行编码速率	下行编码速率	上行MOS均值	RTCP上行包数	RTCP上行丢包数	下行MOS均值	RTCP下行包数	RTCP下行丢包数	上行IPMOS均值	RTP上行包数	RTP上行丢包数	下行IPMOS均值	R1P下行包数	RTP下行丢包数
137391*****	移动业务支撑中心	移动业务支撑中心	主叫	S1U	AMR_WB	23.85		4.33	2095	1	4.35	3494	0	4.33	2174	1	4.35	3616	

图10-117 信令监测系统丢包统计示例

缩略语

2G, The 2nd Generation, 第二代

3G, The 3rd Generation, 第三代

3GPP, The 3rd Generation Partnership Project, 第三代合作伙伴计划

AAA, Authentication、Authorization、Accounting, 认证、授权、计费

AAL3/4, ATM Adaptation Layer 3/4, ATM适配层3/4

ACM, Address Complete Message, 地址全消息

AF, Application Function, 应用功能

AG, Access Gateway, 接入网关

AGCF, Access Gateway Control Function, 接入网关控制功能

AGCH, Access Grant Channel, 准许接入信道

AM, Acknowledge Mode, 确认模式

AMR, Adaptive Multi-Rate, 自适应多码率

AMR-NB, Adaptive Multi-Rate-Narrowband, 自适应多码率窄带

AMR-WB, Adaptive Multi-Rate-Wideband, 自适应多码率宽带

ANM, Answer Message, 应答消息

AP, Access Point, 接入点

API, Application Programming Interface, 应用程序编程接口

APM, Application Transport Message, 应用传输消息

APN, Access Point Name, 接入点名称

ARP, Allocation/Retention Priority, 分配/预留优先级

AS, Application Server, 应用服务器

ATCF, Access Transfer Control Function, 接入切换控制功能

ATGW, Access Transfer Gateway, 接入切换网关

ATM, Asynchronous Transfer Mode, 异步传输模式

ATS, Application Telephone System, 应用电话系统

ATU-STI, Access Transfer Update-Session Transfer Identifier, 接入切换会话更新标识

AUTN, Authentication Token, 鉴权标记

AVP, Attribute-Value Pair, 属性值对

BGCF, Breakout Gateway Control Function, 出口网关控制功能

BICC, Bearer Independent Call Control Protocol, 与承载无关的呼叫控制协议

BOSS, Business Operating Support System, 业务运营支撑系统

BSC, Base Station Controller, 基站控制器

bSRVCC（通话振铃前SRVCC）、aSRVCC（振铃中SRVCC）、eSRVCC（增强型SRVCC）
BSS, Base Station Subsystem, 基站子系统
BSSMAP, Base Station System Mobile Application Part, 基站系统移动应用部分
BTS, Base Transceiver Station, 基站收发信机
BTSM, Base Transceiver Station Management, 基站收发站管理
CCF, Charging Collection Function, 计费收集功能
CCR, Credit-Control-Request, 信用控制请求
CCR-I, Credit-Control-Request-Initial, 信用控制初始请求
CCR-T, Credit-Control-Request-Termination, 信用控制终结请求
CCR-U, Credit-Control-Request-Update, 信用控制更新请求
CDMA, Code Division Multiple Access, 码分多址
CDR, Call Detail Record, 呼叫详细记录
CK, Cipher Key, 加密密码
CM, Connection Management, 连接管理
C-MSISDN, Correlation MSISDN, 关联的MSISDN
CON, Connect, 连接
CPG, Call Progress, 呼叫过程
CRLF, Carriage-Return Line-Feed, 回车换行
C-RNTI, Connected Radio Network Tempory Identity, 连接态无线网络临时标识
CS, Circuit Switched, 电路交换
CSCF, Call Session Control Function, 呼叫会话控制功能
CSFB, Circuit Switch Fall Back, 电路域回落
CSRN, CS Routing Number, CS 路由号码
DNS, Domain Name Server, 域名服务器
DRA, Diameter Routing Agent, 信令路由代理
DRX, Discontinous Reception, 非连续性接收
DT, Drive Test, 驱车测试
DTAP, Direct Transfer Application Part, 直接转移应用部分
ECGI, E-UTRAN Cell Global Identifier, E-UTRAN小区全局标识符
ECI, E-UTRAN Cell Identifier, E-UTRAN小区标识
ECM, EPS Connection Management, EPS连接管理
E-CSCF, Emergency Call Session Control Function, 紧急呼叫会话控制功能
EDGE, Enhanced Data Rate for GSM Evolution, 增强型数据速率GSM演进技术
eMSC, Enhanced MSC, 增强型ＭＳＣ
eNB, Evolved Node B, 演进的Node B
ENUM, E.164 Number, E.164号码

EPC, Evolved Packet Core, 演进的分组核心网
EPS, Evolved Packet System, 演进分组系统
ESM, EPS Session Management, EPS会话管理
eSRVCC, Enhanced Single Radio Voice Call Continuity, 增强的单待语音呼叫连续性
E-UTRAN, Evolved Universal Terrestrial Radio Access Network, 演进的UMTS陆地无线接入网
FDD, Frequency Division Duplex, 频分复用
GBR, Guaranteed Bit Rate, 保证比特速率
GERAN, GSM EDGE Radio Access Network, GSM/EDGE无线接入网
GGSN, Gateway GPRS Support Node, 网关GPRS支持节点
GMSC, Gateway Mobile Switching Center, 关口局
GPRS, General Packet Radio Service, 通用分组无线业务
GSM, Global System for Mobile Communication, 全球移动通信系统
GSMA, Global System for Mobile Communications Assembly, GSM协会
GSM-EFR, GSM Enhanced Full Rate, GSM增强型全速率
GSM-FR, GSM Full Rate, GSM全速率
GSM-HR, GSM Half Rate, GSM半速率
GTP, GPRS Tunnelling Protocol, GPRS隧道协议
GTP-C, GPRS Tunnelling Protocol for the Control Plane, GPRS隧道控制面协议
GUTI, Globally Unique Temporary UE Identity, 全球唯一临时UE标识
HSS, Home Subscriber Server, 归属签约用户服务器
IAD, Integrated Access Device, 综合接入设备
IAM, Initial Address Message, 初始地址消息
IBCF, IMS Border Control Function, IMS边界控制功能
I-CSCF, Interrogation-CSCF, 询问CSCF
IDA, Insert Data Answer, 插入数据响应
IDP, Initial DP, 启动DP
IDR, Insert Data Request, 插入数据请求
IETF, the Internet Engineering Task Force, 国际互联网工程任务组
IF, Interworking Function, 互通功能实体
IFC, Initial Filter Criteria, 初始过滤准则
I-IWU, Incoming (to BICC/ISUP) Interworking Unit, 入局-互通单元
IK, Integrity Key, 完整性键值
IM, IP Multimedia, IP多媒体
IMEI, International Mobile Equipment Identity, 国际移动设备识别码
IM-MGW, IP Multimedia Gateway, IP多媒体网关

IMPI, IMS Private Identity, IMS私有用户标识
IMPU, IMS Public Identity, IMS公有用户标识
IMRN, IMS Routing Number, IMS路由号码
IMS, IP Multimedia Subsystem, IP多媒体子系统
IMSI, International Mobile Subscriber Identification, 国际移动用户识别身份
IM-SSF, IP Multi-media Service Switch Function, IP多媒体业务交换功能
IP Sec SA, IP Sec Security Association, IP Sec安全关联
IP, Internet Protocol, 互联网协议
IP-CAN, IP-Connectivity Access Network, IP-连通性接入网络
IPMOS, IP Mean Opinion Score, 基于IP层各个指标的平均主观评分
IPSec, IP Security, IP安全
IP-SM-GW, IP-Short-Message-Gateway, IP短信媒体网关
IPTV, Internet Protocol Television, 网路协议电视
IS-95B, EIA InTerim Standard B fou U.S. Code Division Multiple Access, 美国码分多址EIA暂行标准B
ISC, IP Multimedia Subsystem Service Control, IMS业务控制
ISO, International Organization for Standardization, 国际标准化组织
ISUP, Integrated Services Digital Network User Part, 综合业务数字网用户部分
ITU-T, ITU Telecommunication Standardization Sector, 国际电信联盟远程通信标准化组织
IWU, InterWorking Unit, 互通单元
KI, Key Identifier, 密钥
L1, Layer 1, 层1
L2, Layer 2, 层2
L3, Layer 3, 层3
LAC, Location Area Code, 位置区编码
LAI, Location Area Identification, 位置区标识
LAN, Local Area Network, 局域网
LAP-D, Link Access Protocol for D Channel, D信道链路接入控制协议
LAPDm, Link Access Protocol for Dm Channel, Dm信道链路接入协议
LTE, Long Term Evolution, 长期演进eNB
LTE-FDD, Long Term Evolution Frequency Division Duplex, 频分双工长期演进
M3UA, MTP3-User Adaptation layer, MTP第三级用户的适配层
MBR, Max Bit Rate最大比特速率
MCC, Mobile Country Code, 移动国家码
MCS, Modulation and Coding Scheme, 调制与编码策略

MGCF, Media Gateway Control Function, 媒体网关控制功能
MGW, Media Gateway, 媒体网关
MM, Mobility Management, 移动性管理
MME, Mobility Management Entity, 移动管理实体
MMEI, MME Identifier, MME标识
MNC, Mobile Network Code, 移动网号
MO, Mobile Originated, 移动始发
MOS, Mean Opinion Score, 平均主观评分
MRFC, Multimedia Resource Function Controller, 多媒体资源控制器
MRFP, Multimedia Resource Function Processor, 多媒体资源处理器
MS, Mobile Station, 移动台
MSIN, Mobile Subscriber Identification Number, 移动用户识别码
MSISDN, Mobile Station International ISDN Number, 移动台国际ISDN号码
MSML, Media Server Markup Language, 媒体服务器标记语言
MSRN, Mobile Station Roaming Number, 移动台漫游号码
MSS, Mobile Switching Subsystem, 移动交换子系统
MT, Mobile Terminate, 移动被叫
M-TMSI, MME-Temporary Mobile Subscriber Identity, MME临时移动用户标识
MTP, Message Transfer Part, 消息传递部分
MTP3b, Message Transfer Part Layer 3 Broadband, 层3宽带消息传递部分
NAS, Non-Access Stratum, 非接入层
NAT, Network Address Translation, 网络地址转换
NBFP, NetBIOS Frame Protocol, NetBIOS帧格式协议
NGN, Next Generation Network, 下一代网络
NMS, Network Management System, 网络管理系统
OMS, Operation and Maintenance Subsystem, 操作维护子系统
OSA, Open Service Architecture, 开放业务架构
P.862.1, Perceptual Evaluation of Speech Quality, 语音质量的感知评价
P.863 SWB, Perceptual Objective Listening Quality Assessment Super Wideband, 支持超级带宽的感知目标听力质量评估
PCC, Policy and Charging Control, 策略计费控制
PCEF, Policy and Charging Enforcement Function, 策略及计费执行功能
PCF, Process Classification Framework, 流程分类框架
PCM, Pulse Code Modulation, 脉冲编码调制
PCO, Protocol Configuration Options, 协议配置选项
P-CSCF, Proxy-Call Session Control Function, 代理呼叫会话控制功能

PDCCH, Physical Downlink Control Channel, 物理下行控制信道
PDN, Packet Data Network, 分组数据网络
PDSN, Packet Data Serving Node, 分组数据服务节点
PDU, Protocol Data Unit, 协议数据单元
PGW, PDN Gateway, 分组数据网网关
PHICH, Physical Hybrid ARQ Indicator Channel, 物理混合自动重传指示信道
PLMN, Public Land Mobile Network, 公众陆地移动网
PPP, Point to Point Protocol, 点对点协议
PRB, Physical Resource Block, 物理资源块
PRN, Provide Roaming Number, 提供漫游号码
PS, Packet Switching, 分组交换
PSI, Public Service Identify, 公有服务标识
PSTN, Public Switched Telephone Network, 公共交换电话网
PTN, Packet Transport Network, 分组传送网
PTT, Push to Talk, 一键通
PUSCH, Physical Uplink Shared Channel, 物理上行共享信道
QCI, QoS Class Identifier, 服务质量等级标识
QoS, Quality of Service, 业务质量
RACH, Random Access Channel, 随机接入信道
RAI, Routing Area Identity, 路由区域标识
RAND, Random Challenge, 随机数
RAR, Re-Authentication-Request, 重新认证/授权请求
RAT, Radio Access Type, 无线接入类型
RAU, Routing Area Update, 路由区更新
RCS, Rich Communication Suite, 富媒体通信套件
RES, REsponse, 鉴权响应
RFC, Request for Comments, 请求注解
RNS, Radio Network System, 无线网络系统
RNTI, Radio Network Tempory Identity, 无线网络临时标识
RoHC, Robust Header Compression, 包头压缩
RR, Radio Resource, 无线资源
RR, Rtp Receiver, RTP接收
RRU, Remote Radio Unit, 远端射频单元
RS, Rtp Send, RTP发送
rSRVCC, Reverse-Signal Radio Voice Call Continuity, 反向单信道连续业务
RSVP, Resource ReServation Protocol, 资源预留协议

RTCP, Real-time Transport Control Protocol, 实时传输控制协议
RTP, Real-time Transport Protocol, 实时传输协议
RTSP, Real-Time Streaming Protocol, 实时流协议
S1-AP, S1 Application Protocol, S1接口应用协议
SAA, Server Assignment Answer, 服务器指配响应
SABM, Set Asynchronous Balanced Mode, 设定异步平衡模式
SAI, Serving Area Identity, 服务区域标识
SAR, Server Assignment Request, 服务器指配请求
SBC, Session Bordor Controller, 会话边界控制器
SCCAS, Service Centralization and Continuity Application Server, 业务集中及连续性应用服务器
SCCP, Signaling Connection Control Part, 信令连接控制部分
SCP, Service Control Point, 业务控制点
S-CSCF, Serving-CSCF, 服务-CSCF
SCTP, Stream Control Transmission Protocol, 流控制传送协议
SDCCH, Stand-Alone Dedicated Control Channel, 独立专用控制信道
SDP, Session Description Protocol, 会话描述协议
SGsAP, SGs Application Protocol, SGs接口应用协议
SGW, Serving Gateway, 服务网关
SIP, Session Initiation Protocol, 会话初始协议
SLF, Subscription Locator Function, 签约定位功能
SMS, Short Message Service, 短信业务
SMSC, Short Message Service Center, 短信业务中心
SONET, Synchronous Optical Network, 同步光纤网络
SPI, Security Parameter Index, 安全参数索引
SPS, Semi-Persistent Scheduling, 半持续调度技术
SRES, Signed Response, 三元组鉴权的响应参数
SRI, Send Routing Info, 发送路由信息
SRVCC, Single Radio Voice Call Continuity, 单无线频率语音呼叫连续性
SS, Supplementary Service, 补充业务管理
SS7, Signaling System No.7, 七号信令系统
S-TMSI, SAE-Temporary Mobile Subscriber Identity, SAR临时移动用户标识
STN-SR, Session Transfer Number for SRVCC, SRVCC会话转移号码
TA, Time Adjust, 时间调整量
TAC, Tracking Area Code, 跟踪区编码
TAI, Tracking Area Identity, 跟踪区域标识

TAS, MMTel AS, MMTel应用服务器

TAU, Tracking Area Update, 跟踪区更新

TCAP, Transaction Capabilities Application Part, 事务能力处理部分

TCP, Transmission Control Protocol, 传输控制协议

T-CSI, Terminating-CAMEL Subscription Information, 终端CAMEL签约信息

TDM, Time Division Multiplexing, 时分复用

TDMA, Time Division Multiple Access, 时分多址

TFT, Traffic Flow Template, 流量模板

T-IMPU, Temporary IMS Public Identity, 临时IMS公有用户标识

TLS, Transport Level Security, 传输层安全

TM, Transparent Mode, 透明模式

TNL, Transport Network Layer, 传输网络层

TTI, Transmission Time Interval, 传输时间间隔

TUP, Telephone User Part, 电话用户部分

UA, User Agent, 用户代理

UA, Unnumbered Acknowledged, 无编号应答

UDA, User Data Answer, 用户数据响应

UDP, User Datagram Protocol, 用户数据报协议

UDR, User Data Request, 用户数据请求

UE, User Equipment, 用户设备

ULA, Update-Location-Answer, 位置更新应答

ULR, Update-Location-Request, 位置更新请求

UM, Unacknowledge Mode, 非确认模式

SIM, Subscriber Identity Module, 客户识别模块

UNI/NNI, User Network Interface/Network Network Interface, 用户-网络接口/网络-网络接口

USIM, Universal Subscriber Identify Module, 全球用户识别模块

UTF-8, 8-bit Unicode Transformation Format, 8位Unicode转换格式

UTRAN, UMTS Terrestrial Radio Access Network, UMTS陆地无线接入网

Uu, User to Network Interface Universal, 通用用户网络接口

VIG, Video Interworking Gateway, 视频互通网关

VLR, Visitor Location Register, 拜访位置寄存器

VMSC, Visited Mobile Switching Center, 拜访移动交换中心

VOBB, Voice over Broad Band, 宽带电话

vSRVCC, Viedo-Signal Radio Voice Call Continuity, 视频单信道连续业务

XML, Extensible Markup Language, 可扩展标记语言

WCDMA, Wideband Code Division Multiple Access, 宽带码分多址
WLAN, Wireless LAN, 无线局域网
WWW, World Wide Web, 万维网
X2AP, X2 Application Protocol, X2接口应用协议
XRES, Expected Response, 预期响应